深井软岩巷道钢管混凝土支架支护技术

高延法　王　军　王　波　著

国家自然科学基金(51474218,51404105,51304127)

科 学 出 版 社

北　京

内 容 简 介

本书从支护结构设计、施工工艺、承载能力等方面入手，深入研究了井下灌注式钢管混凝土支架结构，提出了钢管混凝土支架支护工艺，开发了一整套基于钢管混凝土支架的支护理论与工程技术。同时，本书介绍了钢管混凝土短柱壁厚效应、钢管混凝土支架承载能力计算方法、钢管混凝土支架抗弯强化及其承载力计算方法等一系列具有实用性的理论成果。

本书可供从事采矿工程、岩土工程、工程地质等研究领域的工程技术人员、科研工作者及高等院校相关专业的师生参考。

图书在版编目(CIP)数据

深井软岩巷道钢管混凝土支架支护技术/高延法，王军，王波著. —北京：科学出版社，2017.1

ISBN 978-7-03-050578-1

Ⅰ.①深… Ⅱ.①高…②王…③王… Ⅲ.①深井-软岩巷道-钢管混凝土-混凝土支架 Ⅳ.①TD353

中国版本图书馆 CIP 数据核字(2016)第 271222 号

责任编辑：李 雪 / 责任校对：张怡君

责任印制：张 伟 / 封面设计：耕者设计工作室

科 学 出 版 社 出版

北京东黄城根北街 16 号

邮政编码：100717

http://www.sciencep.com

北京建宏印刷有限公司 印刷

科学出版社发行 各地新华书店经销

*

2017 年 1 月第 一 版 开本：720×1000 1/16

2018 年 1 月第二次印刷 印张：14 1/2

字数：278 000

定价：96.00 元

（如有印装质量问题，我社负责调换）

作者简介

高延法　1962年生，山东滕州人，博士，教授，博导。1982年毕业于山东矿业学院（现山东科技大学），1985年获硕士学位，1991年获武汉水利电力学院博士学位。1985年至2005年在山东科技大学工作，1994年晋升为教授。2005年起在中国矿业大学（北京）工作。主要从事矿山岩体力学、深井软岩巷道支护、开采沉陷控制和矿井水害防治等方面的教学和科研工作。

主持国家自然科学基金项目2项、省部级科研项目6项，参加国家重点基础研究发展计划（973计划）和国家自然科学基金委重点项目等5项。发表学术论文80余篇，出版专著和教材5部。获国家发明专利12项，所发明的钢管混凝土支架，已在20多个深井与软岩煤矿成功应用。获得省部级科技进步一等奖和二等奖6项，1993年起享受“政府特殊津贴”，1994年获孙越崎优秀青年科技奖。指导博士和硕士研究生40余名。

王军　1985年生，山东宁阳县人，讲师，工学博士。2014年获中国矿业大学（北京）岩土工程专业博士学位，现就职于山东建筑大学，主要从事矿山岩体力学、深井软岩巷道支护与沿空留巷的科研工作。

王波　1981年生，山东阳谷县人，副教授，工学博士，硕士生导师。2009年获中国矿业大学（北京）岩土工程专业博士学位，目前供职于华北科技学院，主要从事矿山岩体力学与软岩巷道支护的科研工作，主持国家自然科学基金、河北省自然科学基金、河北省高等学校科学技术研究项目、中央高校基本科研业务费资助项目及企业委托项目10余项，发表学术论文20余篇，获得国家专利11项，出版专著1部，获得省部级科技进步一等奖1项、三等奖1项。

前言

随着煤矿开采逐渐向深部发展，越来越多的矿井面临着大埋深、高应力、软岩、动压及过断层或冲刷带等巷道支护问题。采用低成本的支护技术，得到更大的支护反力，取得更好的巷道支护效果是深井软岩巷道支护工作者不断追寻的目标。

钢管混凝土结构是在空钢管内充填混凝土形成的一种组合构件，钢管为核心混凝土提供套箍力，使混凝土处于三向受压状态，混凝土的强度成倍增加；而核心混凝土的存在一方面提高了整体强度，另一方面则避免了薄壁钢管的内凹屈曲破坏。钢管混凝土结构具有高承载能力和良好的经济效益，在地面建筑中得到了广泛的应用，将钢管混凝土结构应用于采矿工程，可为深井软岩巷道支护提供一种新型高承载力支架。

井下灌注式钢管混凝土支架是中国矿业大学(北京)高延法教授发明的一种新型支护结构，从 2008 年进行第一次工业性实验至今，已经有 22 个矿井的 61 条巷道实施了钢管混凝土支架支护。该种支护方式得到了煤炭企业的一致好评，解决了诸多矿井的支护难题，巷道类型包括千米深井巷道、软岩和极软岩巷道、动压巷道、断层破碎带巷道、岩溶陷落柱巷道和变电所等重点硐室。

本书通过在实验室测试不同壁厚钢管混凝土短柱承载能力、钢管混凝土直梁与钢管混凝土圆弧抗弯拱承载能力及钢管混凝土支架整体承载能力，得到了钢管混凝土短柱壁厚效应、钢管混凝土的中性层偏移规律、钢管混凝土支架承载力计算方法及其抗弯强化方法等一系列具有实用性的理论成果。同时，本书研究了深井软岩巷道承压环力学模型、深井软岩巷道复合支护设计方法、应力场梯度稳定和深井软岩流变扰动效应等理论问题。本书的研究成果将为经济高效地解决深井软岩巷道支护问题开辟一条新途径。

在钢管混凝土支架现场实验研究过程中，得到了许多煤矿企业领导的支持和帮助，在此致以衷心感谢。他们是：开滦钱家营矿业分公司郑庆学总工；龙煤鹤岗矿业公司严如令总工、何清江副总工，开拓处涂忠惠处长、孟庆江总工，南山煤矿任建民副总工，益新煤矿付振祥副矿长；中煤平朔集团公司冯学武总经理、高建军总经理，技术中心刘建宇主任、郭生科长；神华宁煤科技发展部刘铜强总工、朱守东副部长，清水营煤矿张建华矿长、黄相明矿长、丁学福总工，宁夏煤炭科学技术研究所武振国、杨志华；冀中能源赵庆彪总工、邵太升副总经理，峰峰集团刘书灿总工、王殿录总工、尚书海副总工，查干淖尔一号井于广龙总工、杨永迁科长、刘建刚科长、邢东煤矿谢国强矿长、杜小河总工、杨军辉副总工、陈锋部长，大淑村煤矿王建民总工；国投新集集团王志根副总工、孔德山副部长、刘庆波主任、杜库实总工；淮北矿业集团杨庄煤矿孟德军矿长、朱剑科长、李志伟科长；河南煤化集团鹤壁矿业集团公司张庆堂总工，生产部葛付东总工、王志强科长；沈阳焦煤有限责任公司夏洪满副总；山东能源集团新矿公司华丰煤矿李伟矿长、唐军矿长、胡兆峰副矿长、安伯义总工、王同金副总工、魏礼刚副总、顾鹏科长；龙口煤电公司北皂煤矿李恭建矿长、袁承禄副总工；山东济宁能源集团阳城煤矿高立群矿长、薄福利矿长、丁希阳总工、毛庆福科长；金川集团矿山工程公司穆玉生总工、刘福堂经理、杨亚平经理；衷心感谢中国矿业大学(北京)力建学院单仁亮教授、冯吉利教授、左建平教授、郭东明副教授和陈新副教授等人的帮助与支持；衷心感谢课题组成员：博士研究生牛学良、王波、王军、曲广龙、黄万朋、李学彬、刘国磊、何晓升、刘珂铭、徐鹏飞，硕士研究生王正泽、鹿士忠、夏方迁、田英楠、马鹏鹏、张慧敏、王超、王亮、张少峰、陈明程、杨柳、冯绍伟、赵伟、黄莎、朱全美、王东旭、徐斌经、谢浩、张凤银、张磊等，感谢他们的帮助与支持。

本书第3、4、5、6、7章由王军执笔，第1、2、8、9章由王波执笔。由于笔者水平有限，书中不足之处，还请读者和同行专家批评指正。

作　者

2016年8月5日

目录

第1章 绪 论

煤炭资源是支撑我国国民经济发展的主体能源，随着浅部煤炭资源日益枯竭，煤矿开采逐渐向深部发展，受埋深大、围岩软弱、动压扰动及断层等影响，越来越多的矿井面临着深井巷道和软岩巷道的支护难题。深井软岩巷道在服务年限内需对巷道进行多次返修，不仅耗费大量的人力物力，而且影响煤矿安全与生产。采用低成本的支护技术，得到更大的支护反力，取得更好的巷道支护效果是深井软岩巷道支护工作者不断追寻的目标。

钢管混凝土结构是在空钢管内充填混凝土形成的一种现代构件，钢管和混凝土优势互补钢管为核心混凝土提供紧箍力，使混凝土处于三向受压状态，增加了混凝土的强度；而核心混凝土的存在一方面提高了整体强度，另一方面则避免薄壁钢管的内凹屈曲破坏。钢管混凝土结构是一种具有高承载能力和很好的经济效益的承载构件，因其诸多优点，这种构件在建筑工程中有广泛的应用，如摩天大楼、地铁车站、拱桥、公路立交桥、大型场馆等。

将钢管混凝土结构应用于矿井支护，可为深井软岩巷道支护提供一种新型高承载力的支架。与地面工程相比，矿井系统中的井巷工程作业空间狭窄，机械化程度低。因此，将钢管混凝土支架开发成为一种方便施工、劳动强度低、综合成本优良的支架架型还有诸多问题有待解决。本书针对钢管混凝土支架在煤矿应用中面临的问题，从支架结构设计、施工工艺、承载能力、深井软岩支护理论等方面入手，设计了井下灌注式钢管混凝土支架结构，提出了钢管混凝土支架施工工艺，开发了一整套基于钢管混凝土支架的支护技术。本书的研究成果将为经济高效地解决深井软岩巷道的支护问题开辟一条新的途径。

1.1 深井软岩巷道支护技术与理论研究现状

深井软岩地下工程所表现出来的变形特征与浅部有着明显的不同[1-3]，浅部的支护理论及技术也已经无法适应深井软岩巷道支护的要求[4-10]。因此，国内外相关学者从20世纪80年代开始，逐步对深井软岩巷道的稳定性控制理论和技术进行了相关研究，形成了一些专门针对深井软岩巷道变形特征的围岩控制理论与支护技术。

1.1.1 巷道稳定性控制理论研究

国外方面，奥地利学者缪勒(Müller)教授提出的“新奥法”支护理论是对深井软岩巷道围岩控制影响较大的一种理论。“新奥法”全称是“新奥地利隧道施工法”[11-13]，该理论提出，地下工程开挖所产生的二次集中应力作用和结构面的切割作用是地下岩体工程失稳的主要原因；支护体和围岩共同承担围岩压力，并且由围岩承担主要的部分。将共同作用理论作为其指导思想，这是“新奥法”的精髓所在。基于共同作用的理论指导，“新奥法”提出柔性支护和早期支护的概念，并合理设计支护体系，使围岩充分发挥自身的承载能力，因此“新奥法”成功地应用于岩石地下工程施工中。深井软岩巷道支护理念中的让压支护、早期支护的观点[14-16]都是在“新奥法”的基础上提出来的，“新奥法”支护理论对巷道围岩稳定性控制起到了积极的作用。

国内针对深井软岩巷道围岩稳定性控制的问题形成了多种支护理论，包括松动圈理论、联合支护理论、锚喷-大弧板支护理论、围岩强度强化理论、高预应力强力支护理论及关键部位耦合支护理论，这些理论对我国深井巷道支护体系的发展均作出了重要的贡献。联合支护理论是由陆家梁[17]教授提出来的，联合支护就是采用多种不同性能的单一支护，将各种单一支护形成组合支护结构，以适应围岩压力与变形的要求。初次支护采用让压原理，在一定支撑力的基础上允许围岩有一定的变形以使较大的围岩应力得到一定程度的释放，之后的二次支护给围岩提供较大的支护刚度，采取“不让”的方式坚决“支”住围岩，以保持巷道围岩的长期稳定与安全。郑雨天等学者在联合支护理论的基础上形成了锚喷-大弧板支护理论[18-19]，在“先柔后刚”的支护理念下，重点强调二次支护的强度和刚度，采用“锚喷＋钢筋混凝土大弧板”支护技术控制围岩长期稳定性。中国矿业大学董方庭教授提出了围岩松动圈巷道支护理论[20-22]，该理论认为在不同的应力状态下，围岩破裂后会产生不同尺寸的松动圈，松动圈在发展过程中产生的碎胀应力是造成支护结构破坏的主要原因，松动圈越大，支护越困难，因此在进行支护设计时，应根据围岩应力状态确定松动圈的大小，进而进行合理的支护控制措施。侯朝炯和勾攀峰[23]提出了锚杆支护的围岩强度强化理论，该理论认为巷道围岩的稳定性除了与外部支护的作用有关外，主要取决于围岩自身的强度和应力状态；该理论提出锚杆支护主要的作用不是施加较大的支护强度，而是改善围岩的力学参数，提高围岩的自身强度，尤其是提高峰后岩石强度的参数，从而使锚杆支护体和围岩共同形成承载结构以保持巷道的整体稳定性。康红普院士针对煤矿深井巷道支护困难的问题[24-27]，分析了锚杆的支护作用，提出了高预应力、强力支护理论，该理论认为，提高支护结构的早期支护强度与刚度是保持巷道围岩的完整性、减少围岩强度降低的有力措施，并研发出高预应力、强力支护系统，包括强力锚杆、强力钢带及强力锚索系列材料。何满潮、孙晓明等学者提出深井巷道耦合支护理论[28-30]，该理论认为深井巷道围岩的变形进入塑性变形阶段以后，其发生的破坏主要是支护体与围岩之间的不耦合造成的，并提出了锚网索耦合支护非线性设计方法，从而实现软岩巷道支护体与围岩在强度、刚度和结构上的耦合，保证软岩巷道围岩的稳定性。

1.1.2 深井软岩巷道支护技术研究

总体来说，国内外煤矿巷道支护技术经历了木支架—刚性金属支架—可缩性金属支架—锚杆的发展过程，其中可缩性金属支架和锚杆是支护技术上的两次重大突破。经过多年的实践和研究，已经形成了多种软岩巷道的支护形式。

1. 锚杆支护技术[26]

随着矿井向深部延伸，支护技术面临一系列复杂困难条件，包括全煤巷道、沿空掘巷、极破碎围岩巷道等，而且随着开采强度增大，要求的巷道断面越来越大。为了解决这些巷道支护难题，在引进、消化吸收国外先进技术的基础上，煤炭系统经过集中攻关，形成了针对我国煤矿条件的高强度锚杆支护技术，并得到大面积推广应用，取得良好的技术经济效益。近年来，针对深部高地应力巷道、采动影响的巷道、特大断面巷道等复杂困难条件，提出了高预应力、强力支护理论，开发了强力锚杆、锚索支护系统，这些措施大幅度提高了巷道支护效果与安全性，并有利于巷道快速掘进，使煤巷锚杆支护技术发展到更高的水平。

2. 棚式支护技术

近年来，锚杆支护理论和技术得到迅速的发展和完善，成为我国非常重要的巷道支护手段。对于围岩条件较好的巷道，锚杆支护已经完全可以满足生产需求，但是对于深井软弱围岩、破碎巷道，锚杆支护不能满足支护要求。金属支架能很好地支撑软弱破碎的岩(煤)体，使巷道的形状及尺寸满足要求，可缩性金属支架还能一定程度上适应围岩体或煤体的变形，可以在一定程度上弥补锚杆支护的不足。

在20世纪60年代以前，由于生产技术和经济条件落后，我国煤矿巷道基本采用木支架支护，直到20世纪60年代初期才引入金属支架支护技术。20世纪七八十年代，随着生产技术发展，刚性金属支架逐渐成为矿井巷道支护的主要支护形式之一。20世纪后期，随着煤矿开采深度的增加，矿山压力逐渐增大，刚性金属支架不能很好地维护巷道围岩体稳定，可缩性金属支架代替刚性金属支架成为煤矿巷道主要的支护方式。经过几十年的快速发展，我国巷道棚式支护取得巨大的进步，主要成果如下。

(1) 完善了棚式支架支护理论及支架的设计方法，研究和分析了支架的结构、受力、配件、可缩性，形成了支架的支护理论和设计计算方法。

(2) 巷道支架类型、矿用支护型钢逐步增多,并发展形成系列。目前U型钢和矿用工字钢是两种主要的支护型钢。我国生产的工字钢有9#、11#、12#三种规格。U型钢是制造可缩性金属支架的主要材料,我国常用的型钢型号主要有U18、U25、U29、U36四种。U型钢可缩性金属支架包括:U型钢拱形可缩性支架、U型钢梯形可缩性支架、U型钢封闭性可缩性金属支架,其中U型钢封闭性可缩性金属支架又形成了马蹄形、圆形、环形三种形状。

(3) 连接件逐步发展完善,研制了螺栓连接件、楔式连接件。

(4) 逐步完善壁后充填技术。支架壁后充填是加固围岩改善支架受力状况的重要技术途径。通过壁后充填使支架与围岩紧密接触,有效地改善了支架的受力状况,提高了支架的承载能力,在此过程中研制使用了矸石粉、高水速凝材料、粉煤灰、砂浆等充填材料。

3. 注浆加固技术

注浆技术是将注浆材料注入岩土体的孔隙裂隙中,使其能与岩土体固结形成整体结构,从而改善岩土体的物理力学性质的一种加固技术。注浆技术的发展已有二百多年的历史,法国人最先使用注浆技术进行施工,英国通过采用水泥注浆技术对井筒进行注浆堵水,成功地解决了井筒漏水问题,并发明了硅酸盐水泥。1940年以后,注浆技术的研究和应用进入辉煌时期,注浆技术的应用越来越普遍。20世纪50年代初我国才开始应用注浆技术,经过六十多年的发展已取得了较大的进步,特别是在软岩巷道支护方面成效显著。锚杆和注浆都是巷道支护的基本形式。杨新安、陆士良等学者利用锚杆兼做注浆管,将锚杆和注浆有机地结合起来,提高了锚杆支护系统的支护强度;通过进一步研究,提出了锚注结合加固软岩巷道的新思路,发明了外锚内注式新型锚杆及其加固软岩巷道新技术,并成功运用于工程实践,取得了显著的效果[16,17]。

4. 联合支护技术[17]

联合支护技术又称复合支护技术,是采用两种或两种以上的支护方式联合支护巷道。目前,联合支护技术主要采用主动支护方式的联合,通过改良围岩力学性能,充分利用围岩的自身承载能力。现行类型较多,如锚网喷+注浆加固、锚网喷+型钢可缩性支架+锚索、锚网喷+弧板支架、U型钢支架+注浆加固、锚网喷注浆+U型钢支架等形式。选择复合支护形式时,应根据巷道围岩地质条件和生产条件,确定出合理的支护形式和参数。不同类别的软岩巷道采用不同的支护形式。

1.2 井下灌注式钢管混凝土支架支护技术研究现状

2004年,中国矿业大学(北京)高延法教授课题组提出了研发井下灌注式钢管混凝土支架用于深井软岩巷道支护的设想。

2005年,课题组设计出合理的钢管混凝土支架,其中包括使用套管接头、留设混凝土灌注孔与排气孔、接头间增加可缩等细节考虑;设计加工钢管混凝土支架,准备钢管混凝土支架力学实验。

2006年,为验证钢管混凝土支架的力学性能,课题组进行了钢管混凝土支架力学性能实验,并同时做了相同尺寸的U型钢支架与空钢管支架的对比实验[31-35]。

2007年至2008年,课题组为进一步改进钢管混凝土支架结构并深入研究其力学性能,在清华大学结构与振动实验室进行两架钢管混凝土支架实验,根据实验结果进一步改进支架细部结构[36-38]。2008年,在开滦集团钱家营矿做了钢管混凝土支架的工业性实验,支架分4段,各段之间采用接头套管连接,钢管采用Φ140mm×8mm的无缝钢管,混凝土采用强度等级为C40的混凝土。钢管混凝土支架支护两个月后巷道变形稳定,支护1年后支架无明显变形,巷道稳定。2008年12月高延法教授在内蒙古鄂尔多斯市上海庙地区临沂矿业集团所属的榆树井煤矿做钢管混凝土支架支护的技术交流。

2009年,为彻底解决鹤岗断层破碎带石门难支护问题,课题组设计了钢管混凝土支架支护方案,并在清华大学进行了巷道原型支架1/2尺寸钢管混凝土支架的模拟实验,同时做了U型钢对比实验。为研究混凝土力学性能,在中国建筑材料科学院进行了混凝土配比研究实验,得出C60快硬混凝土等一系列配比方案[39]。为研究钢管混凝土注浆效果,在鹤岗进行了钢管混凝土支架地面灌注实验。支架的细部结构、核心混凝土强度与施工工艺得到进一步完善。

2010年,高延法教授在全国各大会议讲述钢管混凝土支架的优良支护性能,并得到许多专家学者高度称赞。同年,钢管混凝土支架在鹤岗南山煤矿动压巷道、鹤岗益新矿断层破碎带巷道、平朔井工三矿冲刷带巷道和新汶华丰煤矿深井巷道中得到推广应用[40-42]。高延法教授提出了基于钢管混凝土支架的承压环强化支护理论,整体支护技术日趋完善。

2011年,课题组钢管混凝土支架在峰峰集团大淑村矿深井巷道、沈阳清水煤矿软岩巷道、鹤壁三矿、查干淖尔一号井等深井巷道中得到应用,钢管混凝土支架支护技术日益完善并成熟。

2012年,课题组发现钢管混凝土结构受弯破坏过程中中性层偏移问题,对中性层偏移问题进行了理论分析。在北京工业大学进行了3根不同抗弯强化程度的钢管混凝土圆弧拱抗弯性能测试，并测试了 2 架浅底拱圆形钢管混凝土支架承载能力。钢管混凝土支架支护技术在神华宁煤清水营煤矿、冀中能源邢东煤矿、山东能源榆树井煤矿、淮北杨庄煤矿等单位推广应用。

2013 年，课题组实验测试了 3 根不同抗弯强化程度的钢管混凝土直梁抗弯承载能力，并测试了 5 根不同抗弯强化程度的钢管混凝土直梁抗弯承载能力，研究了钢管混凝土结构受弯条件下中性层偏移规律及钢管混凝土结构抗弯强化措施[43-44]。钢管混凝土支架支护技术在山东能源龙口北皂矿极软岩巷道、山东沂源鲁村煤矿深井巷道、山西运销集团古韩荆宝矿等单位推广应用。

2014 年，课题组实验测试了 6 根不同抗弯强化程度的钢管混凝土直梁抗弯承载能力，并测试了 2 架椭圆形钢管混凝土支架承载能力，以及测试了同等尺寸 U36 型钢支架承载能力[45]。课题组进行了不同壁厚钢管混凝土短柱承载能力实验，研究了钢管混凝土短柱的壁厚效应问题[46]。钢管混凝土支架支护技术在济宁矿业集团阳城煤矿、山东黄金三山岛金矿、甘肃金川集团龙二矿区等单位得到推广应用。

2015 年，为进一步研究圆弧拱后屈服破坏的中性层偏移规律，课题组测试了 36 根钢管混凝土圆弧拱试件，发现拱脚破坏占比较大，圆弧拱压平前拱内拉力较小，中性层处于拱轴线以下。随着拱向压平发展，拱内弯矩快速增长，中性层快速向上偏移。钢管混凝土支架支护技术在全国 22 家矿井 61 条巷道应用，支护巷道长度接近 12000m。

此外，安徽理工大学臧德胜教授在 2000 年前后对小口径钢管混凝土支架进行了较为系统的实验研究并进行了工业性试验，试验取得了一定成果，但后期没有进行推广应用。2011 年起，山东大学李术才教授课题组王琦等进行了方钢管混凝土支架的实验研究，随后又进行了工业性试验，支护效果良好。2008～2010 年，高延法教授带领的课题组有组织地进行了钢管混凝土支架在全国的推广应用，并取得了良好的支护效果，推动了国内多位学者对钢管混凝土支架的研究热情。

第 2 章　钢管混凝土支架结构与承载能力

井下灌注式钢管混凝土支架是一项新发明。该支架的最大特征是:与型钢支架相比,在相同用钢量的条件下,其承载能力是型钢支架的 3 倍。井下灌注式钢管混凝土支架作为一种新型支架,有许多重要结构性能需要系统研究,如支架整体结构设计、支架连接方式、注浆孔补强方法、支架形状设计、支架承载能力计算及核心混凝土力学特性等,这些正是本章的主要研究内容。

井下灌注式钢管混凝土支架是基于钢管混凝土结构原理而提出的。钢管混凝土是在空钢管内充填混凝土形成的一种现代组合构件,钢管与混凝土之间优势互补,产生"共生"效应。钢管为核心混凝土提供紧箍力,使混凝土处于三向的受力状态,增加了混凝土的强度。核心混凝土一方面为构件提供承载能力,另一方面则避免了钢管的内凹失稳破坏。

2.1　井下灌注式钢管混凝土支架结构设计

井下灌注式钢管混凝土支架于 2004 年提出并进行初步实验,2006 年申报发明专利[46],并于 2010 年获准授权(专利号:ZL200610113801 4),至今已授权相关发明专利 6 项[48-52],实用新型专利若干项。井下灌注式钢管混凝土支架的施工工艺可分为三个步骤:地面支架加工、井下安装、现场灌注。

2.1.1　井下灌注式钢管混凝土支架整体结构设计

井下灌注式钢管混凝土支架每架一般由 4～6 节组成,分为顶弧段、两邦段和底弧段三部分,采用中频热煨弯管技术分段弯曲成型;各段之间通过接头套管或法兰连接,相邻支架间采用顶杆或钢带连接;核心混凝土现场灌注,在钢管内形成整体。支架注浆孔排气孔焊接加固件,以强化开孔造成的薄弱点,避免薄弱点屈服而影响支架整体承载性能。

钢管选用圆形截面的结构用无缝钢管,牌号 20。巷道支护中常用钢管型号有:Φ168mm × 8mm、Φ194mm × 8mm、Φ194mm × 10mm、Φ219mm × 10mm、Φ219mm×12mm、Φ245mm×12mm。核心混凝土通常采用 C40 强度等级,根据巷道来压快慢,又分普通型 C40 混凝土和早强快硬型 C40 混凝土。

Φ194mm×8mm 浅底拱圆形支架结构如图 2.1 所示。

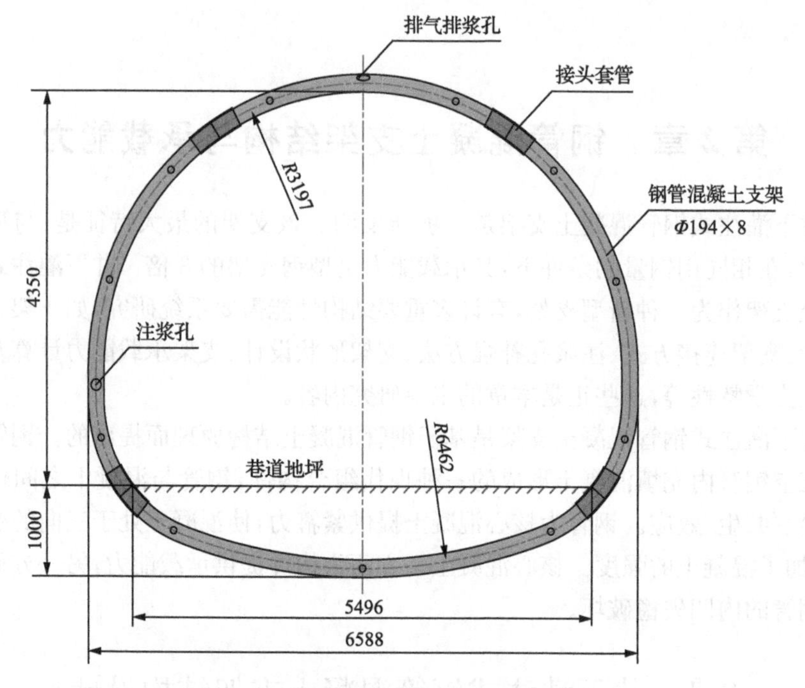

图 2.1 钢管混凝土支架结构(单位:mm)

2.1.2 钢管混凝土支架的断面形状

根据巷道断面的具体要求和围岩变形特点,可将支架断面形状设计成圆形、浅底拱圆形、马蹄形和椭圆形,如图 2.2 所示。围岩压力显现剧烈的软岩巷道一般选用圆形和椭圆形断面,椭圆形较圆形更适应垂向地应力与水平地应力不均衡问题;

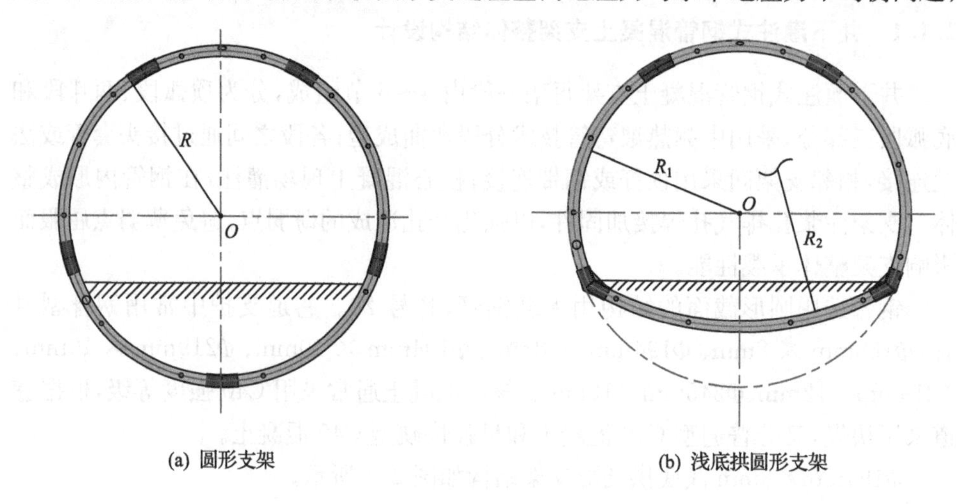

(a) 圆形支架 (b) 浅底拱圆形支架

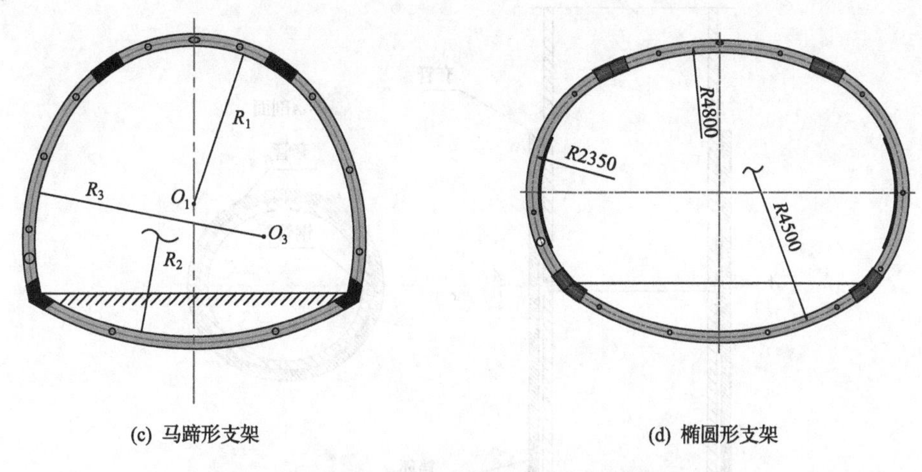

(c) 马蹄形支架　　(d) 椭圆形支架

图 2.2　深井软岩巷道钢管混凝土支架断面形状图

深井巷道一般选用马蹄形和浅底拱圆形断面，浅底拱圆形较马蹄形断面上部受力更均匀。

2.1.3　钢管混凝土支架各节间连接方式设计

钢管混凝土支架分 4～6 节，各节间一般采用接头套管连接。为方便钢管混凝土支架施工，确保对位精度，最大限度地减少接头错边量，在加快施工速度的同时保证钢管混凝土支架的结构稳定性，设计了钢管混凝土支架的接头定位方法，其接头定位的关键技术有如下两点。

(1) 套管直接约束法：先把无缝接头套管全部套在一个钢管上，然后把另一个钢管和第一个钢管连接紧密，最后把无缝接头套管移到两个钢管之间，并做到外部接头套管的内径与内部钢管的外径之差尽可能的小，套管直接约束法的剖面图如图 2.3 所示。

(2) 钢管内侧卡销定位法：预先在钢管端头处钢管内侧沿圆周方向均匀焊接 3～4 根定位钢筋，维持钢管连接好之后钢管的稳定性，钢管内侧卡销定位法剖面图如图 2.4 所示。

底角套管是在钢管混凝土支架中用于连接钢管混凝土支架帮段钢管和底拱段钢管的一种套管结构。根据煤矿巷道断面设计要求，在钢管混凝土支架结构设计过程中难免会有两帮段钢管与底拱段钢管呈一定角度相交的情况，在这种情况下，两帮段与底拱段钢管之间就必须使用底角套管进行连接。底角套管对钢管混凝土支架的工作状态应有较强的适应性，才能保障支架不会因底角套管发生破坏而产生结构失稳。

为了适应钢管混凝土支架在深井软岩巷道支护中的工作状态，对底角套管重新

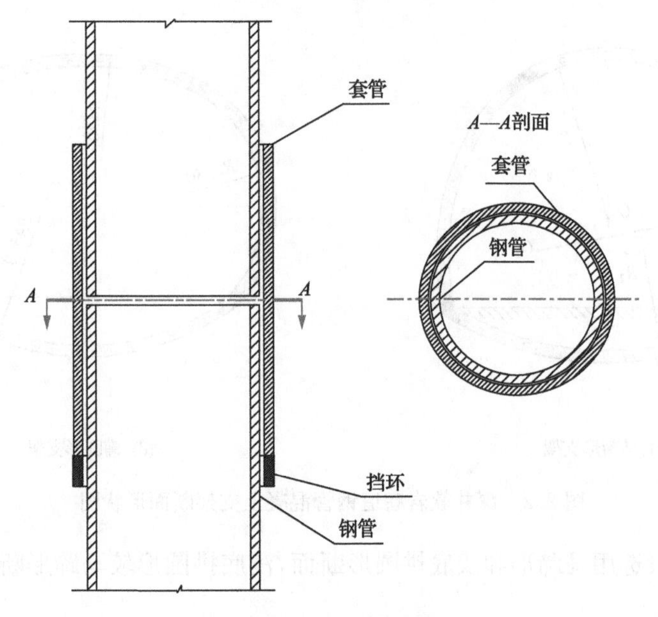

图 2.3　套管直接约束法剖面图

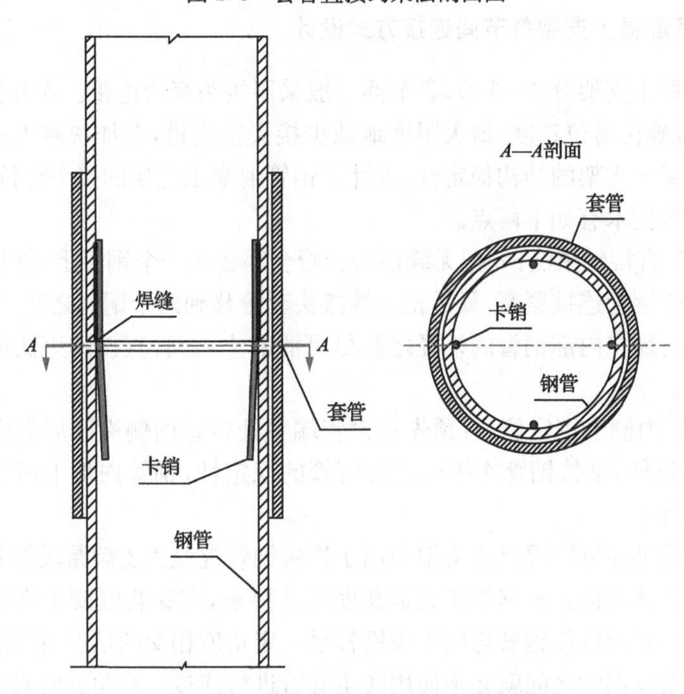

图 2.4　钢管内侧卡销定位法剖面图

设计，需要满足以下要求：①适应钢管混凝土支架在工作状态下两帮段与底拱段的回转变形；②有效限定底拱段与两帮段的位置；③底角套管具有较高的结构强度。

底角套管采用铸钢铸造或者钢管焊接而成,根据不同支架钢管外径,确定底角套管的口径尺寸和各构件的壁厚。底角套管设计关键点包含以下几个部分。

(1) 主体钢管喇叭口状设计:主体钢管喇叭口状设计就是套管主体钢管呈喇叭状,钢管越靠近套管口边缘处口径越大,支架钢管装入套管后有角度为 α 的回转余量,能够有效适应深井软岩巷道支护中的大变形特征。

(2) 内置凸台:内置凸台就是在套管上下两部分主体钢管相交处设置内置凸台,内置凸台可以平滑传递帮段与底拱段之间的作用力,并能固定帮段与底拱段位置。

(3) 套管加强:套管加强设计就是在套管肋部与背部分别设置加强板,对套管管口边缘处钢管加厚处理。底角套管外侧设置加强板,加强板可提高底角套管强度,套管口边缘处加强,可有效防止套管口撕裂。

套管剖面结构如图 2.5(a)所示,套管口 A—A 剖面如图 2.5(b)所示,套管侧面俯视图如图 2.5(c)所示。

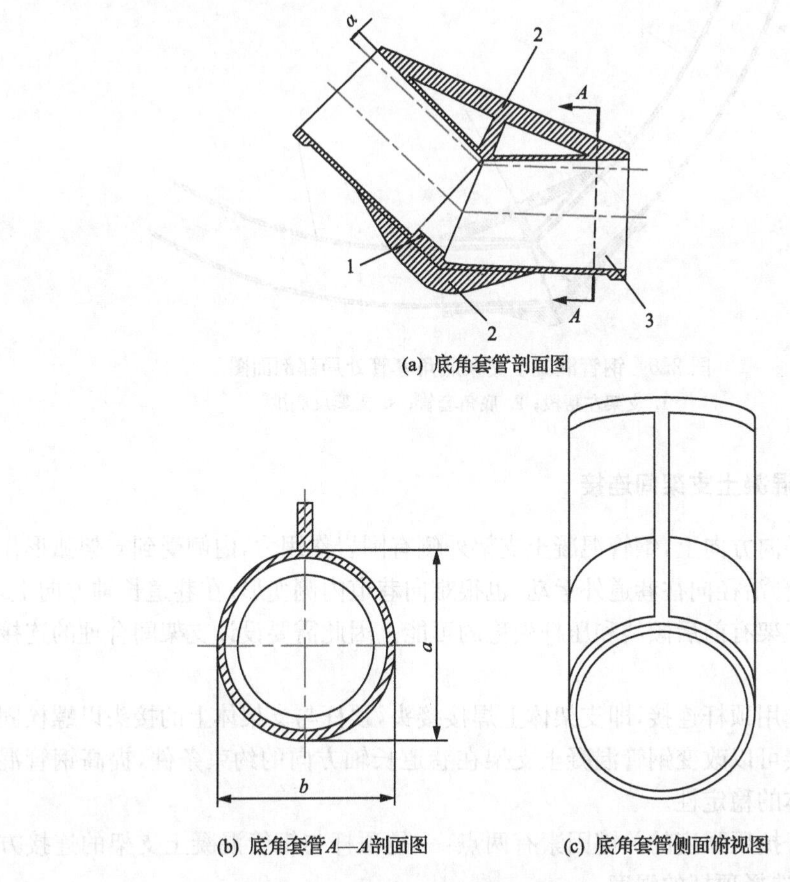

图 2.5　底角套管结构

1. 内置凸台；2. 加强板；3. 喇叭口状主体钢管；α. 回转余量

当钢管混凝土支架受到外部围岩压力作用发生变形时，支架帮段和底拱段都会发生内移，由于底角套管对帮段与底拱段端头的约束作用，支架帮段和底拱段绕底角套管发生回转变形。底角套管采用喇叭口状套管可为帮段与底拱段提供角度为α的回转余量，在此过程中支架帮段和底拱段作用在底角套管上的力较小。当支架受到更大的力继续发生变形时，支架帮段与底拱段即与底角套管内壁接触，支架作用于底角套管上的力逐步增大。底角套管肋部受到压力作用，背部受到拉力作用，则底角套管肋部加强板和背部加强板发挥作用，增加了底角套管的强度。当底角套管管口边缘受到支架帮段与底拱段作用力时，易在管口处发生撕裂破坏，所以对套管管口边缘处加厚处理。钢管混凝土支架安装后，支架帮段、底拱段与底角套管位置关系如图 2.6 所示。

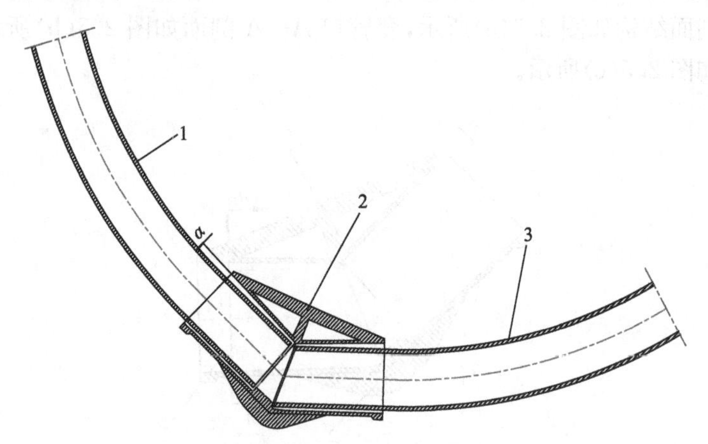

图 2.6 钢管混凝土支架底角套管处局部剖面图

1. 支架左帮段；2. 底角套管；3. 支架反底拱

2.1.4 钢管混凝土支架间连接

在巷道径向方向上，钢管混凝土支架外侧有围岩作用力，内侧受到支架弧形作用，支架既不会沿径向往巷道外运动，也很难向巷道内侧变形；在巷道长轴方向上，钢管混凝土支架有前后倾斜和压杆失稳的可能。因此需要设计支架间合理的连接方式。

支架间选用顶杆连接，即支架体上焊接接头，顶杆与支架体上的接头以螺栓固定。顶杆连接可以改变钢管混凝土支架在巷道长轴方向的约束条件，提高钢管混凝土支架整体的稳定性。

决定顶杆抗压强度的关键因素有两点：一是顶杆与钢管混凝土支架的连接方式，二是合理选择顶杆的强度。

顶杆是在钢管内填装混凝土组成的钢管混凝土构件，顶杆具有更高的抗压强度和抗变形能力。顶杆的作用主要有以下 3 点：①顶杆的新型连接方式，提高钢管混凝土支架的整体稳定性；②顶杆管壳内充填混凝土，显著提高顶杆抗压强度；③顶杆作为钢管混凝土构件，达到低成本、高强度支护的效果。顶杆与顶杆接头结构如图 2.7 所示。

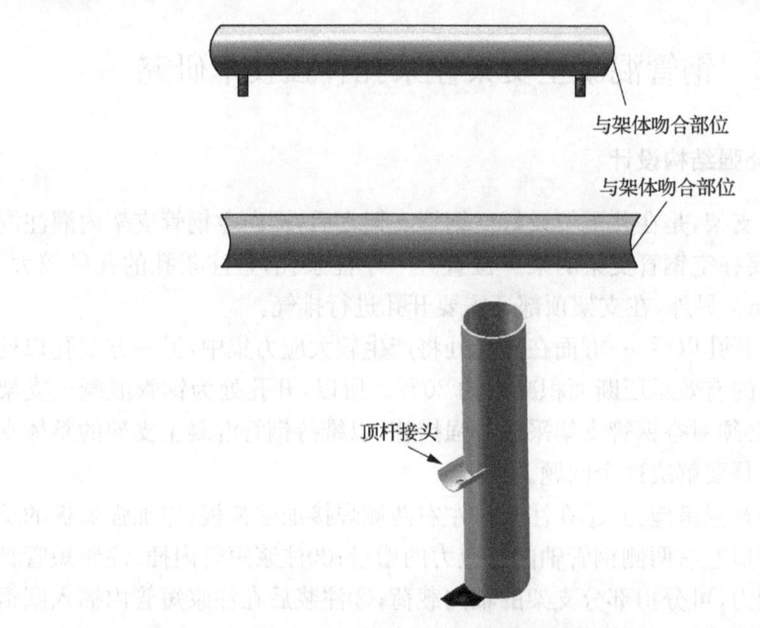

图 2.7　顶杆与顶杆接头结构

支架间顶杆连接如图 2.8 所示，支架间通过多个顶杆连接。顶杆型号为

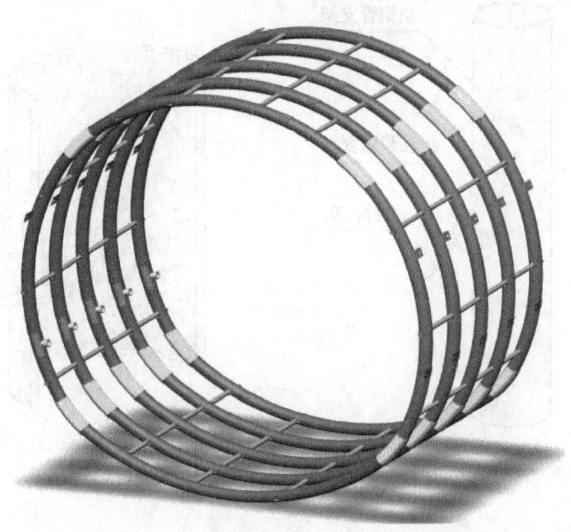

图 2.8　支架间顶杆连接示意图

Φ76mm×4.5mm，灌注 C30 素混凝土，长度一般为 400～800mm，单根承压能力可达 430kN，顶杆布置间距一般不超过 2000mm，以使相邻顶杆之间的支架段长径比小于 10，有效避免支架各段产生压杆失稳，可使支架在巷道长轴方向不会产生结构性失稳。

2.2 钢管混凝土支架注浆孔补强技术研究

2.2.1 注浆孔补强结构设计

钢管混凝土支架，是在井下架设好空钢管支架之后，再向空钢管支架内灌注混凝土。所以，需要在空钢管支架的某一位置开一个注浆孔，且注浆孔的孔径较大，一般大于 100mm。另外，在支架顶部还需要开孔进行排气。

空钢管支架开孔以后，一方面在开孔处将产生较大应力集中，另一方面孔口处空钢管横断面上的有效承压断面积减小约 20%。所以，开孔处为钢管混凝土支架的最薄弱环节，必须对空钢管支架采用补强措施，以维持钢管混凝土支架的整体支护强度。本节就是要解决这个问题。

注浆口处的补强措施为：①在注浆口左右两侧焊接加强弧板，靠加强弧板的承载能力分担注浆口左右两侧钢管轴向压应力的增量；②注浆短管内插，注浆短管具有一定的承载能力，可分担部分支架的轴向载荷；③注浆后在注浆短管内插入圆钢封孔塞，圆钢封孔塞可有效传递支架的轴向压力载荷。排气孔处的补强措施和注浆口处的补强措施基本相同。注浆孔补强结构如图 2.9 所示。

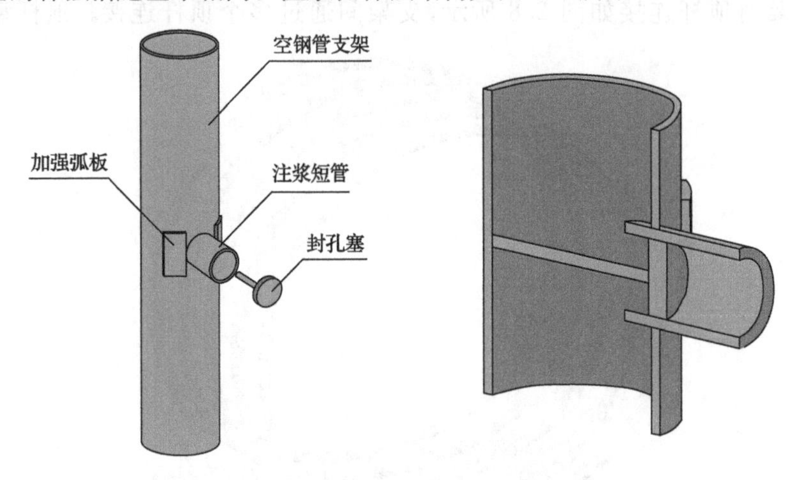

图 2.9　注浆孔补强结构示意图

2.2.2　钢管混凝土注浆孔段承载能力实验

1. 实验方案

为了研究注浆孔补强参数，实验测试了钢管混凝土注浆孔补强措施对钢管混凝土短柱试件的应力集中系数及极限承载力的影响，以补强措施的参数为实验因素设计了单因素实验。实验拟采用三项补强措施：注浆短管、封孔塞、加强板，试件参数及编号如表 2.1 所示。

表 2.1　钢管混凝土注浆孔短柱试件及补强参数

编号	钢管型号/mm	钢管长度/mm	长径比	封孔塞/mm	加强板/mm	注浆短柱/mm
CSTF35	Φ194×10	700	3.6	Φ96×35	400×8×100	Φ114×8×100
CSTF25	Φ194×10	700	3.6	Φ96×25	400×8×100	Φ114×8×100
CSTF45	Φ194×10	699	3.6	Φ96×45	400×8×100	Φ114×8×100
CSTJ10	Φ194×10	693	3.6	Φ96×35	400×10×100	Φ114×8×100
CSTJ12	Φ194×10	696	3.6	Φ96×35	400×12×100	Φ114×8×100
CSTJL200	Φ194×10	665	3.5	Φ96×35	200×8×100	Φ114×8×100
CST194	Φ194×10	700	3.6	—	—	—

选用 Φ194mm 的钢管，试件的长度为 700mm。按实验要求加工出空钢管，并将试件端面经机械加工磨平，且要求试件端面与钢管中心轴线垂直。分层灌注并捣实混凝土，试件自然养护 28 天。钢管混凝土短柱试件灌注过程如图 2.10 所示。

图 2.10　钢管混凝土注浆孔短柱试件

实验钢管混凝土短柱轴压实验在 500 吨液压实验机上进行，实验机加载情况如图 2.11 所示。实验是静力加载实验，实验时采用分级加载制，每级加载为预计极限荷载的 1/10，每级荷载应持载 3～5min 后再进行下一级加载。当荷载达到理论极限荷载的 0.6 倍时，每级加载减为极限荷载的 1/15～1/20，最后连续加载，直至试件的轴向应变值到达 10%～20%。每根试件的实验时间一般为一个小时左右。

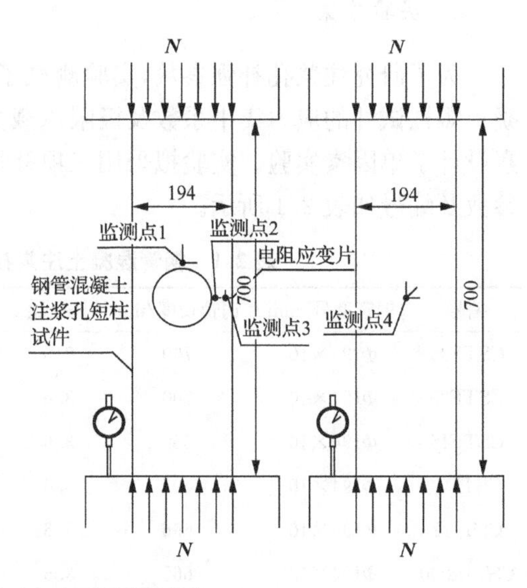

图 2.11　轴压实验测试方案示意图(单位:mm)

本次实验主要测试了轴压作用下三种补强措施对空钢管注浆孔短柱及钢管混凝土注浆孔短柱荷载-变形曲线的影响。通过调节补强措施参数,分析加载过程中钢管混凝土注浆孔短柱及空钢管注浆孔短柱关键点荷载的应变规律,得出补强参数对荷载变形曲线的影响,进一步分析钢管混凝土注浆孔短柱的极限承载力,从而对补强措施进行优化。

2. 钢管混凝土注浆孔段实验成果分析

各试件荷载-变形曲线如图 2.12～图 2.18 所示。

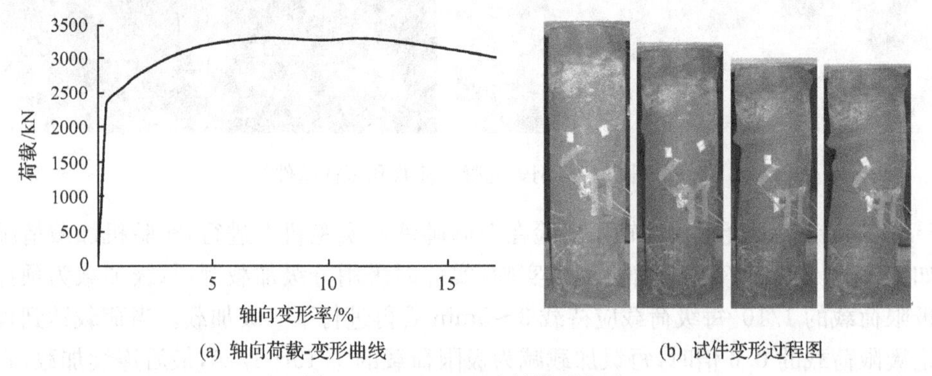

(a) 轴向荷载-变形曲线　　(b) 试件变形过程图

图 2.12　CST194 试件轴压实验

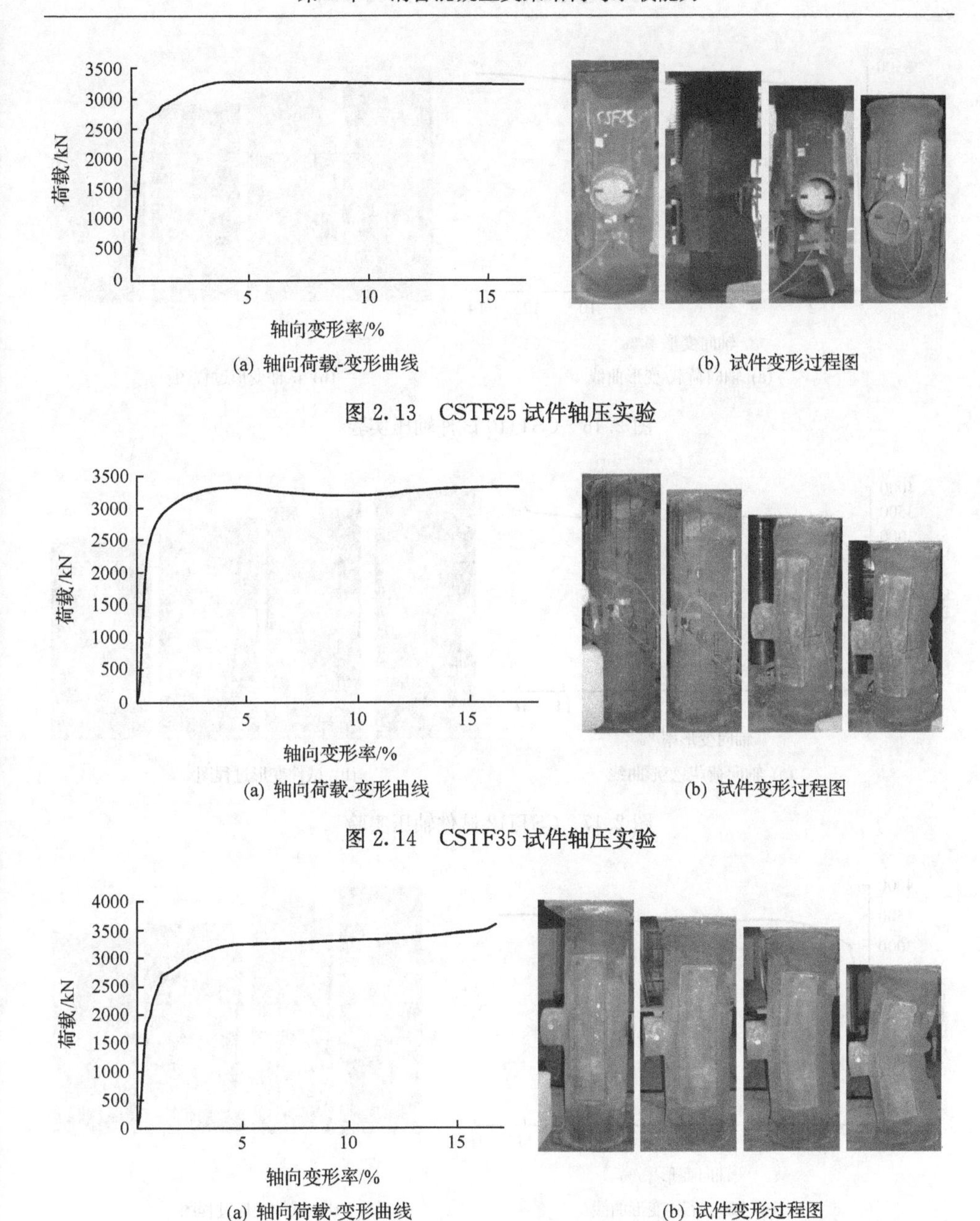

(a) 轴向荷载-变形曲线　　(b) 试件变形过程图

图 2.13　CSTF25 试件轴压实验

(a) 轴向荷载-变形曲线　　(b) 试件变形过程图

图 2.14　CSTF35 试件轴压实验

(a) 轴向荷载-变形曲线　　(b) 试件变形过程图

图 2.15　CSTF45 试件轴压实验

通过实验对不同厚度封孔塞对钢管混凝土注浆孔短柱的补强效果进行对比，由于只是对注浆孔侧进行补强，弹性极限与钢管混凝土短柱相同为 2400kN，如表 2.2所示。采用的补强措施均已经达到补强效果，且不低于钢管混凝土短柱的

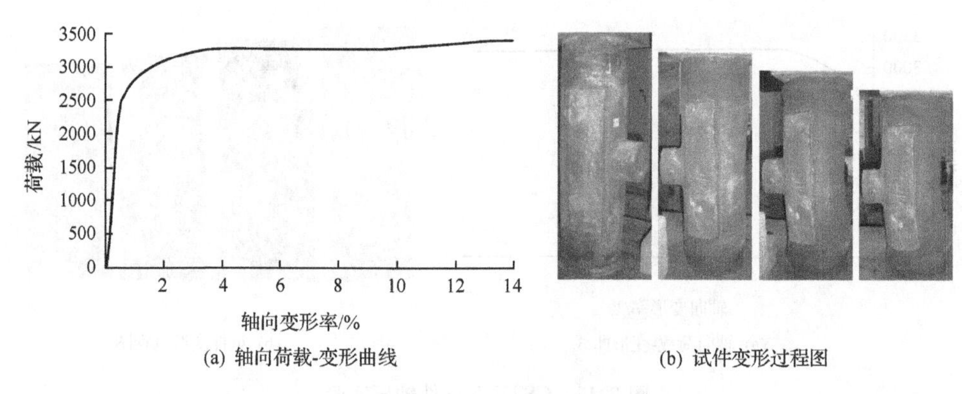

(a) 轴向荷载-变形曲线　　(b) 试件变形过程图

图 2.16　CSTJ10 试件轴压实验

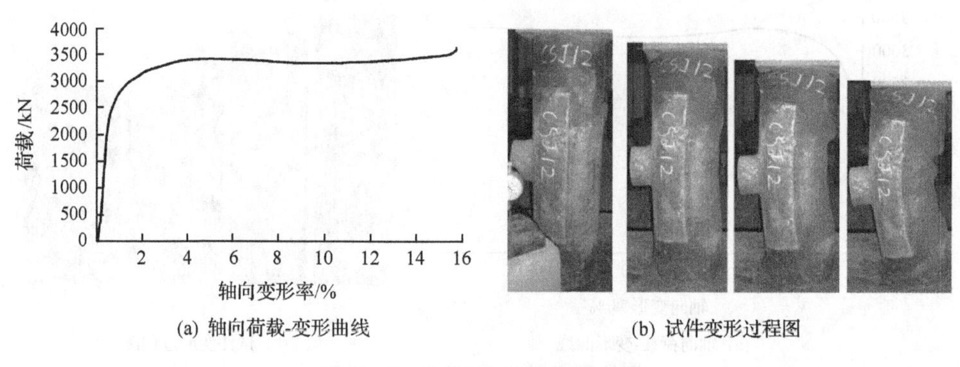

(a) 轴向荷载-变形曲线　　(b) 试件变形过程图

图 2.17　CSTJ12 试件轴压实验

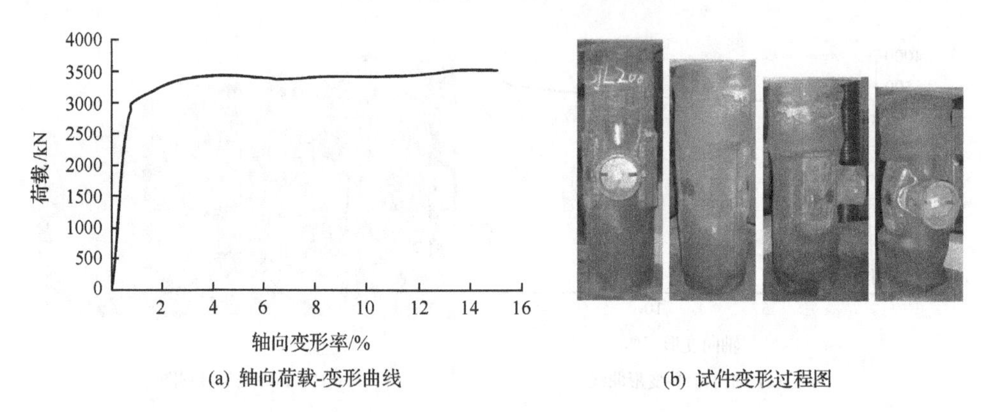

(a) 轴向荷载-变形曲线　　(b) 试件变形过程图

图 2.18　CSTJL200 试件轴压实验

极限荷载。封孔塞厚度越大，塑性荷载和极限荷载就越大，荷载变形曲线最终斜率也是越来越大。由于钢管混凝土支架要求为等强度支架，即要求注浆孔短柱的力学特性与主体钢管相似，同时考虑材料成本，封孔塞应该选用的厚度为 25mm。

表 2.2　不同厚度封孔塞补强效果

封孔塞厚度 /mm	塑性极限荷载 /kN	实验极限荷载 /kN	钢管混凝土短柱极限荷载/kN	荷载-变形曲线趋势
25	3200	3300	3290	向下
35	3200	3330	3290	水平
45	3250	3600	3290	向上

通过实验对不同厚度加强板对钢管混凝土注浆孔短柱的补强效果进行对比，如表 2.3 所示。采用的补强措施均已经达到补强效果，且不低于钢管混凝土短柱的极限荷载。随着加强板厚度增加，塑性荷载和极限荷载越来越大，而且远远超过钢管混凝土短柱的极限荷载，荷载变形曲线斜率也是越来越大。从钢管混凝土等强度支架要求的角度出发，加强板应该选用的厚度为 8mm。

表 2.3　不同厚度加强板补强效果分析表

加强板厚度 /mm	塑性极限荷载 /kN	实验极限荷载 /kN	钢管混凝土短柱极限荷载/kN	荷载-变形曲线趋势
8	3200	3330	3290	水平
10	3280	3410	3290	水平
12	3400	3650	3290	向上

通过实验对不同长度加强板对钢管混凝土注浆孔短柱的补强效果进行对比，如表 2.4 所示。采用的补强措施均已经达到补强效果，且不低于钢管混凝土短柱的极限荷载。加强板长度减少后，钢管混凝土注浆孔短柱与钢管混凝土短柱的刚度和强度根据相似，短柱不同部分的差异性明显减少，试件变形更加均匀，试件弯曲倾斜状况明显改善，承载能力也有所提高，但是注浆孔侧强度降低容易导致开裂。由于钢管混凝土支架要求为等强度支架，要求整体均匀变形，考虑材料成本和安全，加强板长度应该介于 200～400mm。

表 2.4　不同长度加强板补强效果

加强板长度 /mm	塑性极限荷载 /kN	实验极限荷载 /kN	钢管混凝土短柱极限荷载/kN	荷载-变形曲线趋势
200	3100	3550	3290	水平
400	3300	3330	3290	水平

综上所述，对注浆孔补强应该选用厚度为 25mm 封孔塞，厚度为 8mm、长度介于 200～400mm 的加强板。

2.3 早强型钢管混凝土支架

极软岩巷道收敛变形量大、变形速度较快，普通硅酸盐水泥灌注的钢管混凝土支架，因混凝土早期强度不够高且强度发展缓慢，在钢管混凝土支架的核心混凝土尚未有效凝固形成较大强度时就压坏支架，无法满足巷道支护的要求。因此，本节提出了研发早强型钢管混凝土支架的新思路。

2.3.1 早强型混凝土实验

1. 实验原料

水泥：选用 42.5 级快硬硫铝酸盐水泥，水泥性能检测结果见表 2.5。

砂：采用中粗河砂，细度模数为 2.6～2.8。

碎石：选用粒径范围在 5～25 mm 的连续级配石灰岩碎石。

减水剂：选用聚羧酸系高效减水剂 PC400，主要成分为聚羧酸盐，剂型为固态。

缓凝剂：三聚磷酸钠。

表 2.5 42.5 级快硬硫铝酸盐水泥性能指标

凝结时间/min		体积安定性	抗压强度/MPa		抗折强度/MPa	
初凝	终凝		1天	3天	1天	3天
32	55	合格	38	47	6.1	6.9

2. 早强混凝土配合比设计

配制 C50 以上混凝土水泥用量通常在 450～550kg/m^3 范围内，水泥用量如果再高，会带来水化热过高、混凝土收缩增大等负面效应。此外，水泥用量超过一定的值后，混凝土强度基本不再增加。本次实验控制水泥单方用量不变，为 500kg。

水灰比是影响混凝土性能最为重要的一个参数，水灰比越低，混凝土越密实，越有利于提高混凝土的力学性能和耐久性。在满足施工和强度要求的前提下，应尽量降低水灰比以获得较高的混凝土强度。配置 C50～C60 混凝土，水灰比宜控制在 0.3～0.38，本次实验水灰比选用 0.30、0.32、0.34 三个水平。

泵送混凝土的砂率宜控制在 36%～45%的范围内。在水灰比一定的条件下，砂率的变化主要影响混凝土的施工性和变形性质，并且对硬化后的强度也会有所影响，这主要表现在：在一定范围内，砂率小的混凝土，强度稍低，弹性模量稍大，开裂敏感性较低，拌和物黏聚性和流动性稍差，反之则相反。本次实验采用的砂率为 42%，既能满足泵送混凝土的流动性要求，又能防止混凝土离析。混凝土配合比设计及材料用量见表 2.6。最终确定满足混凝土坍落度和凝结时间的配比方案如下表 2.7 所示。

表 2.6　早强混凝土配合比及材料用量

水灰比	砂率/%	早强混凝土材料用量/(kg/m³)			
		水	水泥	砂	石
0.30	42	150	500	777	1073
0.32	42	160	500	777	1073
0.34	42	170	500	777	1073

表 2.7　早强混凝土实验配比方案

水灰比	减水剂掺量/%	缓凝剂掺量/%	凝结时间/min		坍落度/mm
			初凝	终凝	
0.3	0.7～0.8	0.2	135	190	≥230
0.32	0.5～0.6	0	140	255	≥220
0.34	0.3～0.4	0	125	190	≥235

3. *混凝土试块单轴抗压强度测试*

实验拟对早强混凝土 7 天内的抗压强度进行测试,其 1 天内强度每隔 2 小时测试一次,超过 1 天后,每隔 1 天测试一次。每组水灰比的混凝土试块需要测试 18 个龄期的抗压强度,每个龄期测试 3 个试块。

混凝土抗压强度与龄期的关系测试曲线如图 2.19 所示。

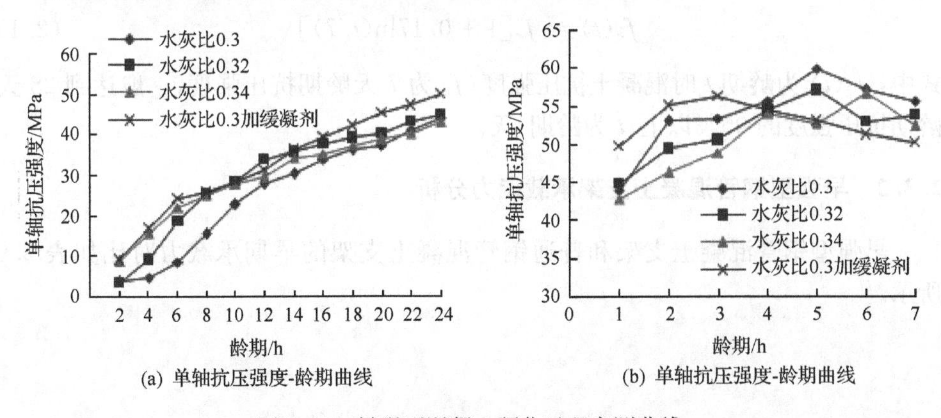

图 2.19　早强型混凝土硬化过程实测曲线

强度测试表明,在不掺加缓凝剂的情况下,减水剂的掺量对混凝土试块早期强度(1天)影响较为明显。水灰比越小,减水剂掺量越多,减水剂对混凝土早期强度发展起到的延缓作用持续时间越长,进而导致混凝土早期强度越低;当龄期超过1天后,减水剂的缓凝作用已不明显,此时,水灰比越小,混凝土强度越高。

对于水灰比为0.3的混凝土试块,缓凝剂的掺加对其强度发展规律有着极其重要的影响。缓凝剂与聚羧酸减水剂的共同作用促进了混凝土的凝结,消除了对混凝土早期强度发展的不利影响,提高了混凝土的早期强度。但是,缓凝剂的掺加对于混凝土后期强度的发展较为不利,其后期强度低于未掺加缓凝剂的混凝土试块强度,甚至低于其余两组不同水灰比的混凝土试块的强度。

综合考虑,水灰比为0.34的混凝土凝结时间相对较快、早强强度发展快,后期强度稳定,同时能够节省外掺剂的用量,最符合混凝土井下泵送施工的要求。其配合比及工作性能见表2.8。

表2.8 C50泵送混凝土配合比及性能

水灰比	水泥/(kg/m^3)	砂率/%	减水剂/%	坍落度/mm	扩展度/mm	凝结时间/min		抗压强度/MPa			弹性模量/GPa
						初凝	终凝	1d	3d	7d	
0.34	500	42	0.7~0.8	240	>600	128	190	42.8	48.9	52.3	43.6

4. 早强型混凝土硬化曲线回归分析

根据早强型混凝土硬化过程实测曲线,可以看出,混凝土强度与龄期曲线函数呈正相关关系,可选取自然对数函数回归分析。

根据实验成果,以水灰比0.34为例,回归得到如下早强型混凝土早期硬化函数关系式为

$$f_c(t)=f_c[1+0.17\ln(t/7)] \tag{2.1}$$

式中,$f_c(t)$为龄期t时混凝土抗压强度;f_c为7天龄期抗压强度,一般达到28天龄期抗压强度的95%以上;t为龄期,天。

2.3.2 早强型钢管混凝土支架承载能力分析

早强型钢管混凝土支架和普通钢管混凝土支架的早期承载力对比如表2.9所示。

表 2.9　不同龄期支架承载能力对比表

混凝土龄期	支架承载力/MPa	
	普通型	早强型
6h	0.82	1.32
12h	0.89	1.46
18h	0.93	1.53
1d	0.96	1.58
2d	1.02	1.66
3d	1.06	1.71
4d	1.08	1.74
5d	1.11	1.77

2.3.3　实验总结

(1) 实验确定了早强型混凝土的基本配合比，得出了矿用 C50 泵送早强混凝土的配制方案：采用 42.5 级快硬硫铝酸盐水泥，单方用量为 500kg；水灰比为 0.30～0.34；聚羧酸系高效减水剂掺量为 0.3%～0.8%；采用 0.2%的三聚磷酸钠缓凝剂。

(2) 实验得出了早强型混凝土的基本特性：初始坍落度大于 220mm，坍落扩展度大于 600mm，不离析、不泌水，能够满足井下泵送要求；缓凝 3 小时以上，满足施工所需时间；1 天抗压强度大于 42.8MPa，3 天抗压强度大于 49.9MPa，7 天抗压强度为 52.3MPa 以上，且后期强度增长稳定，能够满足泵送施工对其强度的要求。

(3) 早强型钢管混凝土支架的 5 天内承载力能够达到普通钢管混凝土支架的 1.6 倍以上。

2.4　巷道交岔点搭接式钢管混凝土支架

普通巷道使用的钢管混凝土支架都是单榀封闭成环的封闭式支架，自 2008 年第一次工业实验以来，经过数年的结构设计优化，这种支架的整体稳定性已经能够得到较好的保障。交岔点使用的钢管混凝土支架结构，并不能使每榀支架都自身封闭成环，需要众多钢管混凝土结构相互搭接才能形成封闭的组合结构。设计的交岔点钢管混凝土支架应具有如下特点：便于施工，支护体承载能力大，钢管型号选取合理，经济可靠。

交岔点钢管混凝土支架结构设计的主要内容有如下 3 点。

(1) 选择合理的整体结构。整体结构决定了其施工工艺,对结构的基本受力状态也有决定性作用。

(2) 单榀的支架结构设计。单榀支架的结构设计主要包括支架形状设计和钢管型号选择。

(3) 支架间对接处结构设计。支架间对接处结构设计主要包括对接方式的选择和强度校核。

2.4.1 交岔点支架整体结构

交岔点支架分为异形支架和支撑架。异形支架为非封闭支架,呈“C”形;支撑架为封闭式支架,为圆形或椭圆形。支撑架与异形支架之间以挡板对接,非封闭式的异形支架与封闭式的支撑架共同组合形成封闭的支护结构。

以查干淖尔一号井井底车场3个交岔口的钢管混凝土支架支护工程为例,如图2.20所示,按照两巷相交所呈角度,巷道交岔点的类型可分为正交型交岔点(1# 交岔点)和斜交型交岔点(3# 交岔点)。3# 交岔点为两巷道水平相交而成,两巷道轴线夹角为60°,支架平面布置如图2.21所示,交岔点支架整体结构如图2.22所示。

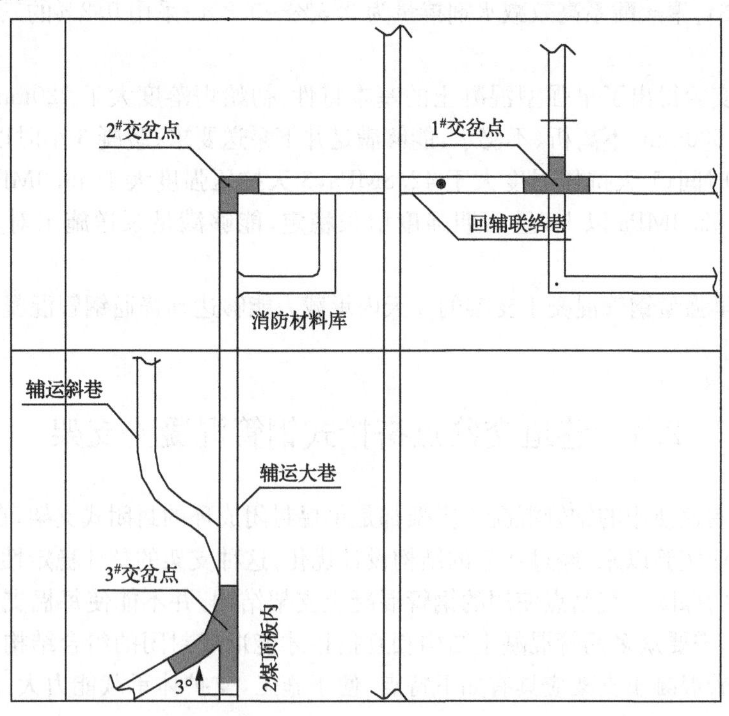

图2.20 井底车场巷道布置平面示意图

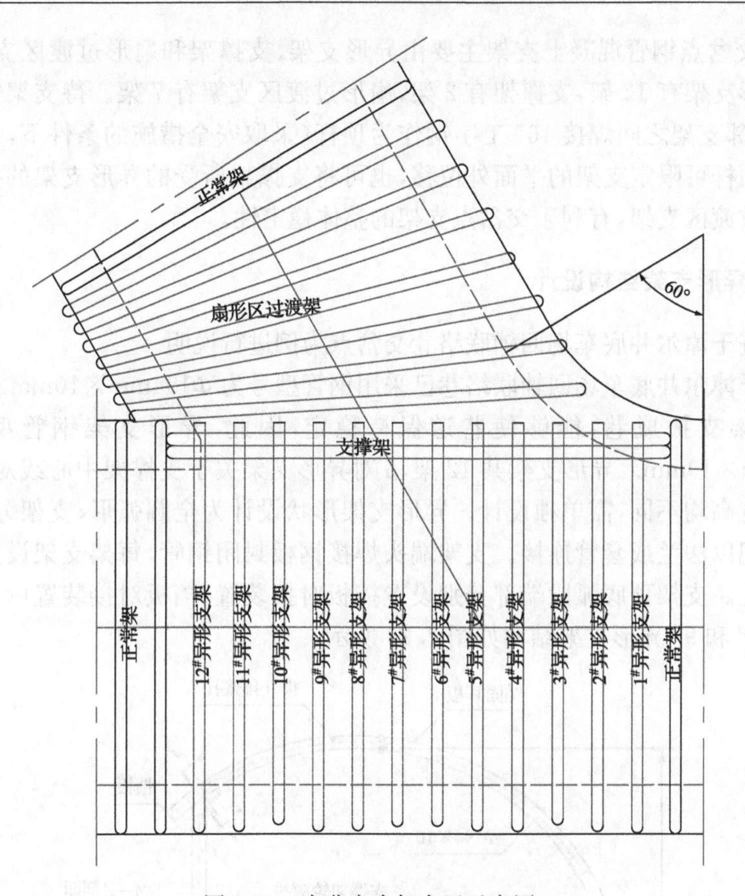

图 2.21　交岔点支架布置示意图

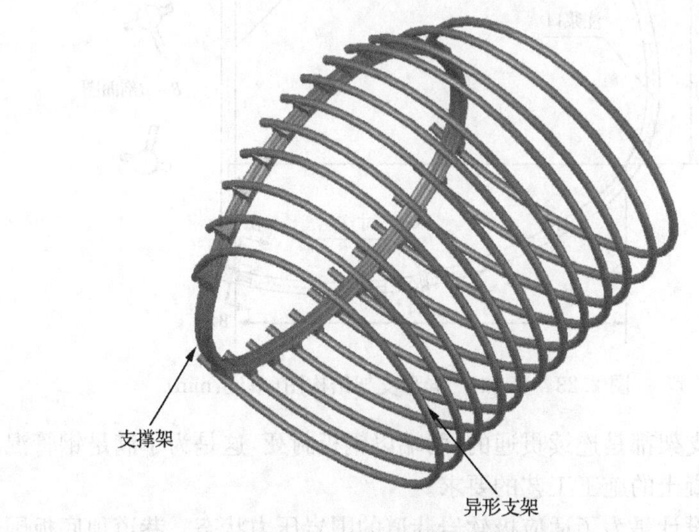

图 2.22　交岔点支架整体结构

$3^{\#}$交岔点钢管混凝土支架主要由异形支架、支撑架和扇形过渡区支架组成，其中异形支架有12架，支撑架有2架，扇形过渡区支架有7架。待支架安装完成后，各相邻支架之间焊接$16^{\#}$工字钢作为顶杆（采取安全措施的条件下，该矿允许烧焊），顶杆可限定支架的平面外位移，也可将支撑架所受的异形支架的推力传递给扇形过渡区支架，有利于交岔点支架的整体稳定性。

2.4.2 异形支架结构设计

以查干淖尔井底车场回辅联络巷交岔点为例进行说明。

查干淖尔井底车场回辅联络巷已采用钢管型号为Φ194mm×10mm的钢管混凝土支架支护成巷，能够使巷道保持稳定，因此，异形支架钢管型号选用Φ194mm×10mm。异形支架共12架，6对异形支架关于支撑架中心线对称，各对支架间宽高均不同，需单独设计。异形支架形状设计为全圆弧形，支架分为5节，各节之间以法兰或套管连接。支架端头焊接钢板封闭钢管，每架支架设置注浆孔和排气孔。支架顶底弧段端部分别设置挡板对接装置，挡板对接装置可与支撑架对接。$4^{\#}$和$9^{\#}$异形支架结构如图2.23所示。

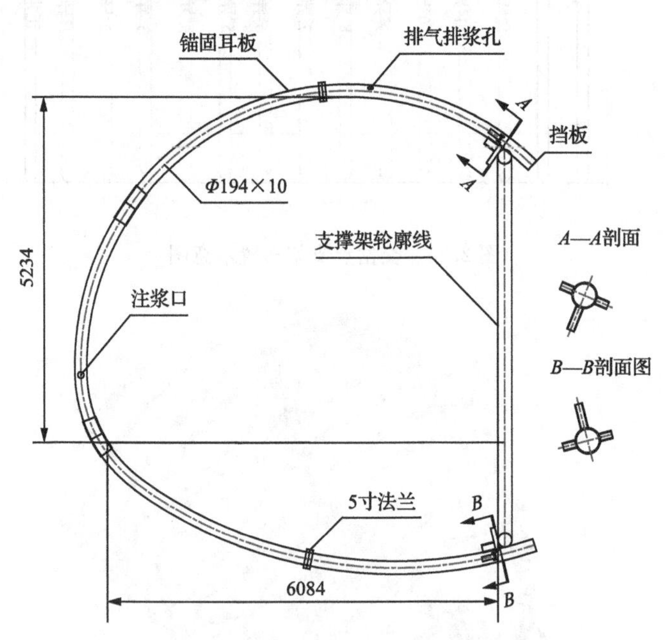

图2.23 $4^{\#}$和$9^{\#}$异形支架结构图（单位：mm）

每个异形支架都是连续贯通的，两端以钢板封死，这是为了满足钢管混凝土支架井下灌注混凝土的施工工艺的要求。

全圆弧形设计是为了适应极软岩巷道的围岩压力状态。巷道顶底板围岩极软岩厚度大,围岩接近饱和,强度极低,可手捏成团。因此,可认为巷道的围岩压力分布为静水压力状态。静水压力状态下,支护体受力为均布法向荷载。结构力学中认为均布法向荷载作用下的合理拱轴线为圆弧形,即拱轴线为圆形的拱,在不计变形的拱脚铰支状态或固支状态下,拱内只有轴力作用,没有弯矩作用,拱的受力状态较好。采用全圆弧的支架受力状态优于含有直段的支架受力状态。

支架各节之间以套管或者法兰连接,连接方式的选择由安装工艺和支架工作状态决定。以往工程实践表明套管连接能够实现支架各段间牢靠连接,借鉴地面钢管混凝土拱桥设计的法兰连接方式也能做到支架各段间的牢靠连接。但是,法兰连接方式加工工艺和安装工艺比套管连接更繁琐,一般在不适合套管连接的条件下采用法兰连接。

在支架安装过程中,由于异形支架为非封闭式支架,若顶部采用套管连接,支架顶部因自重作用,可能导致支架顶弧段在安装过程中滑脱,因此,顶部采用法兰连接。

2.4.3 支撑架结构设计

支撑架的作用是与异形支架对接,使交岔点支架形成封闭的组合结构,支撑架需要承担巷道围岩压力、异形支架推力和异形支架压力。

支撑架断面形状主要考虑巷道断面要求、围岩地质条件、交岔点两巷高低和围岩压力显现特征等。交岔点支架组合支护后,尽量不改变主巷道断面尺寸。支撑架的断面形状一般采用圆形或椭圆形。

支撑架采用2架支架并排合力支撑的方式工作,支撑架钢管型号视围岩地质条件和异形支架数目而定。支撑架顶部和底部设置与异形支架对接的挡板装置,其他结构与一般井下灌注式支架相同。支撑架结构如图2.24所示。

3[#]交岔点支撑架形状为浅底拱圆形,钢管型号选用Φ219mm×12mm,支架分为5节,各节之间以法兰连接,支架顶部和底部各设置12对挡板,可与12架异形支架对接。

2.4.4 支架间对接方式设计

设计支撑架与各异形支架间对接方式为挡板对接,对接方式如图2.25所示。这种对接方式可实现异形支架与支撑架间的压力和推力的传递,对接处不产生弯矩,可简化为铰接。与固支连接相比,铰接优点在于对接处无弯矩作用,易实现且牢靠。

对接处强度校核主要校核挡板焊接强度,焊接处的剪力主要是由异形支架传递的轴力引起的。搭接处传递的支架轴力为F_N,校核时F_N取短柱极限轴压承载力。

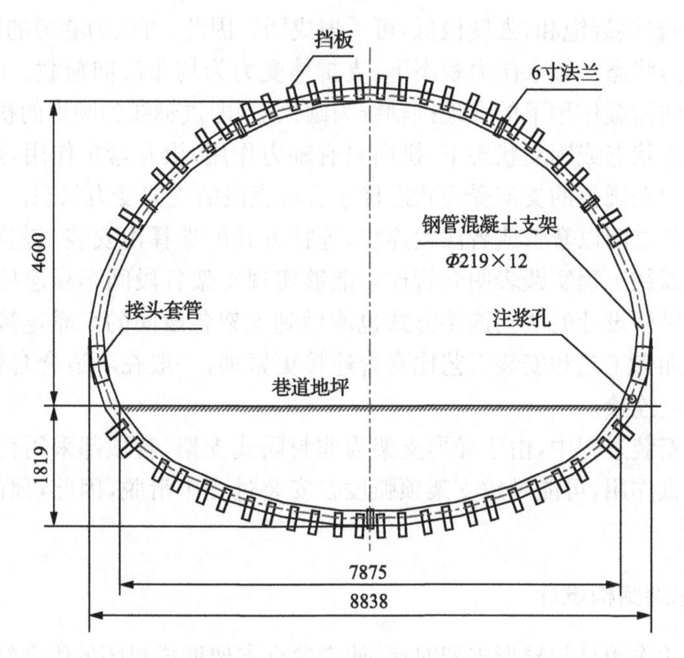

图 2.24　支撑架结构(单位:mm)

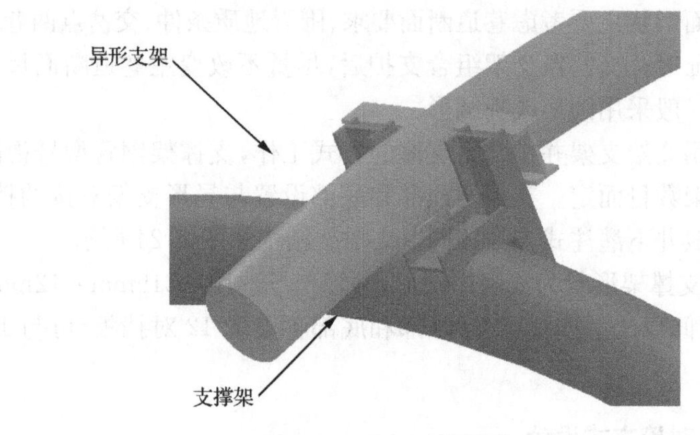

图 2.25　支架对接结构

焊缝剪力校核力学模型如图 2.26 所示,焊缝受剪切作用,危险点在焊缝顶端,最大剪应力 $\tau_{\max}$ 可分解为两部分:由弯矩 $M=F_{N}L$ 引起的 τ_{M} 和由 $Q=F_{N}$ 引起的 τ_{Q}。

最大剪应力计算公式为

$$\tau_{\max}=\sqrt{(\tau_{M})^{2}+(\tau_{Q})^{2}} \tag{2.2}$$

其中,

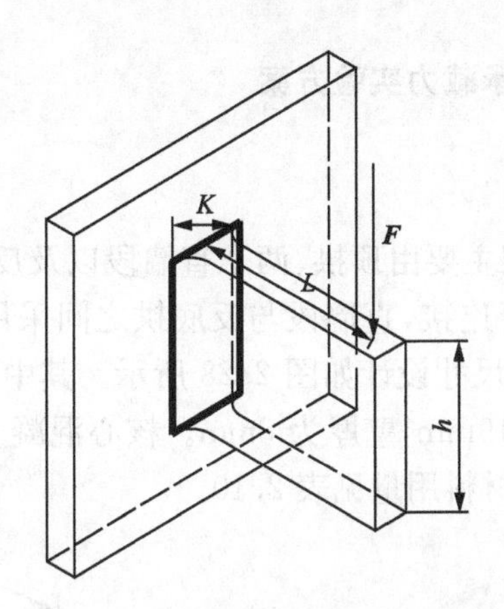

图 2.26　焊缝强度校核计算模型

$$\tau_{M}=\frac{3FL}{0.7KL^{2}} \tag{2.3}$$

$$\tau_{Q}=\frac{F}{1.4Kh} \tag{2.4}$$

式中，K 为焊缝宽度；h 为焊缝长度；L 为 F 作用点到焊缝面距离。

2.4.5　交岔点支架施工工艺

交岔点支架安装顺序为：支撑架→异形支架→扇形区支架。

交岔点支架施工工艺：①在预定位置安装支撑架；②由支撑架一侧依次向另一侧顺序拆除原有巷道支护扩断面并安装异形支架，拆除一架，安装一架，每架支架安装完成调正位置后，焊接工字钢与相邻支架间连接以固定支架位置；③交岔点支架安装完成后，支架壁后空隙以木板背实；④使用混凝土输送泵向支架内灌注 C40 混凝土；⑤地坪以下采用 C40 混凝土浇筑底板，地坪以上支架内侧挂钢筋网，施工厚度为 400mm 的混凝土喷层。

2.5　钢管混凝土支架承载能力实验测试研究

为直观验证钢管混凝土支架承载性能，分别设计了直墙半圆拱型钢管混凝土支架、扁椭圆形钢管混凝土支架、圆形钢管混凝土支架和浅底拱圆形钢管混凝土支架 4 种断面多种型号支架的承载能力实验，并进行 U29 和 U36 型钢支架对比实验，实验测试表明钢管混凝土支架具有优越的承载能力。

2.5.1　钢管混凝土支架承载力实验方案

1. 实验设计

整个钢管混凝土支架主要由顶拱、两个直墙段以及反底拱四段组成。其中顶拱与直墙段之间采用套管连接，直墙段与反底拱之间采用法兰连接，连接方式如图 2.27所示，支架各部分尺寸设计如图 2.28 所示。其中，钢管直径为 194mm，壁厚为 8mm；套筒直径为 219mm，壁厚为 8mm。核心混凝土按 1∶1.2 的用量进行配比，钢管混凝土各段的材料用量见表 2.10。

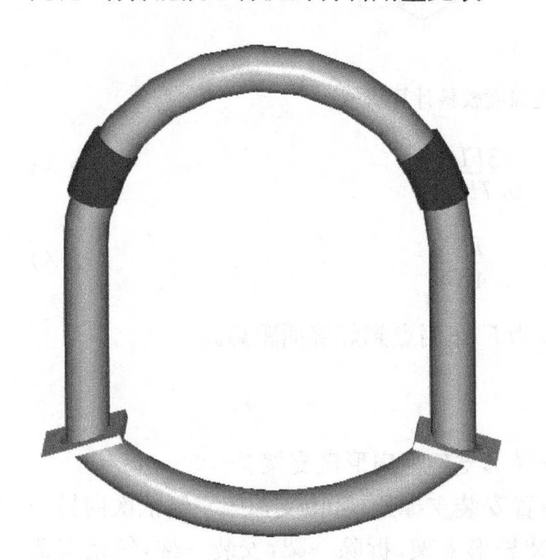

图 2.27　支架形式

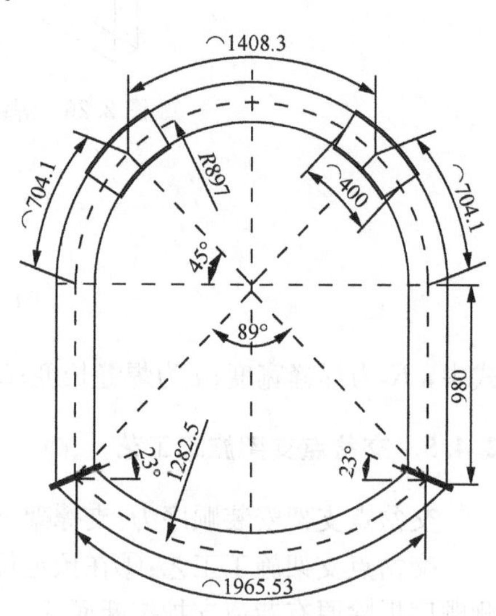

图 2.28　钢管混凝土支架各部分尺寸(单位：mm)

表 2.10　各段混凝土配比

	水泥/kg	石子/kg	砂子/kg	水/kg	减水剂/kg
上	18.9	47.8	29.3	6.73	0.2462
左	22.8	57.7	35.4	8.12	0.2968
右	22.8	57.7	35.4	8.12	0.2968
下	26.5	66.9	41.0	9.41	0.3440
合计	91.1	230.1	141.0	32.4	1.2

为模拟实际巷道中两帮对钢管混凝土支架的约束，在钢管混凝土支架直墙段通过拉杆加水平约束，如图 2.29 所示。拉杆选用 8 根 Φ58mm 的普通碳素钢 Q235。主要检测内容为水平、竖向的位移和钢管壁上关键位置的应变。位移计架设和应变片的布置如图 2.30 所示。

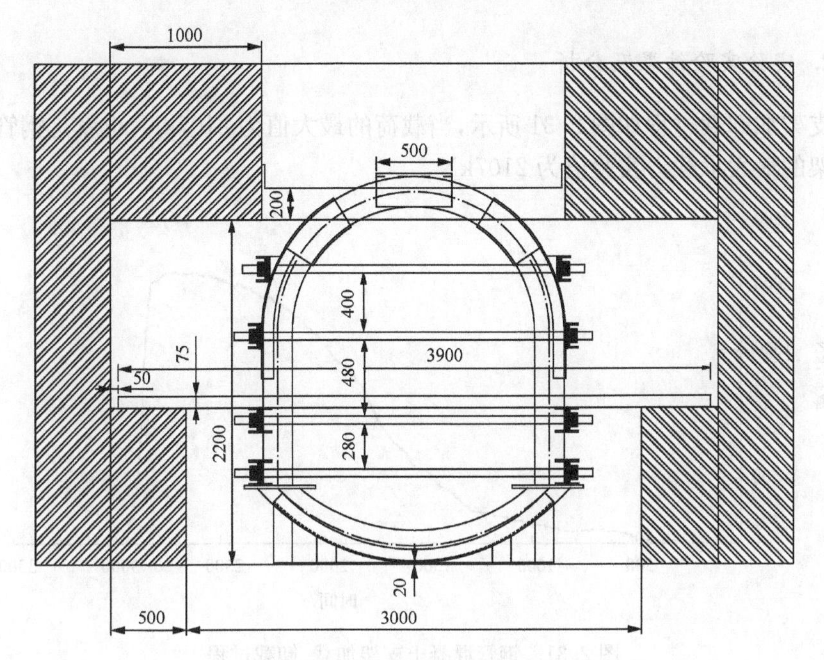

图 2.29　支架约束(单位:mm)

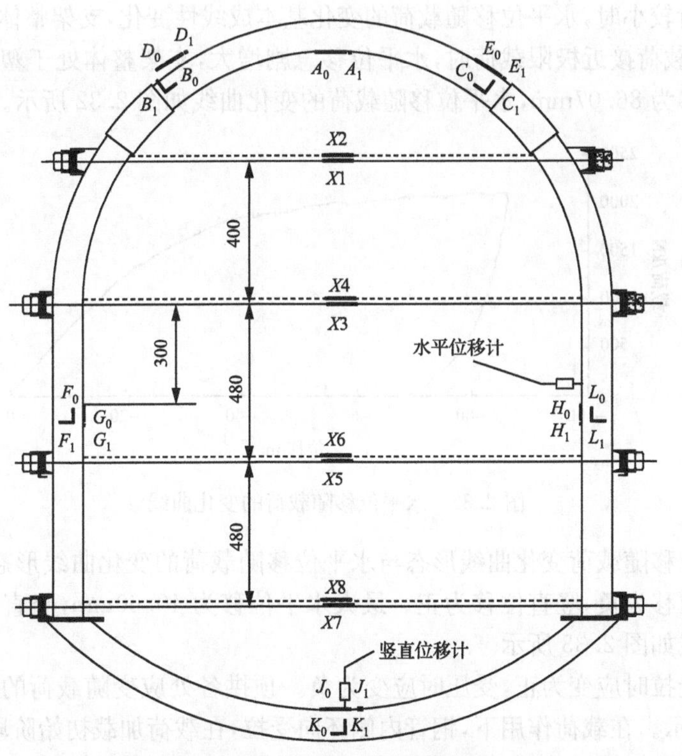

图 2.30　位移计及应变片布置图(单位:mm)

2. 实验实验结果及分析

支架加卸载过程如图 2.31 所示，当载荷的最大值为 2107kN，也就是钢管混凝土支架的最大承载力实验值为 2107kN。

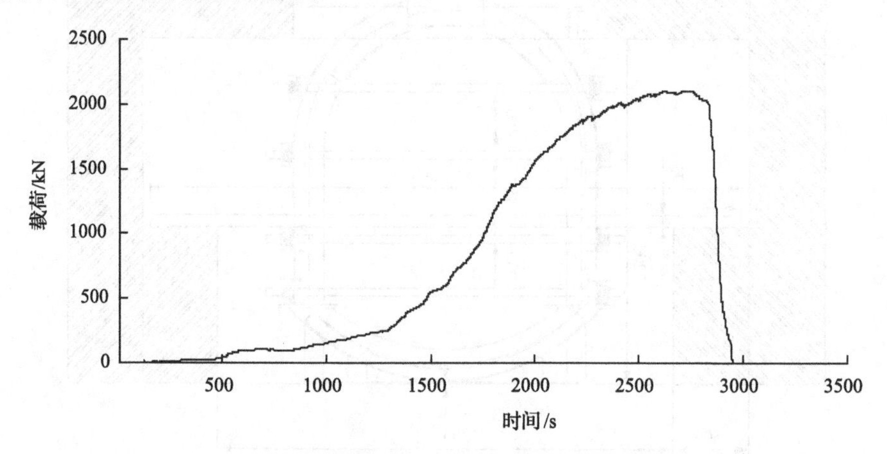

图 2.31　钢管混凝土支架加载、卸载过程

在载荷较小时，水平位移随载荷的变化基本成线性变化，支架整体处于一个弹性阶段；当载荷接近极限载荷时，水平位移急剧增大，支架整体处于塑性阶段。最大水平位移为 86.07mm，水平位移随载荷的变化曲线如图 2.32 所示。

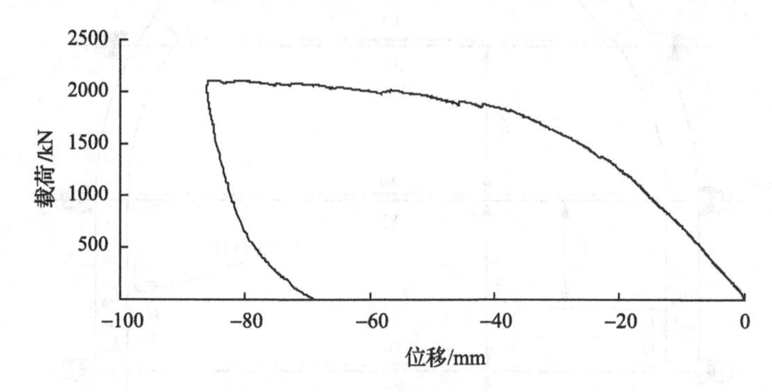

图 2.32　水平位移随载荷的变化曲线

竖直位移随载荷变化曲线形态与水平位移随载荷的变化曲线形态基本一致，只是水平位移为负，竖直位移为正。最大水平位移为 40.60mm，竖直位移随载荷的变化曲线如图 2.33 所示。

顶拱受拉时应变为正，受压时应变为负。顶拱各处应变随载荷的变化曲线如图 2.34 所示。在载荷作用下，钢管内侧环向受拉，在载荷加载初始阶段，应变随载荷成线性变化，钢管壁弹性拉伸。当载荷接近极限载荷时，钢管内侧屈服，发生塑

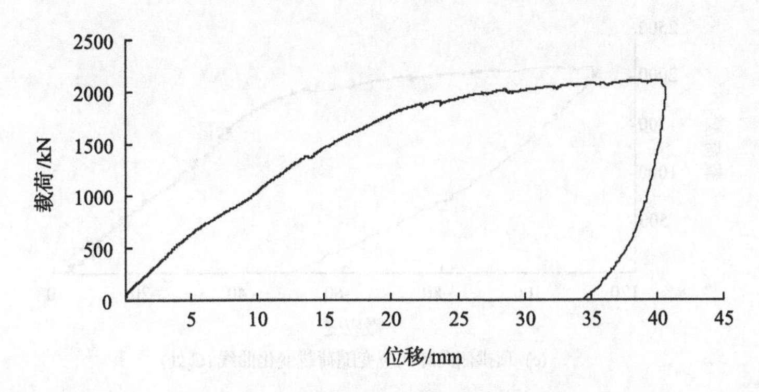

图 2.33　竖直位移随载荷的变化曲线

性变形。其余各处总体上沿轴线方向受压、垂直于轴线方向受拉。反底拱载荷-应变关系如图 2.35 所示。

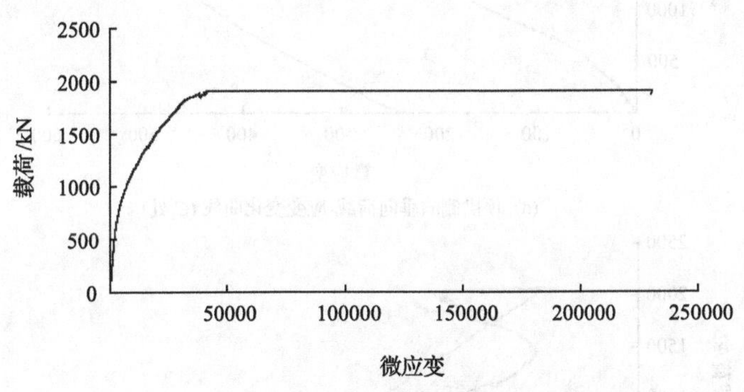

(a) 顶拱内侧环向应变随载荷变化曲线(A_0处)

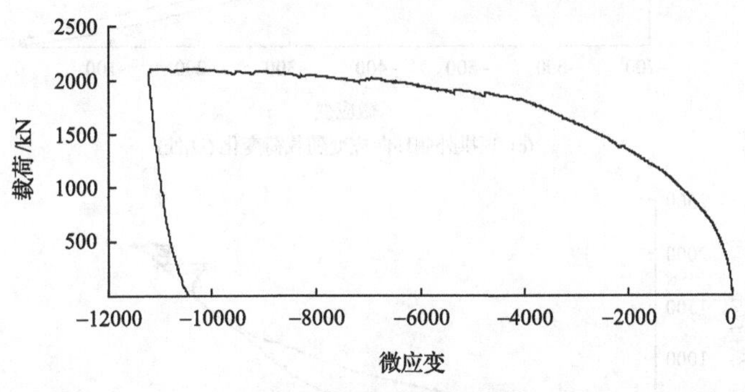

(b) 顶拱内侧垂向应变随载荷变化(A_1处)

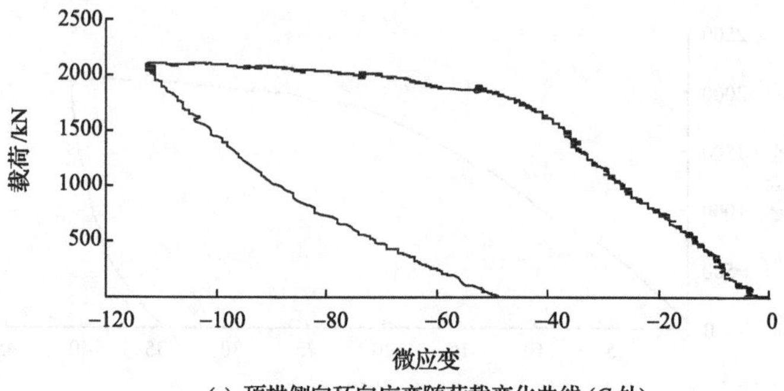

(c) 顶拱侧向环向应变随荷载变化曲线 (C_0处)

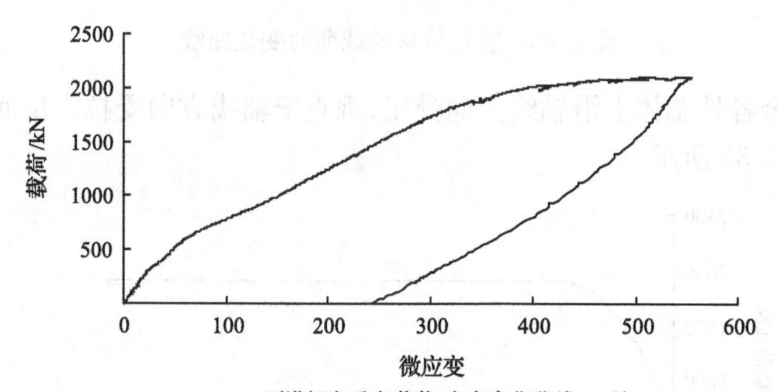

(d) 顶拱侧向垂向荷载-应变变化曲线 (C_1处)

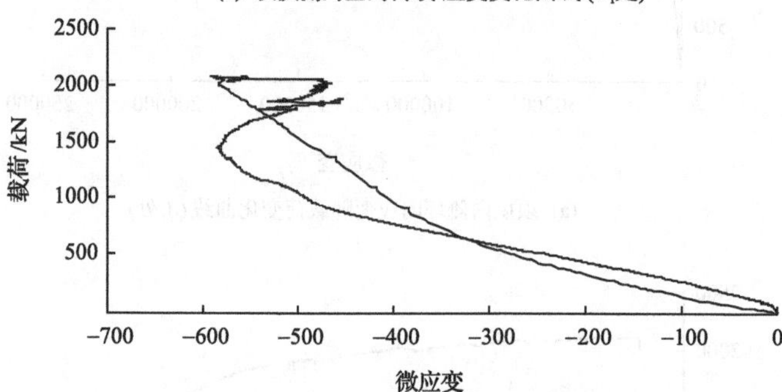

(e) 顶拱外侧环向应变随载荷变化 (D_0处)

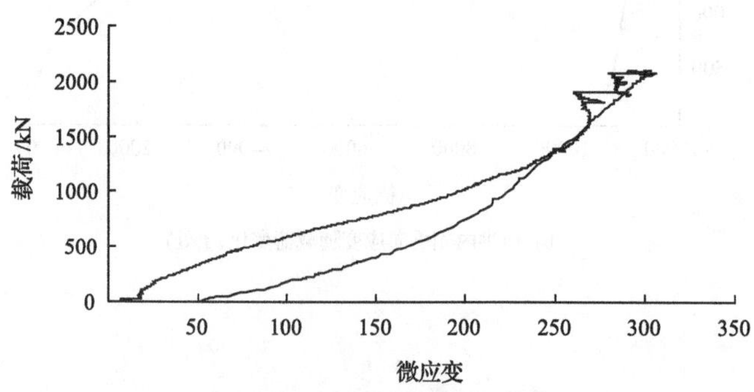

(f) 顶拱外侧垂向应变随载荷变化曲线 (D_1处)

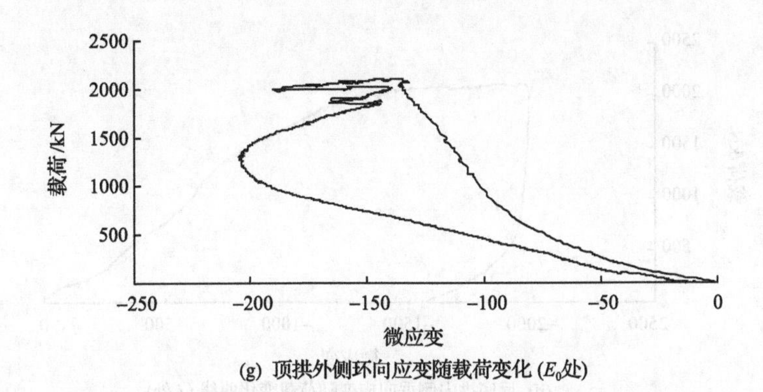

(g) 顶拱外侧环向应变随载荷变化 (E_0处)

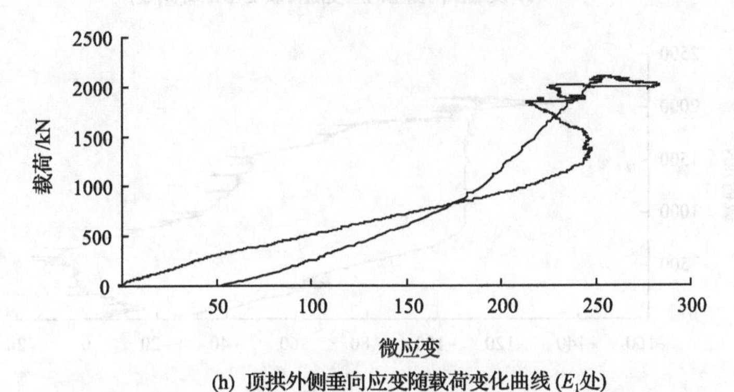

(h) 顶拱外侧垂向应变随载荷变化曲线 (E_1处)

图 2.34　顶拱应变随载荷变化曲线

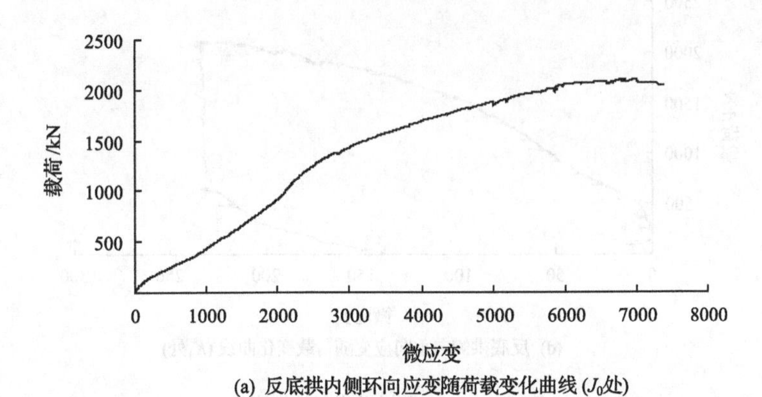

(a) 反底拱内侧环向应变随荷载变化曲线 (J_0处)

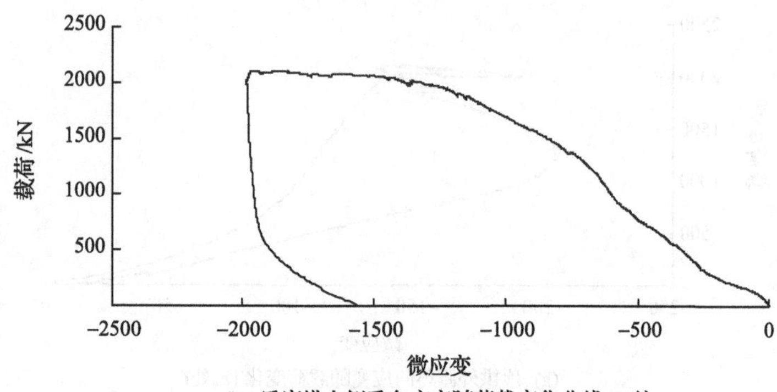

(b) 反底拱内侧垂向应变随荷载变化曲线 (J_1处)

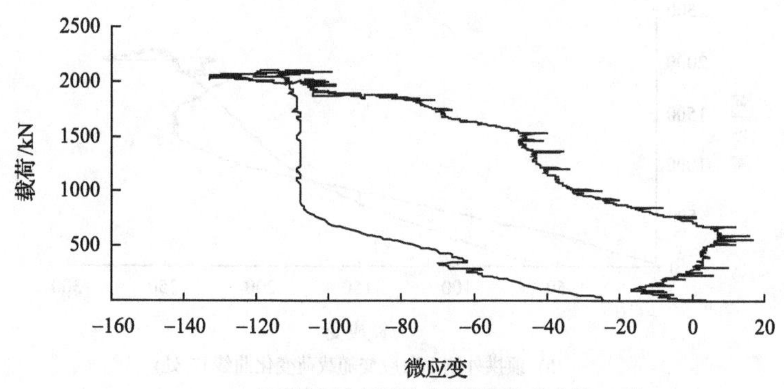

(c) 反底拱侧向环向应变随荷载变化曲线 (K_0处)

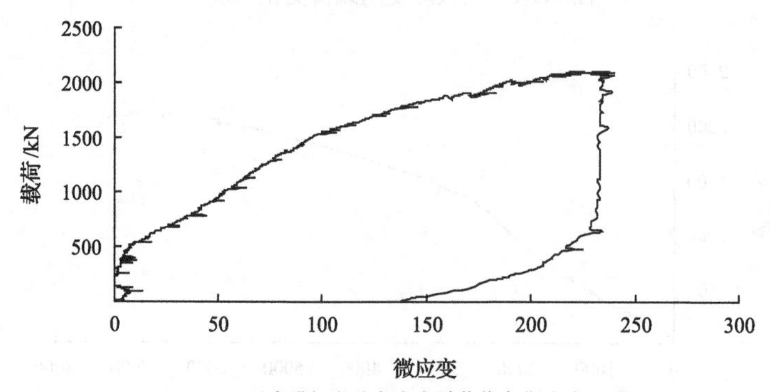

(d) 反底拱侧向垂向应变随荷载变化曲线 (K_1处)

图 2.35 反底拱载荷-应变关系

3. 结论

(1) 实验得到钢管混凝土支架的极限承载力为 2107kN。

(2) 支架的破坏形式主要表现在顶拱的压坏和直墙段的压弯。

(3) 顶拱的压坏和侧向约束有很大的关系，侧向约束增大时会增加钢管混凝土支架的承载能力，本实验中侧向约束不够大，导致了实验测得的钢管混凝土支架的承载力偏小。

2.5.2　扁椭圆钢管混凝土支架实验

1. 实验设计

设计 2 架钢管混凝土支架，支架形状为扁椭圆形，支架型号分别为 Φ168mm×8mm 和 Φ194mm×8mm，核心混凝土采用 C40 快硬混凝土，支架分顶弧段、左帮段、右帮段和反底拱段 4 段，支架的尺寸净宽为 4300mm，净高为 3761mm，支架结构参数如表 2.11 所示，支架结构设计如图 2.36 所示。钢管混凝土支架内灌注强度等级为 C40 快硬混凝土，混凝土配比如表 2.12 所示。同时设计 1 架相同尺寸 U36 型钢支架做承载力对比研究。

表 2.11　钢管混凝土支架结构参数表

支架型号	钢管外径/mm	钢管壁厚/mm	单位用钢量/(kg/m)	接头套管/mm^2
Φ168mm×8mm 型钢混支架	168	8	31.5	Φ194×8
Φ194mm×8mm 型钢混支架	194	8	36.7	Φ219×8

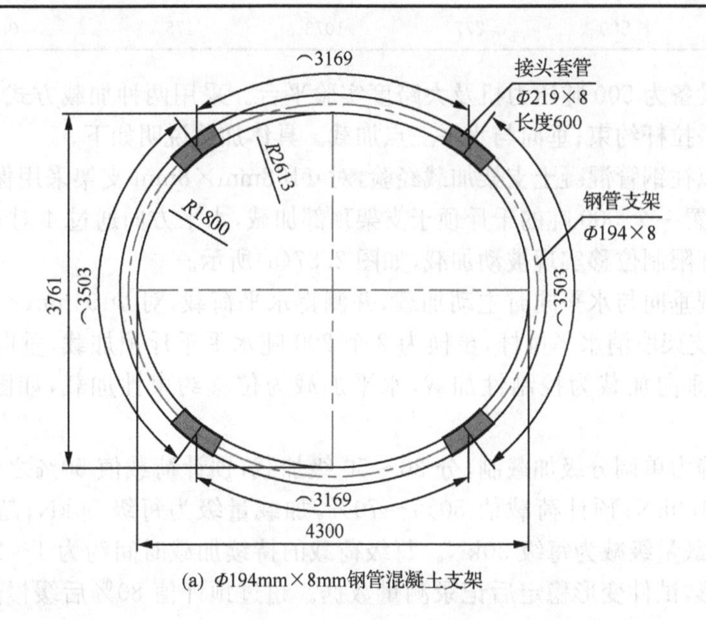

(a) Φ194mm×8mm钢管混凝土支架

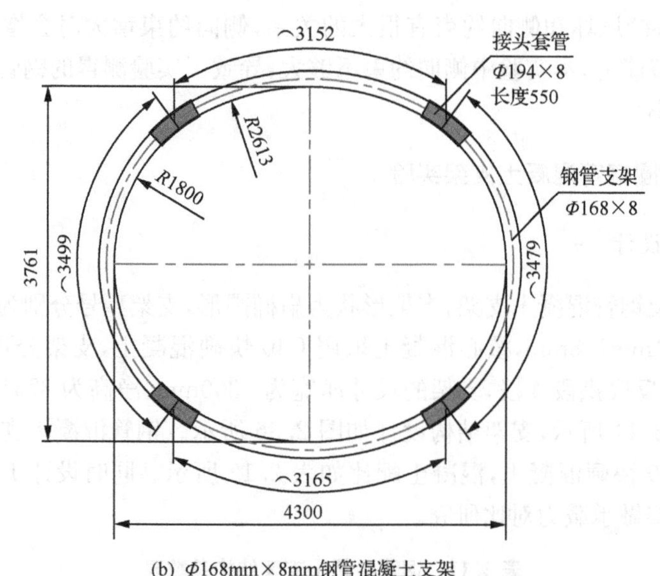

(b) Φ168mm×8mm钢管混凝土支架

图 2.36　钢管混凝土支架结构设计(单位:mm)

表 2.12　C40 快硬混凝土配比　　(单位:kg/m³)

水灰比	水泥	砂子	石子	水	减水剂
0.35	500	777	1073	175	0.3%

实验设备为500吨压力机及大跨度实验平台。采用两种加载方式:垂向单点加载与水平拉杆约束;垂向与水平三点加载。具体加载说明如下。

根据以往钢管混凝土支架加载经验,对Φ168mm×8mm支架采用保守加载方式,垂向设置一个500吨的千斤顶于支架顶部加载,水平方向通过4对Φ60mm高强圆钢拉杆限制位移实现被动加载,如图2.37(a)所示。

为实现垂向与水平同时主动加载,并测得水平荷载,对Φ194mm×8mm支架和U型钢支架取消水平拉杆,更换为2个200吨水平千斤顶加载,垂向加载方式不变,其中垂向加载为控制性加载,水平加载为位移约束性加载,如图2.37(b)所示。

采用静力单调分级加载制,分30～50级加载,预计荷载值50%之前,加载量级为每级100kN;预计荷载值50%～70%,加载量级为每级50kN;超过预计值70%后,加载量级减为每级30kN。每级荷载的持续加载时间约为1～2min,让试件充分变形,试件变形稳定后记录测量数据。超过预计值80%后缓慢连续加载,每秒读数记录一次。

实验监测内容如下。

(1) 支架荷载监测,包括垂向荷载与水平荷载,采用液压千斤顶配套的压力传

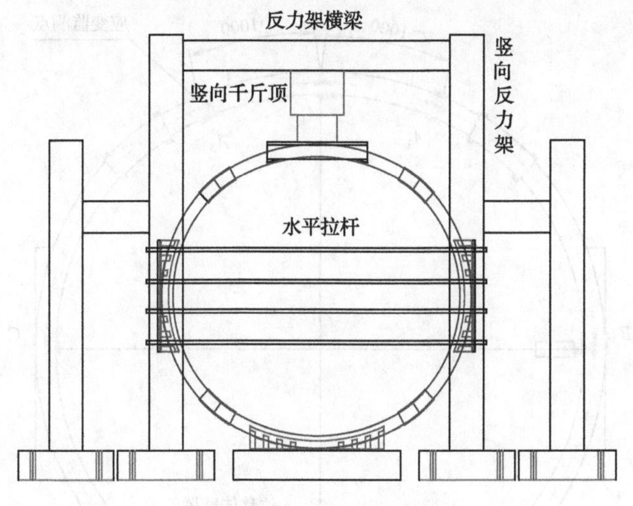

(a) Φ168mm×8mm支架加载方式

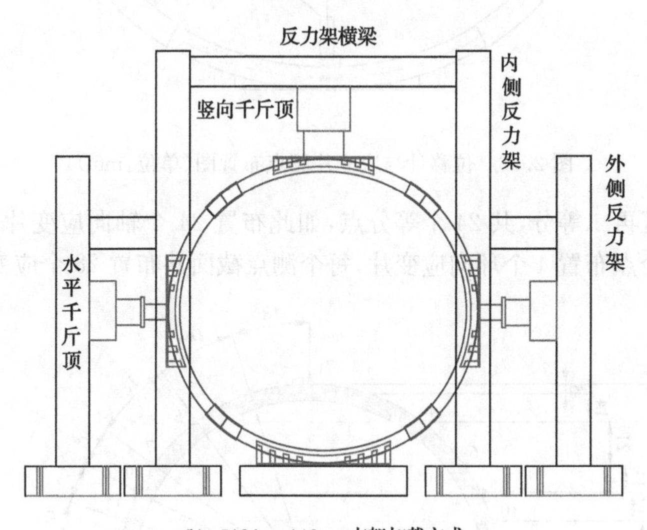

(b) Φ194mm×8mm支架加载方式

图 2.37　支架约束与加载设计

感器收集荷载。

(2) 支架位移，包括垂向位移与水平位移，用沿支架垂直中心线和水平中心线布置的位移传感器监测。

(3) 钢管混凝土支架的中性层偏移过程，包括偏移起点、偏移过程与偏移终点，采用静态电阻应变片测量加载过程中支架各段的应变。钢管混凝土支架的应变片测点布置如图 2.38 所示。

应变片沿圆周布置原则如图 2.39 所示，将截面圆周分为 20 等分，中心横线上

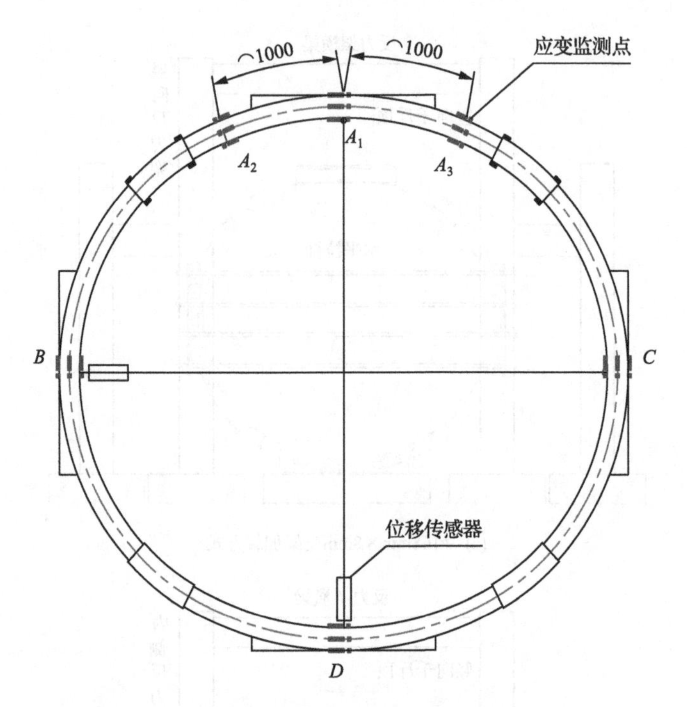

图 2.38　位移计与应变片测点布置图(单位:mm)

部两个等分区再二等分,共 24 个等分点,如此布置 24 个轴向应变片,同时在截面上下左右四个点布置 4 个环向应变片,每个测点截面共布置 28 个应变片。

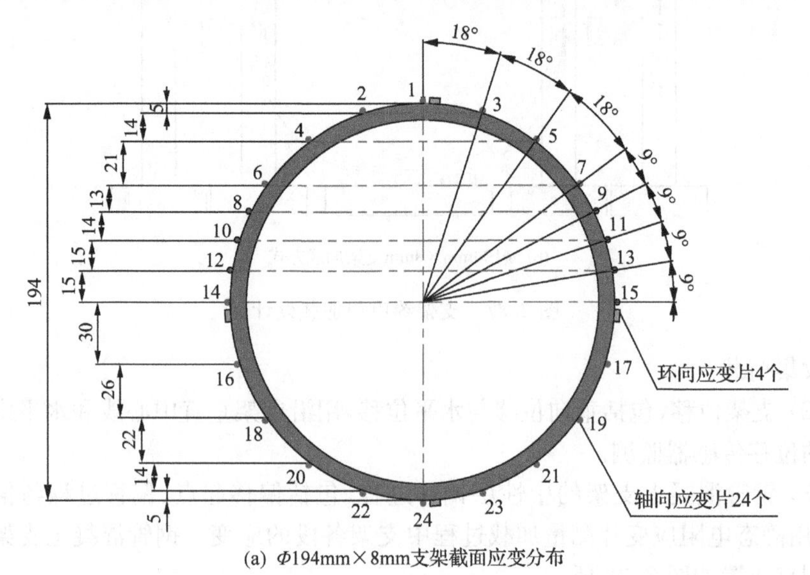

(a) Φ194mm×8mm支架截面应变分布

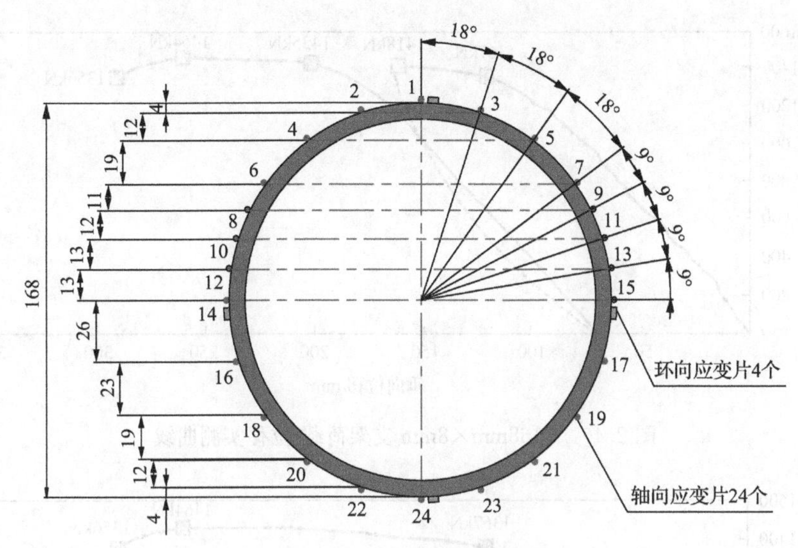

(b) Φ168mm×8mm支架截面应变分布

图 2.39 应变片沿圆周布置图(单位:mm)

实验步骤:①首先将钢管混凝土支架在地面组装好,放样对中找出各段弧中点位置,刻画平面假设对应线并粘贴应变片;②然后点焊上下左右承载板,吊装支架到实验平台,安装平面约束支撑梁,连接应变片电线,安装位移传感器,调整液压千斤顶到位,一切准备就绪后开始实验;③按照实验要求分步加载,并及时做好实验数据记录;④实验结束后将支架吊落到地面并及时对后期数据监测记录进行处理。

2. Φ168mm×8mm 扁椭圆钢管混凝土支架实验成果

根据实际监测到的 Φ168mm×8mm 型钢管混凝土支架垂向荷载与垂向位移数据,绘制荷载位移曲线,如图 2.40 所示。500 吨千斤顶油缸行程大约为 200mm,当荷载达到 1418kN,即 141.8 吨,支架垂向位移为 162.8mm 时,千斤顶油缸行程到位,此时支架承受荷载仍处于上升期,支架顶弧段有较明显下沉,但整体仍相对稳定。为进一步观测到钢管混凝土支架的极限破坏形态,收回千斤顶油缸,在支架承压板上方增加厚度为 150mm 的垫板,然后对支架二次加载,支架最终承受荷载为 1464kN。此后荷载下降,垂向位移继续增加,当荷载下降至 1356kN,垂向位移增加至 292.5mm 时,支架顶弧段靠近右肩部套管处钢管断裂,实验结束。

为更好的分析荷载-位移曲线变化,将第一次加载曲线与二次加载曲线进行合并简化处理,如图 2.41 所示。Φ168mm×8mm 支架实验结果见表 2.13。

Φ168mm×8mm 型扁椭圆支架破坏特点为整体屈服,顶弧段塑性破坏且局部截面断裂。变形过程描述与破坏点分析如下。

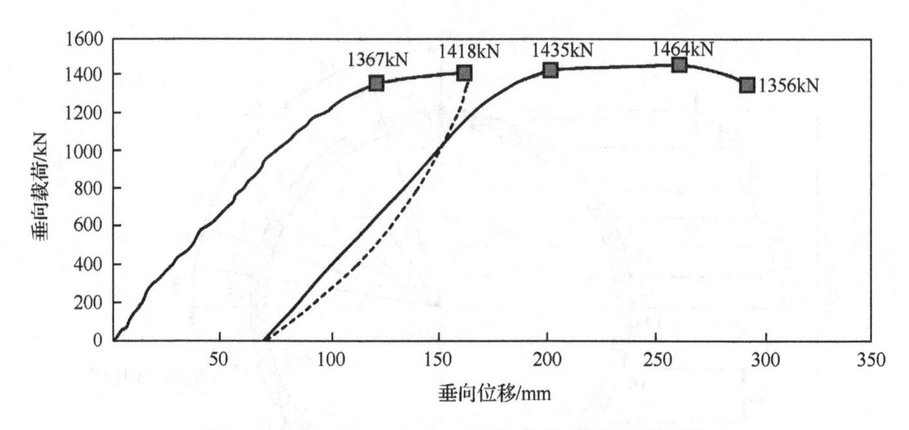

图 2.40 Φ168mm×8mm 支架荷载-位移实测曲线

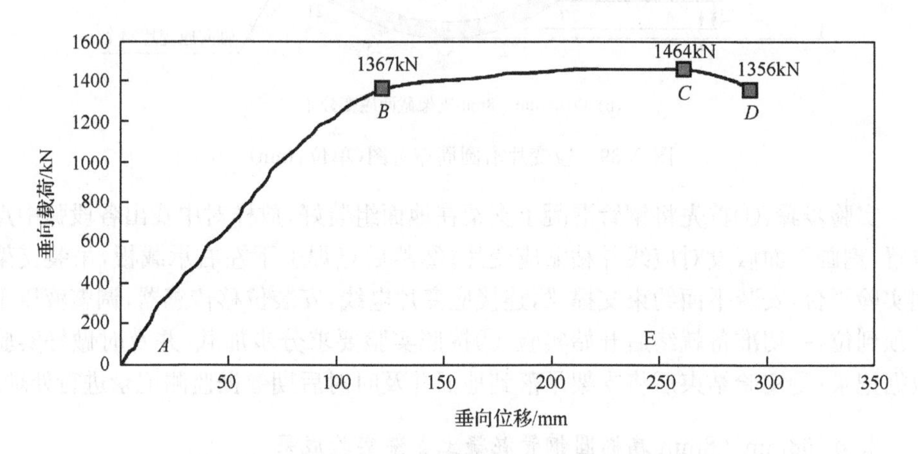

图 2.41 Φ168mm×8mm 支架荷载-位移合并简化曲线

表 2.13 Φ168mm×8mm 支架实验结果

支架型号	单位重量/(kg/m)	弹性极限承载力/kN	对应位移/mm	塑性极限承载力/kN	对应位移/mm	最大位移/mm
Φ168mm×8mm	31.5	1367	121.7	1464	261.2	292.5

随荷载增加，支架核心混凝土首先开裂；然后顶弧段由拱逐渐变平，左帮段没有明显变形，右帮段向内侧靠近，弧度变小，反底拱没有明显变化；荷载超过1464kN 后，支架整体承载力下降；垂向位移增加到 292.5mm 时，支架顶弧段靠右肩部套管根处瞬间开裂，周围油漆脱落，开裂发生于支架上侧，对应下侧位置出现较大鼓包，支架塑性破坏。

支架变形破坏主要出现在顶弧段，顶弧段为无铰拱结构，局部荷载作用下顶弧段受轴力作用小，受弯矩作用大，加之压力作用下两帮段有水平分离趋势，类似固定支座滑移，弯矩作用更大，弯矩控制下顶弧段不断竖向变形直到支架破坏。支架顶弧段破坏前后对比如图 2.42 所示。破坏点发生在支架顶弧段紧靠右肩部套管处，如图 2.43 所示，破坏点周围油漆脱落，钢管外侧开裂，内侧出现较大鼓包，钢管外侧与接头套管明显离缝。

图 2.42　支架顶弧段实验前后对比

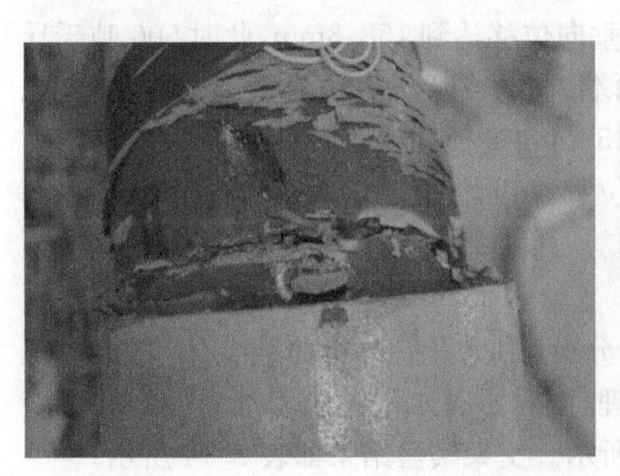

图 2.43　支架顶弧段右端破坏图

3. Φ194mm×8mm 钢混支架实验成果分析

Φ194mm×8mm 型钢管混凝土支架在垂向 500 吨千斤顶加载基础上，水平方向上增加左右两个 200 吨千斤顶加载。垂向荷载与水平荷载同步加载，荷载增加到 1000kN 后，水平荷载不再增加，保持千斤顶油缸压力不变，垂向荷载继续增加。

根据实际监测到的 Φ194mm×8mm 钢管混凝土支架荷载与位移数据，绘制荷载-垂向位移曲线如图 2.44 所示。

对 Φ194mm×8mm 钢管混凝土支架两次加载。第一次加载时，位移随荷载增长先慢后快，曲线呈上凸形，主要是受到水平主动加载影响，水平主动力作用使支架垂向变形受限，位移增加缓慢；荷载达到 1000kN 之后水平荷载不再主动增加，支架垂向变形限制得到一定程度解除，垂向位移增长变快。这与垂向单点加载得

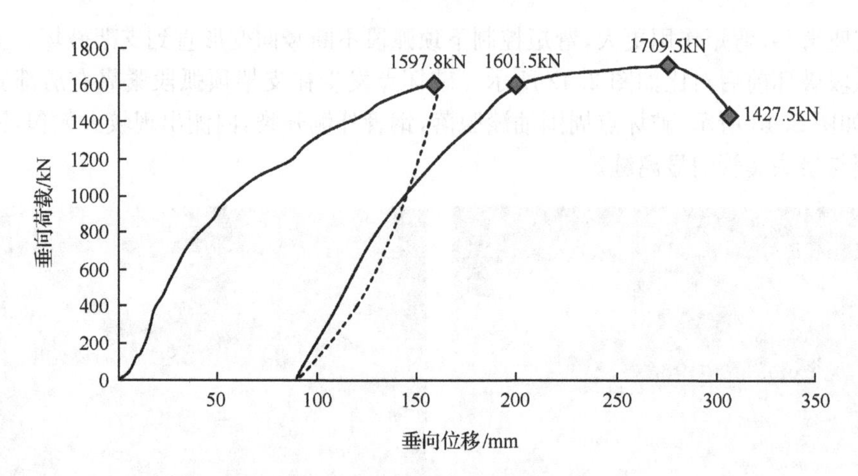

图 2.44　Φ194mm×8mm 支架垂向荷载-垂向位移实测曲线

到的曲线完全不同，以往实验没有观测到。

当垂向荷载达到 1597.8kN 时，支架垂向位移达到 158.8mm，此时 500 吨千斤顶油缸行程到位，顶部承压板中间下凹两端翘曲，支架没有明显变形；卸载 500 吨千斤顶，在支架承压板上方增加厚度为 150mm 垫板，然后对支架二次加载，垂向荷载达到 1709.5kN 后开始下降，垂向位移继续增加，当荷载下降至 1427.5kN 时，支架顶弧段由拱变直梁并出现下凹趋势，此时垂向位移为 305.9mm，因支架顶弧段变形过大，结束实验。

对垂向荷载-垂向位移曲线进行重点分析，为更好的分析曲线变化，将第一次加载曲线与二次加载曲线进行合简化处理，同时不计水平荷载增加对曲线弹性变形阶段影响，合并简化后曲线如图 2.45 所示。支架实验结果如表 2.14 所示。

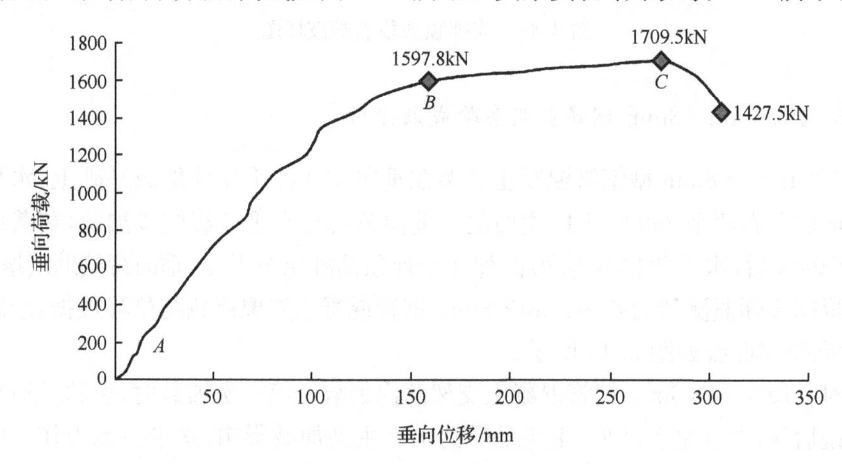

图 2.45　Φ194mm×8mm 支架荷载-位移合并简化曲线

表 2.14　Φ194mm×8mm 支架实验结果表

支架型号	单位重量/(kg/m)	弹性极限承载力/kN	对应位移/mm	塑性极限承载力/kN	对应位移/mm	最大位移/mm
Φ194mm×8mm	36.7	1597.8	158.8	1709.5	275.7	305.9

4. U36 型钢支架实验成果对比

U36 型钢支架是目前支护中最常用的支架，材料重量为 36kg/m，Φ194mm×8mm 钢管的材料重量为 36.7kg/m。为比较 Φ194mm×8mm 钢管混凝土支架与 U36 型钢支架承载能力差异，特制作一架相同尺寸的扁椭圆型 U36 型钢支架，采用相同加载方式，即在垂向 500 吨千斤顶和左右两个 200 吨千斤顶同时加载。垂向与水平同步加载，荷载增加到 500kN 后，水平荷载不再增加，保持千斤顶油缸压力不变，垂向荷载继续增加。

根据实际监测到的 U36 型钢支架荷载与位移数据，绘制荷载-垂向位移曲线如图 2.46。

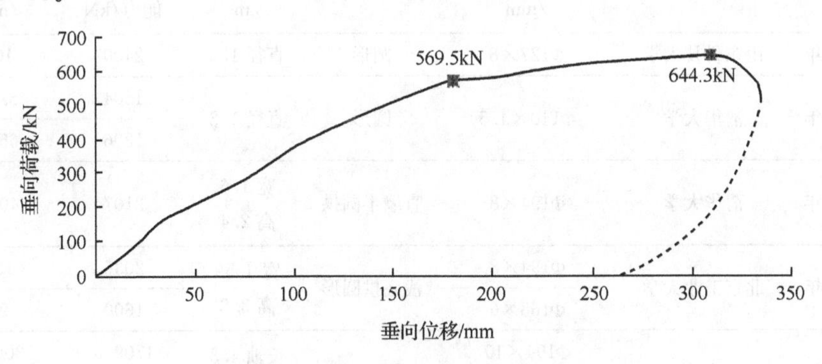

图 2.46　U36 型钢支架荷载位移曲线

5. 不同支架承载力对比分析

不同支架的承载能力对比如表 2.15 所示，Φ194mm×8mm 钢管混凝土支架极限承载力和垂向位移相比 Φ168mm×8mm 钢管混凝土支架都有所增加，弹性极限承载力增加 16.9%，塑性极限承载力增加 16.8%，最大位移增加 6%。这说明，随着钢管管径的增加，支架的弹塑性变形能力得到提高。同时可以看出，U36 支架承载力远低于钢管混凝土支架，但极限承载力对应位移与最大位移均大于钢管混凝土支架，表明 U36 型钢支架的柔性较大。与以往圆形和浅底拱圆钢钢管混凝土支架实验测得的极限承载力相比，本次实验测得的极限承载力较小，主要原因是本次实验支架断面为扁椭圆形，拱的矢跨比大，抗弯性能略有降低。

表 2.15　不同支架的承载能力对比

试件名称	单位重量/(kg/m)	弹性极限承载力/kN	对应位移/mm	塑性极限承载力/kN	对应位移/mm	最大位移/mm
Φ168mm×8mm 型支架	31.5	1367	121.7	1464	261.2	292.5
Φ194mm×8mm 型支架	36.7	1597.8	158.8	1709.5	275.7	305.9
U36 型钢支架	36	569.5	179.5	644.3	288.9	315

2.5.3　钢管混凝土支架承载力实验汇总

自 2006 年至今，本课题已进行了 8 架钢管混凝土支架承载能力实验。钢管混凝土支架承载能力实验成果见表 2.16。部分钢管混凝土支架约束加载情况及荷载位移曲线如图 2.47～图 2.53 所示。

表 2.16　钢管混凝土支架承载能力实验成果汇总

<table>
<tr><th>实验时间</th><th>实验地点</th><th>支架钢管型号/mm</th><th>支架形状</th><th>尺寸/m</th><th>极限承载能力/kN</th><th>极限变形量/mm</th></tr>
<tr><td>2006 年</td><td>山东科技大学</td><td>Φ127×8</td><td>圆形</td><td>直径 1.6</td><td>2400</td><td>107</td></tr>
<tr><td rowspan="2">2007 年</td><td rowspan="2">清华大学</td><td rowspan="2">Φ140×4.5</td><td rowspan="2">圆形</td><td rowspan="2">直径 1.8</td><td>1504</td><td>82.6</td></tr>
<tr><td>1206</td><td>65.3</td></tr>
<tr><td>2009 年</td><td>清华大学</td><td>Φ194×8</td><td>直墙半圆拱</td><td>宽 1.6
高 2.4</td><td>2107</td><td>40.8</td></tr>
<tr><td rowspan="2">2012 年</td><td rowspan="2">北京工业大学</td><td>Φ194×8</td><td rowspan="2">浅底拱圆形</td><td rowspan="2">宽 4.59
高 3.8</td><td>2036</td><td>130</td></tr>
<tr><td>Φ168×6</td><td>1600</td><td>95</td></tr>
<tr><td rowspan="2">2014 年</td><td rowspan="2">山东建筑大学</td><td>Φ194×10</td><td rowspan="2">扁椭圆</td><td rowspan="2">长轴 4.3
短轴 3.78</td><td>1709.5</td><td>305.9</td></tr>
<tr><td>Φ168×10</td><td>1464</td><td>292.5</td></tr>
</table>

2.6　钢管混凝土支架支护施工工艺

钢管混凝土支架支护工艺可概括为三步法：地面加工、井下安装、现场灌注。

(1) 地面加工：根据巷道断面及围岩应力场设计支架结构，采用热煨弯管加工空钢管支架，支架配套接头套管、顶杆、混凝土灌注孔等多种附属件。

(2) 井下安装：空钢管支架分段运输至施工巷道，先卧底安装多个反底拱段，顶杆定位，然后分别架设两帮段，最后安装顶弧段并布置相邻支架上部顶杆。支架间距一般设计为 0.6～1m，支架与围岩填充背板，预留环形让压缝。

(3) 现场灌注：使用防爆混凝土输送泵向空钢管支架内灌注混凝土，先泵送少

图 2.47 Φ127mm×8mm 圆形断面钢管混凝土支架约束与加载情况

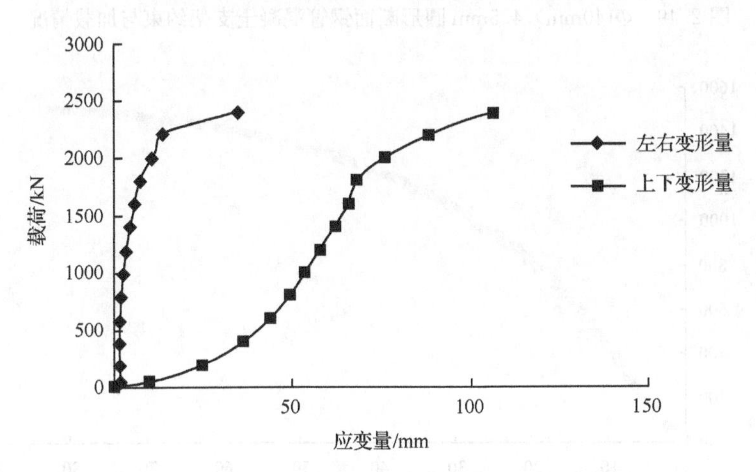

图 2.48 Φ127mm×8mm 圆形断面钢管混凝土支架载荷-位移曲线

许砂浆湿润管路与支架，再灌注混凝土。灌注过程不得中断，混凝土强度等级一般为 C40，添加钢纤维强化核心混凝土。

2.6.1 钢管混凝土支架井下安装工艺

在巷道中进行钢管混凝土支架安装，该工艺过程可由一个班组(7～8 个人)独立完成，在一个倒班时间(8 小时)内可安装支架 6～8 架。支架安装必备工具有 2 吨导链 4 个，撬杠 2 个，活口扳手 2 个，大锤 1 个，编织袋若干。

图 2.49　Φ140mm×4.5mm 圆形断面钢管混凝土支架约束与加载情况

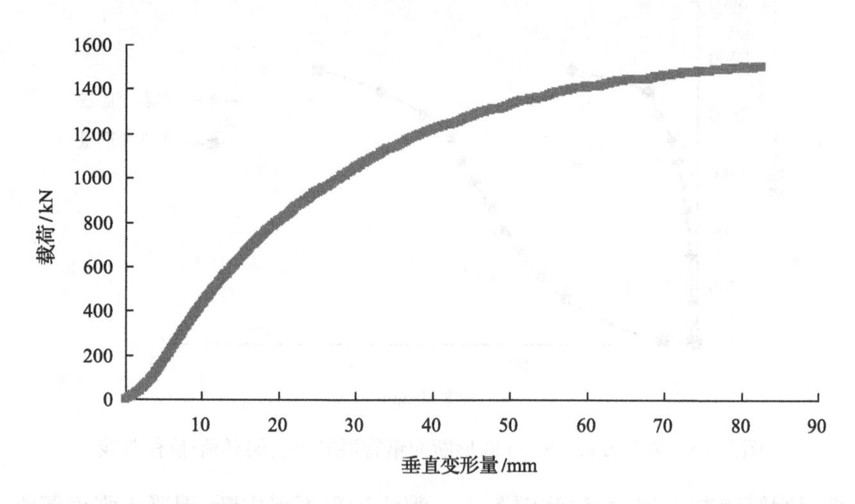

图 2.50　Φ140mm×4.5mm 圆形断面钢管混凝土支架载荷-位移曲线

巷道安装工艺流程为：①确定支架位置；②安装底弧段；③安装两帮段；④安装顶弧段；⑤支架位置微调。

图 2.51　Φ194mm×8mm 浅底拱圆形钢管混凝土支架约束与加载情况

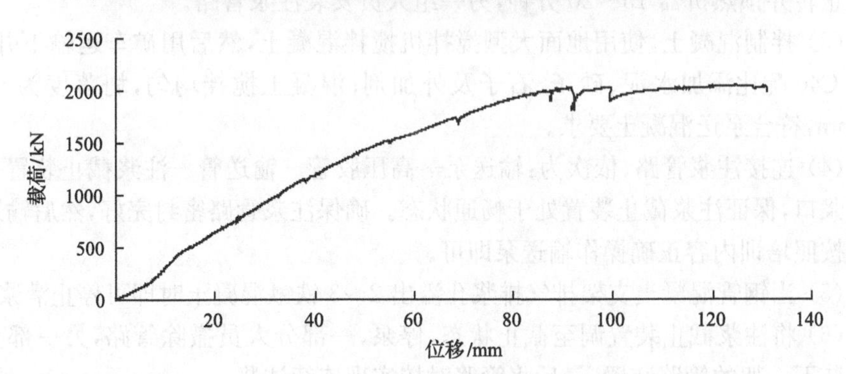

图 2.52　Φ194mm×8mm 浅底拱圆形断面钢管混凝土支架载荷-顶部垂向位移曲线

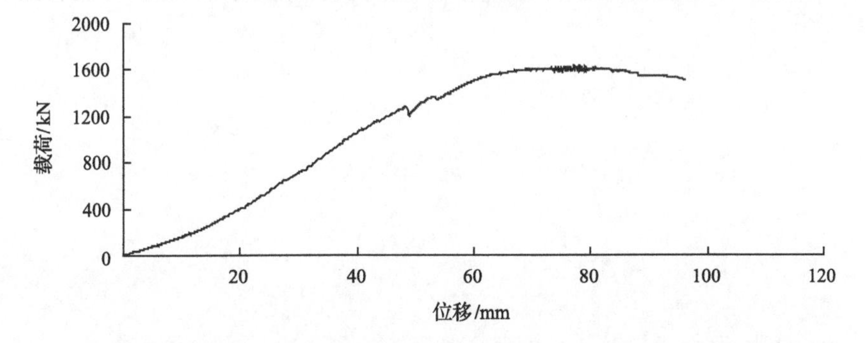

图 2.53　Φ168mm×6mm 浅底拱圆形断面钢管混凝土支架载荷-顶部垂向位移曲线

2.6.2 钢管混凝土支架井下灌注工艺

1. *灌注准备工作*

材料准备：混凝土输送泵 1 台，1 根高压胶管，随泵配套管件，6 套注浆截止装置，运料矿车，预定规格的砂石、水泥及外加剂。

支架准备：支架安装数量超过 15 架并连杆连接完好，注浆前再次确认支架接顶情况，如有接顶不实情况，以木料填充，务必接顶，不然支架注浆过程中，注浆压力会将支架顶弧段顶起，可能会造成支架顶弧段从套管处脱出。

2. *灌注施工顺序*

(1) 将混凝土输送泵放置在预定位置并固定，连接管路，将泵与钢管混凝土支架进行连接。

(2) 将人员分为两组，由电工和输送泵司机连接好电缆、水管，开机试机确保电机正转并预热机器 15～20 分钟，另一组人员安装注浆管路。

(3) 拌制混凝土，使用地面大型搅拌机搅拌混凝土，然后用矿车运输下井，严格按 C40 配比添加水泥、砂子、石子及外加剂；混凝土搅拌均匀，坍落度为 90～220mm，符合泵送混凝土要求。

(4) 连接注浆管路，依次为：输送泵—高压胶管—输送管—注浆截止装置—支架注浆口，保证注浆截止装置处于畅通状态。确保注浆管路密封完好，然后输送泵司机按照培训内容正确操作输送泵即可。

(5) 当钢管混凝土支架排气排浆孔溢出 2～3 铁锹混凝土时即可停止灌浆。

(6) 将注浆截止装置调至截止状态，停泵，一部分人员撤除管路，另一部分人员安装下一架的管路装置，最后将管路对接实现连续注浆。

(7) 最后一架支架灌注完毕后先停泵，泄掉搅拌箱多余混凝土，冲洗管路和输送泵。

第3章　钢管混凝土短柱力学性能实验及其壁厚效应

钢管混凝土短柱轴向压缩时的力学特性,是研究钢管混凝土结构承载能力的基础。因此,分别对管径为127mm、168mm和194mm不同壁厚钢管混凝土短柱进行轴向压缩实验,研究得出钢管混凝土短柱的壁厚效应,深入分析钢管混凝土短柱壁厚效应的力学机理。

3.1　钢管混凝土短柱轴向压缩实验

为研究圆钢管混凝土短柱在轴向压缩作用下的力学性能与壁厚效应,设计3个不同管径的钢管混凝土短柱轴向压缩实验,分析钢管壁厚与短柱弹性极限承载力的关系、塑性模量随钢管壁厚增大的变化规律及钢管混凝土短柱壁厚效应的力学机理。

3.1.1　实验方案

实验在山东大学土木与水利工程学院检测中心实验室完成。加载装置为5000kN的YAW-10000(伺)型微机控制电液压力机,加载装置如图3.1所示。

图3.1　液压实验加载设备

为实现均匀加载和保证钢管混凝土短柱试件在轴向压缩过程中实验结果的准确性和可靠性，加载前，在下垫板上的短柱下端面和钢管混凝土短柱上端面涂白凡士林，加盖上垫板，对试件进行几何对中，然后开始进行预加载，加载速度为 2kN/s，预加载值为理论弹性承载力的 10%。正式加载时采用分级缓慢加载方式，每级加载为预计极限荷载的 10%，每级加载时间持续 3～5min。当荷载达到极限荷载的 0.6 倍时，每级加载为极限荷载的 1/20～1/15，接近破坏时缓慢连续加载，每个实验试件加载时间为 1h 左右。当试件加载到极限抗压强度且出现明显的破坏后停止加载并缓慢卸载。

为测量钢管混凝土短柱试件在轴向压缩过程中的应变变化规律，在钢管混凝土短柱的中点和 1/4 点处分别布置了 2 个环向片和 2 个纵向片，应变片测点布置如图 3.2 所示。

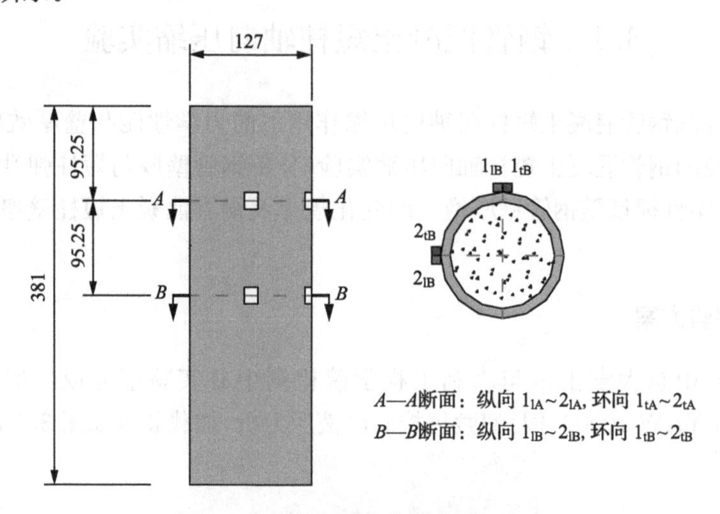

图 3.2 应变片测点布置(单位：mm)

3.1.2 直径 127mm 钢管混凝土短柱轴向压缩实验

1. 实验准备

实验试件长度为 381mm，管径为 127mm，长径比为 3。设计 11 组不同壁厚、相同管径的钢管混凝土短柱，理论厚壁分别为 2mm、4mm、5mm、6mm、8mm、10mm、12mm、14mm、16mm、18mm、20mm 的钢管，每组 3 个试件，以确保实验结果的可靠性。实验中为了得到更加的精准数据，分别对钢管外径、钢管壁厚、钢管垂直度及平行度进行了测量。测量结果如表 3.1 所示。

表 3.1 钢管的实测主要参数

理论壁厚/mm	壁厚平均值/mm	外径平均值/mm	垂直度平均值/mm	平行度平均值/mm
2	2.20	127.03	1.53	0.57
4	4.19	127.23	1.25	0.77
5	5.20	127.10	1.13	0.80
6	6.33	127.54	1.08	0.83
8	8.18	127.09	1.35	0.76
10	10.29	127.06	0.91	1.05
12	12.25	127.03	0.94	1.25
14	14.44	127.52	1.28	1.15
16	16.50	127.38	1.01	0.61
18	18.51	127.34	1.42	0.83
20	20.32	126.60	1.16	1.01

实验制作了 11 组钢管混凝土短柱，每组 3 个试件，共 33 个试件，如图 3.3 所示。

图 3.3 加工完成的测试试件

2. 材料性能

分别取壁厚 6mm、10mm 和 20mm 的 3 组钢材进行材料力学性能实验，实验期间测量了钢材的弹性模量、屈服强度、极限强度和泊松比，钢材主要力学性能参数如表 3.2 所示。灌注标号 C40 混凝土的材料配比如表 3.3 所示，同时进行混凝土的坍落度实验、混凝土立方块的抗压强度实验、抗拉强度实验和抗剪强度实验，得到混凝土材料性能指标如表 3.4 所示。实验应变片的型号为 BX120-3AA，栅长为 3mm，栅宽为 2mm，测得应变片电阻为 119.8Ω±0.1Ω，灵敏系数为 2.12%±1%，应变片精度较高。

表 3.2　钢材的力学性能参数

壁厚/mm	屈服强度/MPa	极限强度/MPa	弹性模量/GPa	泊松比
6	321.58	484.59	202.88	0.32
10	325.35	491.90	209.93	0.32
20	325.00	486.56	204.89	0.31

表 3.3　C40 等级混凝土材料配比

材料	水泥	砂子	石子	水	减水剂
材料用量/kg	24.7	40	61	13.1	0.43

表 3.4　C40 等级混凝土力学性能参数

坍落度/mm	抗压强度/MPa	抗拉强度/MPa
235	48.58	5.2

为了解钢管混凝土短柱随钢管壁厚增加的变化规律，分别从弹性极限承载力、钢管混凝土短柱的塑性变形转化、塑性模量三个方面分析了它们与钢管壁厚的关系。

1）钢管混凝土短柱弹性极限承载力与钢管壁厚的关系

短柱弹性极限点的确定：根据短柱轴压荷载-应变曲线，选取壁厚为 2mm 和 20mm 的钢管混凝土短柱出现塑性变形的拐点作为弹性极限点，两个拐点的连线与荷载-应变曲线相交的点作为短柱弹性极限承载力的取值点，如图 3.4 所示。

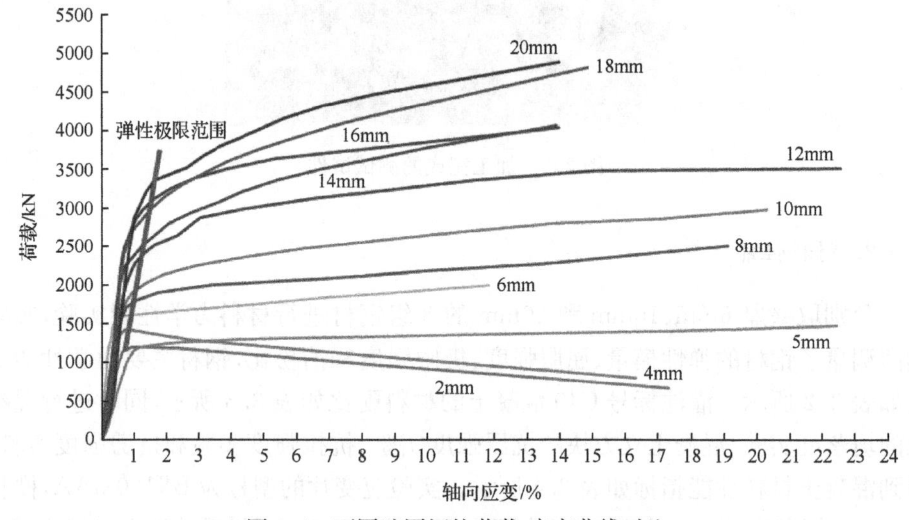

图 3.4　不同壁厚短柱荷载-应变曲线对比

根据壁厚2mm到壁厚20mm的11组钢管混凝土短柱压缩实验结果，从每组3个试件中选取承载性能较好的实测数据，绘制出不同壁厚钢管混凝土短柱轴压荷载-应变曲线，如图3.4所示。

根据实测实验数据得到不同壁厚的钢管混凝土短柱弹性极限承载力实测值见表3.5。由表3.5可以看出，随着钢管壁厚的增加，钢管混凝土短柱弹性极限承载力增加。

表3.5 不同壁厚钢管混凝土短柱弹性极限承载力实测值

壁厚/mm	实测值/kN
2	1180
4	1300
6	1400
8	1520
10	1700
12	1920
14	2080
16	2240
18	2400
20	2560

为了解钢管混凝土短柱在轴压下弹性极限承载力随壁厚增加的变化规律，对不同壁厚的钢管混凝土短柱弹性极限承载力数据进行回归，如图3.5所示，得到钢管壁厚与短柱弹性极限承载力之间呈线性增长的关系，短柱弹性极限承载力F与钢管壁厚t之间的函数关系式为

$$F = 78.3t + 943.7 \tag{3.1}$$

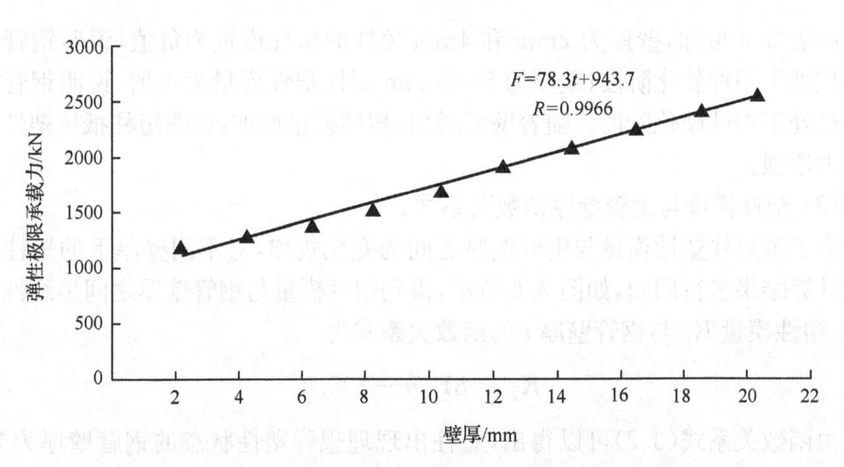

图3.5 不同壁厚钢管混凝土短柱弹性极限承载力拟合曲线

2）塑性变形与钢管壁厚的关系

由图 3.4 可知，壁厚为 2mm 和 4mm 的短柱表现为塑性软化，壁厚为 5mm 的短柱近似理想塑性，壁厚为 6～20mm 的短柱均表现为塑性硬化。随着壁厚增加，钢管混凝土短柱经过了塑性软化、理想塑性和塑性硬化转化三个过程，短柱在轴压下表现理想塑性状态的钢管壁厚为 5mm 左右。

3）塑性模量与钢管壁厚的函数关系

（1）塑性模量概念。

为了解钢管混凝土短柱塑性变形能力与钢管壁厚之间的变化规律，选取荷载-应变曲线上 3%～8%的轴向应变对应的曲线斜率来表示塑性模量，用 K_p 来表示，斜率向上为正值，斜率向下为负值。塑性模量计算结果见表 3.6。

表 3.6　不同壁厚钢管混凝土短柱塑性模量计算结果

钢管壁厚/mm	塑性模量/MPa
2.20	−279.2
4.19	−286.9
5.10	107.7
6.33	289.4
8.18	430.8
10.29	503.1
12.25	531.8
14.44	647.7
16.5	985.9
18.5	1138
20.32	1198

由表 3.6 可知，壁厚为 2mm 和 4mm 短柱的塑性模量为负值，说明钢管混凝土短柱处于塑性软化阶段；壁厚为 5～20mm 短柱塑性模量为正值，说明钢管混凝土短柱处于塑性硬化阶段。随着壁厚增加，塑性模量增加，说明短柱抵抗塑性变形的能力增强。

（2）塑性模量与钢管壁厚函数关系式。

为了解短柱塑性模量与钢管壁厚之间的变化规律，对不同壁厚下的短柱塑性模量计算结果进行回归，如图 3.6 所示，得到塑性模量与钢管壁厚之间呈线性增长关系，塑性模量 K_p 与钢管壁厚 t 的函数关系式为

$$K_p = 81.9t - 395.8 \tag{3.2}$$

由函数关系式(3.2)可以得出，短柱出现理想弹塑性状态的钢管壁厚为 5mm 左右。

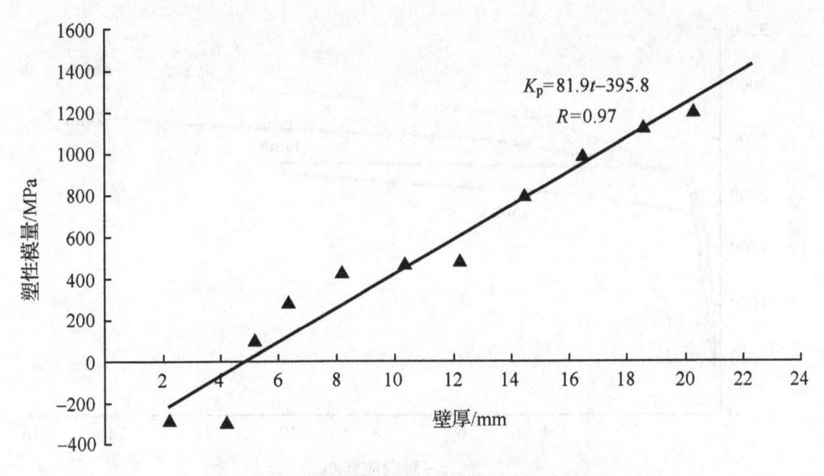

图 3.6　塑性模量与钢管壁厚关系曲线

3.1.3　直径 168mm 钢管混凝土短柱轴向压缩实验

直径 168mm 钢管混凝土短柱轴向压缩实验对 4 种壁厚进行实验，分别是 5mm、6mm、7mm 和 8mm。试件长度为 500mm，长径比为 3。试件的主要参数如表 3.7 所示，灌注混凝土标号为 C40。

表 3.7　钢管短柱试件参数

序号	钢管型号 /mm	钢管高度 /mm	长径比	径厚比	单位重量 /(kg/m)	空钢管试件编号	钢混短柱试件编号
1	Φ168×5	500	3	33.6	22.099	ST-5	CFST-5
2	Φ168×6	500	3	28	23.971	ST-6	CFST-6
3	Φ168×7	500	3	24	27.793	ST-7	CFST-7
4	Φ168×8	500	3	21	31.567	ST-8	CFST-8

1. 钢管混凝土短柱弹性极限承载力与钢管壁厚的关系

根据壁厚为 5～8mm 的钢管混凝土短柱压缩实验结果，从试件中选取承载性能较好的实测数据，绘制出不同壁厚钢管混凝土短柱荷载-应变曲线，如图 3.7 所示。

根据实测实验数据得到不同壁厚的钢管混凝土短柱弹性极限承载力实测值见表 3.8。由表 3.8 可以看出，随着钢管壁厚的增加，钢管混凝土短柱弹性极限承载力增加。

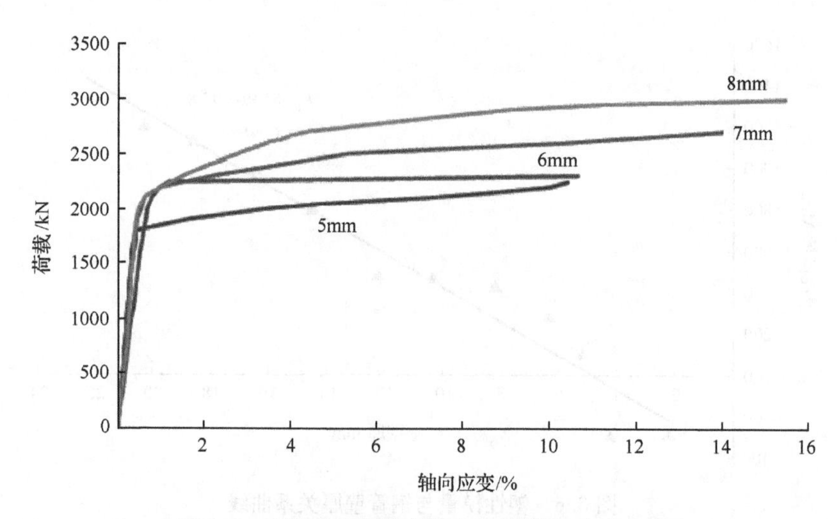

图 3.7　不同壁厚钢管混凝土短柱荷载-应变曲线

表 3.8　不同壁厚钢管混凝土短柱弹性极限承载力

壁厚/mm	实验值/kN
5	2250
6	2350
7	2650
8	2950

对不同壁厚下的钢管混凝土短柱弹性极限承载力数据进行回归，如图 3.8 所示，得到钢管壁厚与短柱弹性极限承载力之间呈线性增长的关系，短柱弹性极限承载力与钢管壁厚之间的函数关系式为

$$F = 240.2t + 990.5 \tag{3.3}$$

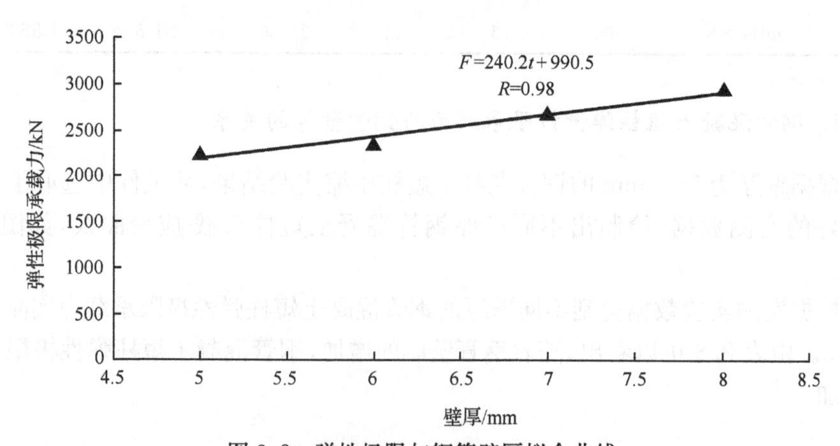

图 3.8　弹性极限与钢管壁厚拟合曲线

2. 塑性变形与钢管壁厚的关系

由图 3.7 可以看出,随着钢管壁厚的增加,钢管混凝土短柱在轴向压缩过程中产生变形量在增加;壁厚为 5mm、7mm 和 8mm 的短柱都出现塑性硬化阶段,壁厚为 6mm 的短柱近似理想弹塑性状态。随着壁厚的增加,短柱的塑性硬化的趋势显著。由于实验试件较少,结合图 3.7 分析认为,短柱出现理想弹塑性状态的钢管壁厚要小于 5mm。

3. 塑性模量与钢管壁厚的函数关系

钢管混凝土塑性模量计算结果如表 3.9 所示。

表 3.9 钢管混凝土短柱的塑性模量计算结果

钢管壁厚/mm	塑性模量/MPa
5	144.65
6	23.88
7	169.46
8	584.88

对不同壁厚下的钢管混凝土短柱弹性极限承载力数据进行线性回归,如图 3.9所示。由于实验钢管壁厚种类较少,导致实验数据离散性较大,按照线性回归得到塑性模量与钢管壁厚之间的函数关系式为

$$K_{\mathrm{p}} = 146.6t - 722.2 \tag{3.4}$$

由函数关系式(3.4)和图 3.7 可以得出,短柱出现理想弹塑性状态时钢管壁厚要小于 5mm。

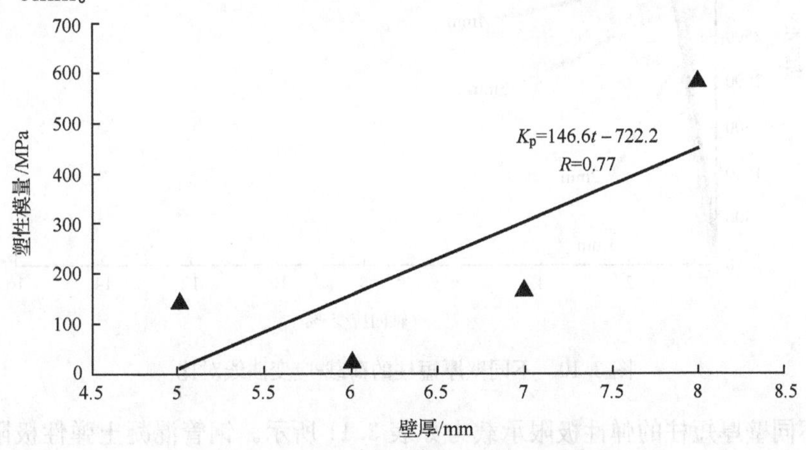

图 3.9 塑性模量与钢管壁厚关系曲线

3.1.4 直径 194mm 钢管混凝土短柱

直径 194mm 实验试件的钢管壁厚分别为 1mm、2mm、3mm、4mm、6mm 和 8mm，灌注 C40 混凝土，设计 6 组不同壁厚、相同管径的钢管混凝土短柱，每组 3 个试件，试件长度为 600mm。试件参数如表 3.10 所示。

表 3.10 钢管混凝土短柱试件参数

分组	钢管型号/mm	试件长度/mm	长径比	径厚比	钢管单重/(kg/m)	试件编号
1	Φ194×1	600	2.58	194.00	4.76	S194×1-1/2/3
2	Φ194×2	600	2.58	97.00	9.47	S194×2-1/2/3
3	Φ194×3	600	2.58	64.67	14.13	S194×3-1/2/3
4	Φ194×4	600	2.58	48.50	18.74	S194×4-1/2/3
5	Φ194×6	600	2.58	32.33	27.82	S194×6-1/2/3
6	Φ194×8	600	2.58	24.25	36.69	S194×8-1/2/3

1. 钢管混凝土短柱弹性极限承载力与钢管壁厚关系

根据不同壁厚的钢管混凝土短柱压缩实验成果，从每组 3 个试件中选取承载性能较好的实测数据，根据实验实测数据，绘制出钢管混凝土短柱的荷载-应变曲线，如图 3.10 所示。

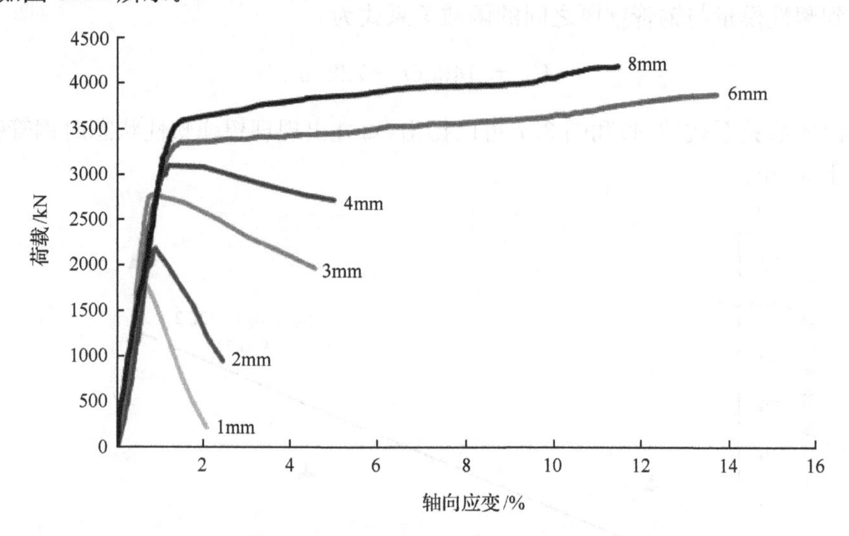

图 3.10 不同壁厚短柱的荷载-应变曲线对比

不同壁厚短柱的弹性极限承载力如表 3.11 所示。钢管混凝土弹性极限承载力拟合曲线如图 3.11 所示。

表 3.11 钢管混凝土短柱弹性极限承载力实测值

壁厚/mm	实测值/kN
1	1450.0
2	1750.0
3	2166.7
4	2591.7
6	3115.5
8	3604.0

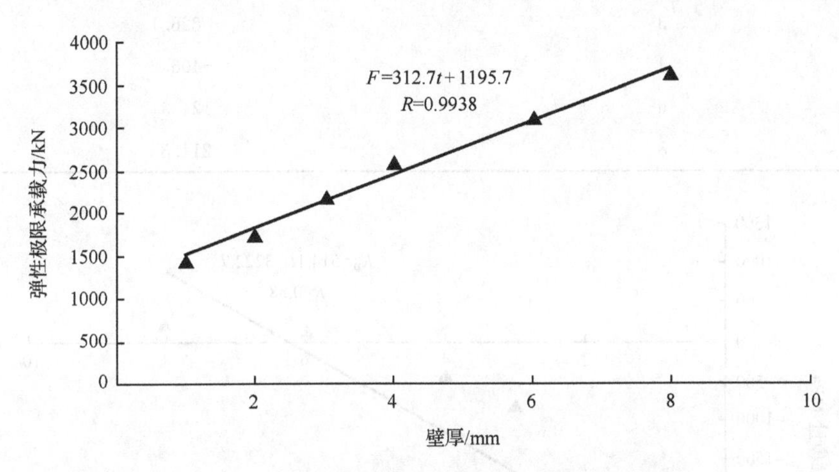

图 3.11 钢管混凝土短柱弹性极限承载力拟合曲线

可以看出,随着壁厚的增加,短柱承载力不断增长,其中,壁厚为 1～4mm 短柱壁厚每增加 1mm,承载力增加幅度为 300kN、416.7kN 和 425kN,壁厚为 4～8mm 短柱壁厚每增加 2mm,承载力增加幅度为 523.8kN 和 488.5kN。钢管混凝土短柱弹性极限承载力随壁厚增加呈线性增长关系,钢管混凝土短柱弹性极限承载力与钢管壁厚的函数关系式为

$$F = 312.7t + 1195.7 \tag{3.5}$$

2. 塑性变形与钢管壁厚的关系

由图 3.10 可以看出,壁厚为 1～4mm 短柱均表现为塑性软化,壁厚为 6mm 和 8mm 短柱出现塑性硬化。随着壁厚增加,短柱塑性阶段表现为塑性软化向塑性硬化转化,短柱轴向压缩量增加。短柱在轴压下表现理想弹塑性状态的钢管壁厚为 5mm 左右。

3. 钢管混凝土塑性模量与钢管壁厚关系

钢管混凝土塑性模量计算结果如表 3.12 所示。钢管混凝土短柱壁厚与塑性模量的线性回归曲线如图 3.12 所示。

表 3.12 钢管混凝土短柱的塑性模量计算结果

钢管壁厚/mm	塑性模量/MPa
1	−3341.2
2	−2763.6
3	−826.1
4	−406.2
6	124.3
8	214.8

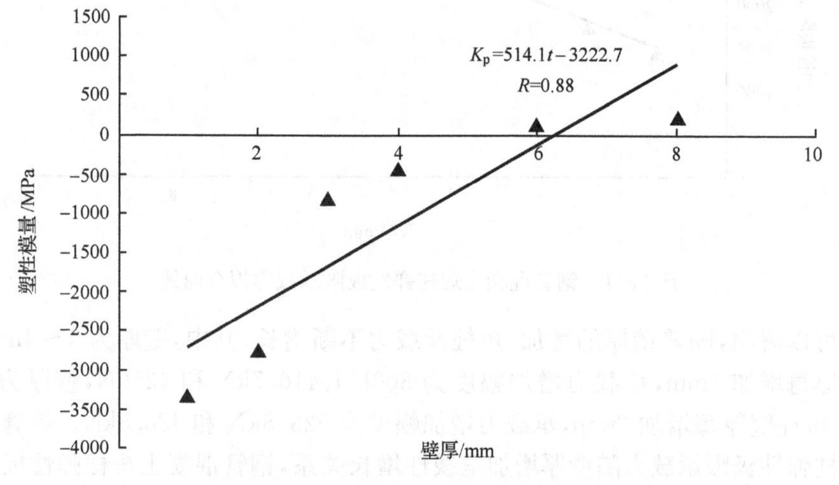

图 3.12 塑性模量与钢管壁厚拟合曲线

由图 3.12 可见，随着壁厚增加，塑性模量增加，塑性模量与壁厚呈线性关系，塑性模量与钢管壁厚的函数关系式为

$$K_p = 514.1t - 3222.7 \tag{3.6}$$

由式(3.6)可知，钢管混凝土短柱在轴向压缩条件下出现理想弹塑性的钢管壁厚在 6mm 左右。由于实验钢管壁厚较小，钢管混凝土短柱表现为塑性软化占主导地位，从钢管混凝土短柱轴压-荷载应变曲线可以看出，短柱出现理想弹塑性状态的钢管壁厚在 5mm 左右。

3.2　钢管混凝土短柱壁厚效应的力学机理

根据岩石和混凝土三轴压力实验，岩石和混凝土都具有围压效应，如图 3.13 和图 3.14 所示。

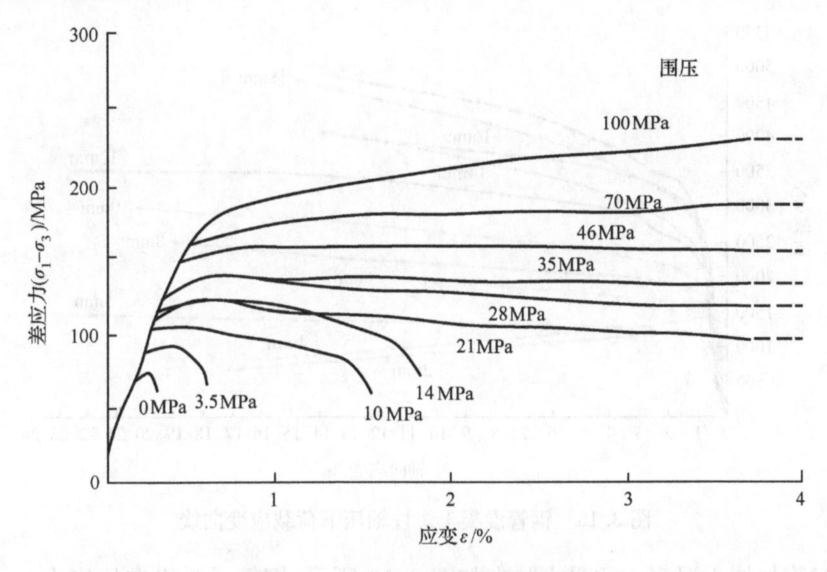

图 3.13　岩石三轴压力实验曲线

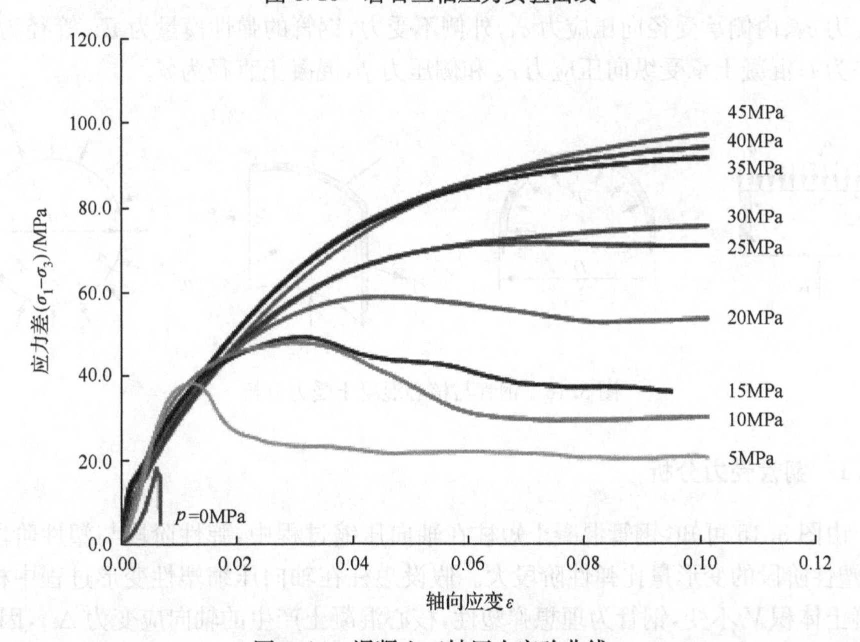

图 3.14　混凝土三轴压力实验曲线

随着围压的增加,混凝土和岩石的弹性极限承载力增加;它们由脆性向延性转变,即塑性软化—理想塑性—塑性硬化;塑性模量与围岩呈正相关关系。

钢管混凝土短柱轴向压缩力学性质,与岩石和混凝土的围压效应十分相似。在钢管混凝土组合结构中,钢管壁厚的增加,近似等同于岩石混凝土围压的增加,如图 3.15 所示。

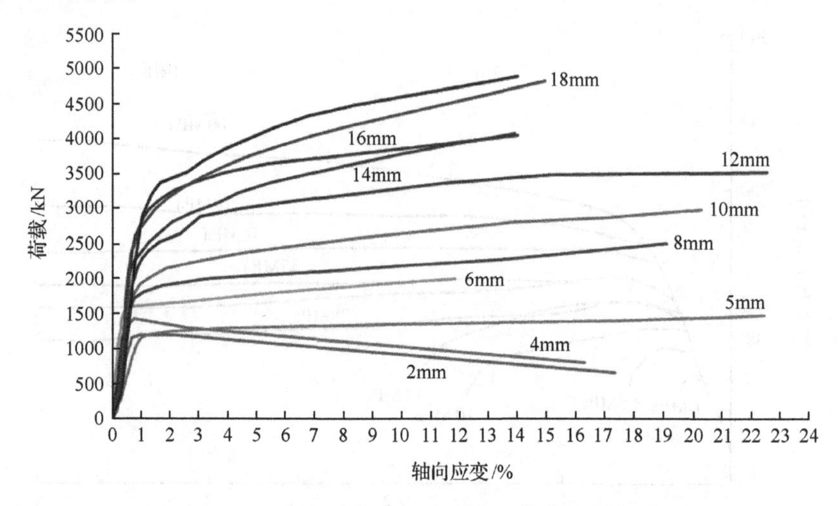

图 3.15　钢管混凝土短柱轴压下荷载应变曲线

钢管与核心混凝土的受力状态如图 3.16 所示,钢管承受纵向压应力 σ_1、环向拉应力 σ_2、内侧承受径向压应力 σ_3,外侧不受力,钢管的弹性模量为 E_s、管径为 D,壁厚为 t;混凝土承受纵向压应力 σ_c 和侧压力 p,混凝土直径为 d。

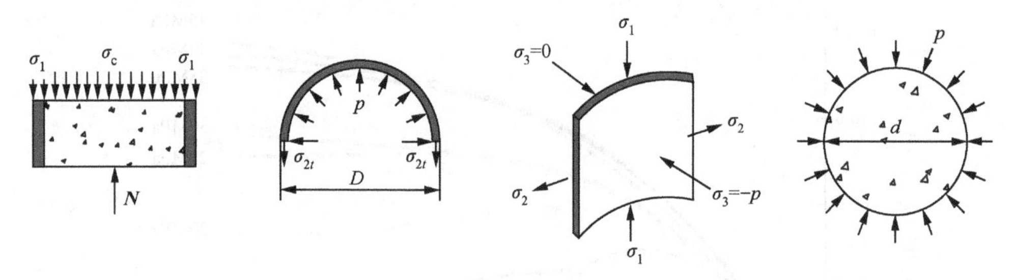

图 3.16　钢管与核心混凝土受力分析

3.2.1　钢管受力分析

由图 3.15 可知,钢管混凝土短柱在轴向压缩过程中,弹性阶段与塑性阶段不同,塑性阶段的变形量比弹性阶段大。假设短柱在轴向压缩塑性变形过程中核心混凝土体积 V 不变,钢管为理想弹塑性,核心混凝土产生的轴向应变为 $\Delta\varepsilon_z$,因此,

核心混凝土增加的体积为

$$\Delta V = \frac{\pi d^2}{4}\Delta \varepsilon_z \tag{3.7}$$

钢管增加的体积

$$\Delta V = \pi d \Delta d \tag{3.8}$$

由式(3.7)和式(3.8)可得

$$\Delta d = d\Delta \varepsilon_z / 4 \tag{3.9}$$

钢管外侧增加的周长为

$$\Delta L = \Delta d \pi \tag{3.10}$$

钢管由于混凝土的径向压力产生的应变为

$$\Delta \varepsilon_s = \Delta L / L = \Delta d \pi / (d + t) \tag{3.11}$$

钢管产生的环向拉应力为

$$\sigma_2 = E_s \Delta \varepsilon_s = E_s \Delta \varepsilon_z / 4(d + t) \tag{3.12}$$

3.2.2　混凝土受力分析

根据图 3.16，得出钢管环向应力与混凝土侧压力的关系公式为

$$\sigma_2 t = \frac{d}{2} p \tag{3.13}$$

则侧压力为

$$p = E_s t \Delta \varepsilon_z / 2(d + t) \tag{3.14}$$

由式(3.14)可知，钢管对混凝土的径向压力 p 与钢管壁厚 t 成正比。由此，可以得出塑性变形模量与钢管壁厚呈线性函数关系。

第4章　钢管混凝土结构抗弯性能及中性层偏移规律

在巷道支护中，钢管混凝土支架不仅受轴向压力作用，还要受到弯矩作用。钢管混凝土结构压弯变形时，由于混凝土的抗拉强度远低于抗压强度，导致钢管混凝土梁构件受弯过程中受拉一侧混凝土较早进入破坏，从而导致中性层向受压区偏移。钢管混凝土结构中性层偏移，会降低钢管混凝土结构抗弯能力。因此，实验研究钢管混凝土直梁和圆弧拱压弯性能，分析钢管混凝土直梁的纯弯力学性能、中性层偏移规律，提出在钢管混凝土结构内侧焊接圆钢的抗弯强化措施，对不同抗弯强化程度的钢管混凝土直梁和圆弧拱进行了抗弯性能实验研究。

4.1　钢管混凝土抗弯强化直梁实验

拟通过6根不同抗弯强化的钢管混凝土直梁实验研究钢管混凝土直梁抗弯性能及中性层偏移规律，对直梁两点加载，形成纯弯曲作用，考察加载过程中直梁相关截面弯矩、位移及中性层位移变化。

4.1.1　实验设计

1. 试件设计与制作

本次实验共设计6根不同抗弯强化的钢管混凝土直梁，直梁长度为3620mm，钢管型号为Φ194mm×10mm，在钢管外侧焊接不同直径圆钢进行抗弯强化。6根试件为：1根普通钢管混凝土直梁试件、1根底部焊接Φ40mm圆钢的钢管混凝土直梁试件、1根底部焊接Φ45mm圆钢的钢管混凝土直梁试件、1根底部焊接Φ50mm圆钢的钢管混凝土直梁试件、1根底部焊接Φ55mm圆钢的钢管混凝土直梁试件和1根底部焊接Φ60mm圆钢的钢管混凝土直梁试件。试件具体尺寸及特性如图4.1所示。

直梁所用钢管材质为20#无缝钢管，屈服强度σ_s为245MPa，抗拉强度σ_t大于400MPa；圆钢采用Q235低碳结构钢，屈服强度σ_{rs}为235MPa，抗拉强度σ_{rt}为370～500MPa；核心混凝土为C40快硬混凝土，采用快硬硫铝酸盐水泥配制，配比如表4.1所示。

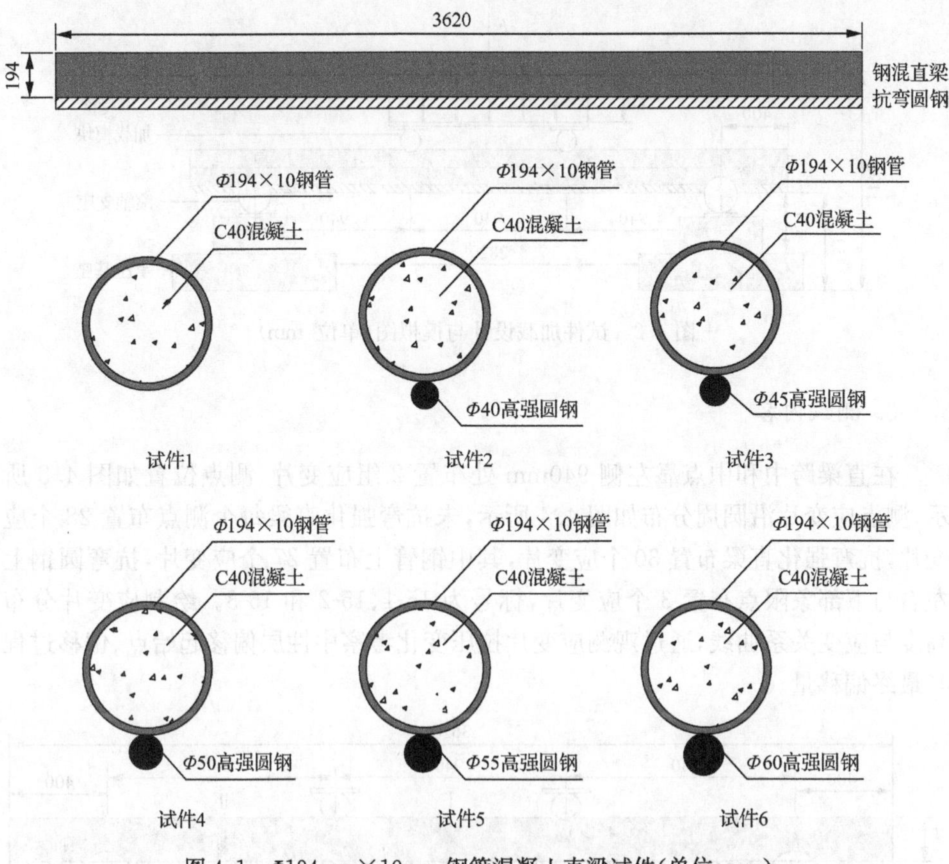

图 4.1　Φ194mm×10mm 钢管混凝土直梁试件(单位:mm)

表 4.1　C40 核心快硬混凝土配比表　　(单位:kg/m³)

材料	用量	材料要求
水泥	500	标号 42.5、快硬硫铝酸盐水泥
砂子	777	细度模数在 2.2～3.0、河沙
石子	1072	粒径 10～20mm、级配良好
水	175	普通水源
减水剂	0.3%	聚羧酸高效减水剂

2. 加载设计

通过 22B 工字钢分配梁将荷载施加在试件的三分点位置,从而使试件中间三分之一部位处于纯弯力学状态,试件两端约束条件采用滚轴支座,可自由滑动,如图 4.2 所示。

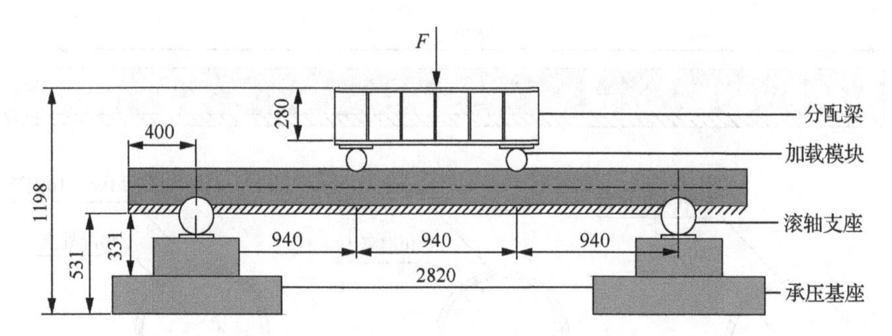

图 4.2　试件加载设计与模拟图(单位:mm)

3. 测试内容

在直梁跨中和中点靠左侧 940mm 处布置 2 组应变片,测点位置如图 4.3 所示,测点应变片沿圆周分布如图 4.4 所示,未抗弯强化直梁每个测点布置 28 个应变片,抗弯强化直梁布置 30 个应变片,其中钢管上布置 27 个应变片,抗弯圆钢上左右与下部象限点布置 3 个应变片,标号为 15-1、15-2 和 15-3。绘制应变片分布高度与应变关系曲线,通过观测应变片拉压变化考察中性层偏移起始点、偏移过程与最终偏移量。

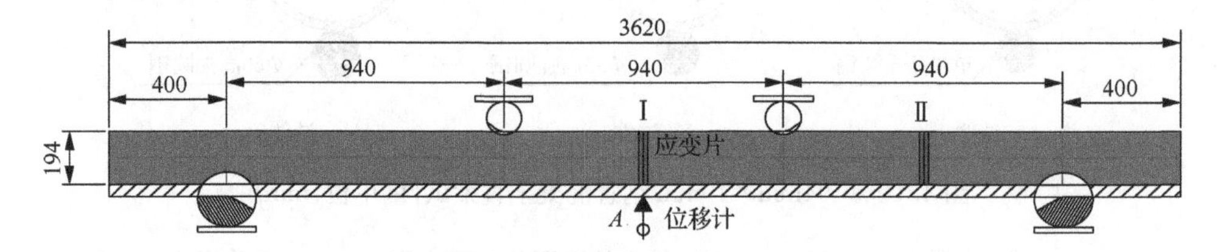

图 4.3　钢管混凝土直梁应变测点及位移计布置图(单位:mm)

4. 实验加载方式

(1) 预加载:记录预加载开始前各仪表读数,对试件进行预加载,预加载分为 3 级,加载值不超过设计荷载的 10%,使试件和测试仪表进入正常稳定工作状态,同时检查加载系统和测试系统仪表的工作是否正常。

(2) 正式加载:采用静力单调连续分级加载制,根据抗弯强化程度不同,预计试件 1～6 的承载能力分别为:450kN、650kN、720kN、820kN、920kN 和 1050kN。分 30～50 级加载,预计加载值在荷载值 60%之前,加载量级为每级 30～50kN;预计加载值在荷载值 60%～80%之间时,加载量级为每级 20～30kN;加载值超过预计值 80%后,加载量级减为每级 10kN;加载值超过预计值 90%后,缓慢连续加载,每秒读数记录一次。每级荷载的持续加载时间约为 1～2min,让试件充分变形,试件变形稳定后记录测量数据。

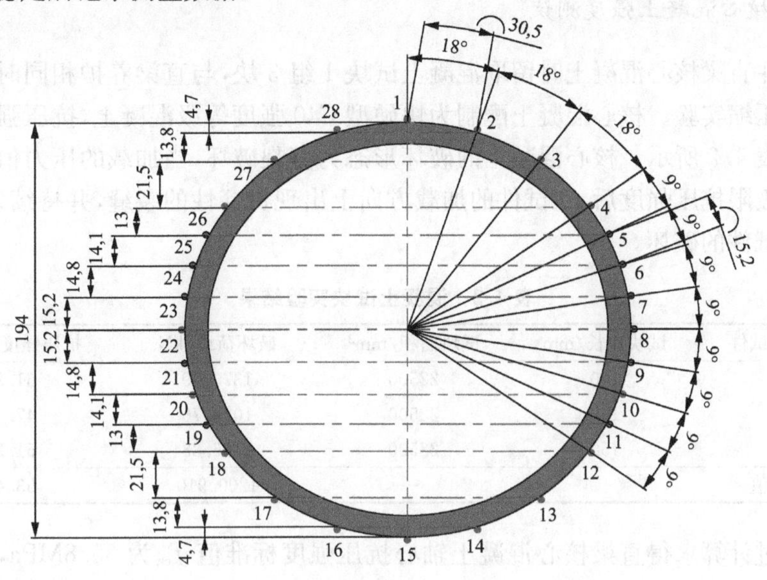

(a) 未抗弯强化直梁

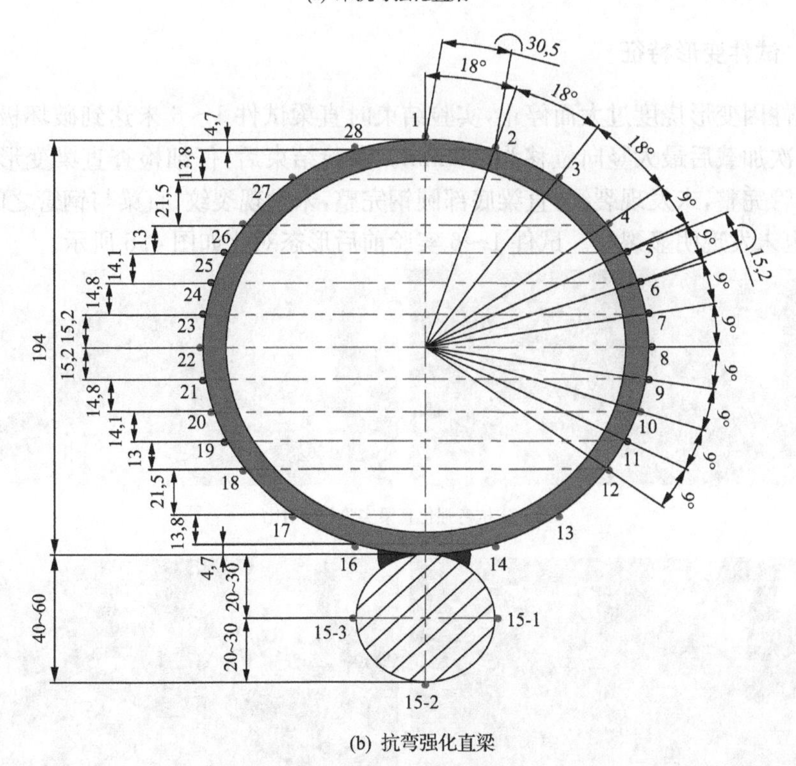

(b) 抗弯强化直梁

图 4.4　测点应变片沿圆周分布图

5. 核心混凝土强度测试

灌注直梁核心混凝土时留取混凝土试块1组3块，与直梁养护相同时间后进行单轴压缩实验。核心混凝土配制为快硬型C40强度等级混凝土，抗压强度测试结果如表4.2所示。核心混凝土的破坏形态为劈裂破坏，当加载的压力值达到混凝土的极限抗压强度后，在试件的加载方向上出现贯穿性的裂缝，并持续发展，最终导致试件的破坏。

表4.2　混凝土试块实验结果

混凝土试件	试块边长/mm	试块面积/mm²	破坏荷载/kN	抗压强度/MPa
1	150	22500	1379.09	61.3
2	150	22500	1056.76	47.0
3	150	22500	1166.88	51.9
平均值	—	—	1200.910	53.4

通过计算求得直梁核心混凝土轴心抗压强度标准值 f_{ck} 为35.8MPa，轴心抗压强度设计值 f_c 为25.6MPa。

4.1.2　试件变形特征

试件因变形挠度过大而停止，实验结束时直梁试件1～6未达到破坏极限，试件5二次加载后最大竖向位移为280mm。实验结束后，仔细检查直梁变形，直梁底部钢管完整，未发现裂纹；直梁底部圆钢完整，未发现裂纹；直梁与钢管之间焊缝完整，也未发现明显裂纹。试件1～6实验前后形态对比如图4.5所示。

(a) 未抗弯强化直梁实验前后对比

(b) Φ40mm圆钢强化直梁实验前后对比

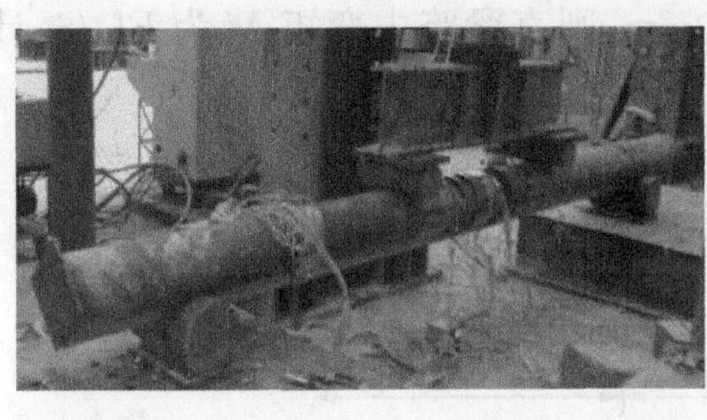

(c) Φ45mm圆钢强化直梁实验前后对比

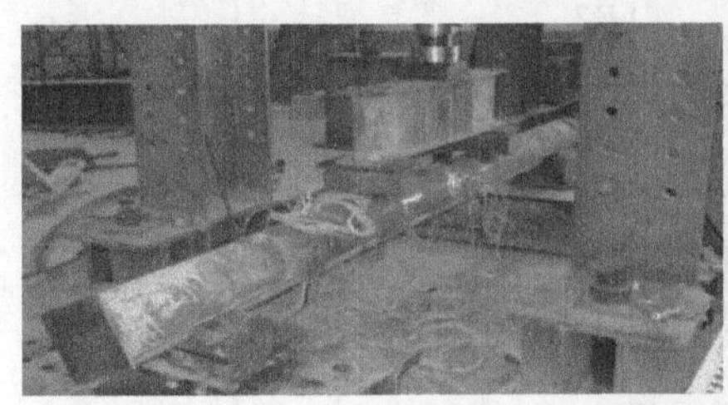

(d) Φ50mm圆钢强化直梁实验前后对比

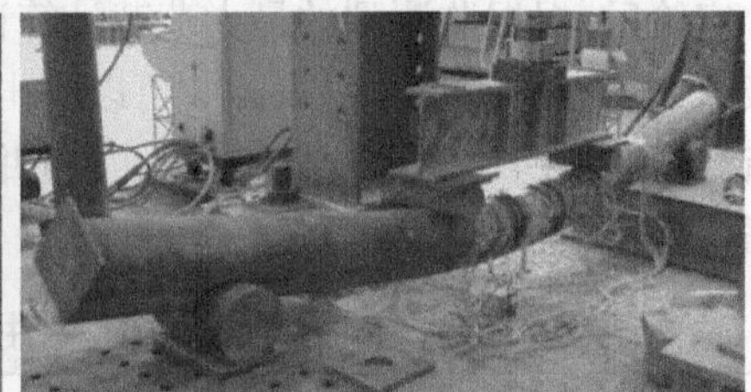

(e) Φ55mm圆钢强化直梁实验前后对比

(f) Φ60mm圆钢强化直梁实验前后对比

图 4.5 试件 1～6 实验前后形态对比

4.1.3 实验结果与分析

1. 跨中弯矩极值

直梁纯弯实验中，千斤顶荷载为 F，通过分配梁作用于直梁两个三等分点处，

每个集中荷载为 $F/2$，直梁长度 L 为 2820mm，则直梁跨中弯矩 M 为 $FL/6$，计算过程如图 4.6 所示。

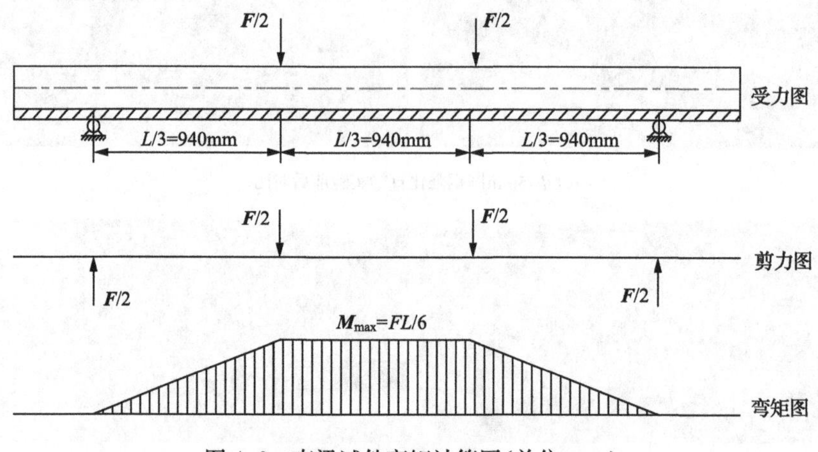

图 4.6 直梁试件弯矩计算图（单位：mm）

实验后，根据监测到的最大荷载计算试件 1～6 的跨中弯矩，整理试件跨中弯矩极值如表 4.3 所示。由表 4.3 可以看出，随着抗弯圆钢直径增加，直梁承受的最大荷载和对应跨中弯矩均逐渐增大。但并非抗弯强化程度越高抗弯效果越好，抗弯强化程度与抗弯效果存在最优适配点。

表 4.3 试件跨中弯矩表

试件名称	抗弯强化程度	最大荷载 F_{max} /kN	跨中弯矩 M_{dmax} /(kN·m)	跨中弯矩比值 $M_{dxmax}/M_{d(x-1)max}$
直梁试件 1	未抗弯强化	424.5	199.5	—
直梁试件 2	Φ40mm 圆钢强化	670	314.9	1.58
直梁试件 3	Φ45mm 圆钢强化	690	324.3	1.03
直梁试件 4	Φ50mm 圆钢强化	730	343.1	1.06
直梁试件 5	Φ55mm 圆钢强化	820	385.4	1.12
直梁试件 6	Φ60mm 圆钢强化	850	399.5	1.04

2. 跨中弯矩-位移关系曲线

根据观测到的直梁试件 1～6 的跨中竖向位移，绘制试件挠度曲线如图 4.7 所示，跨中弯矩-跨中竖向位移关系曲线如图 4.8 所示。

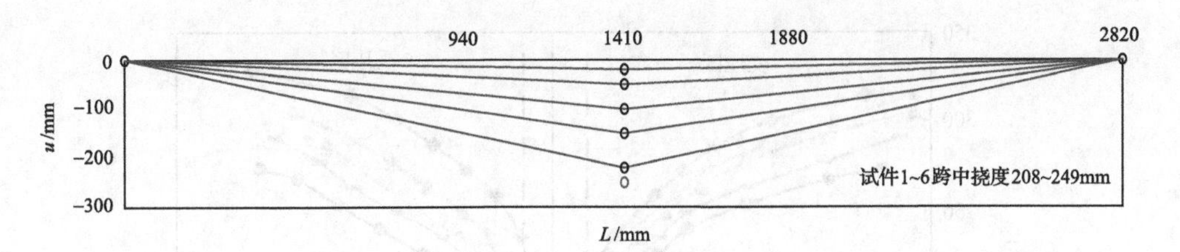

图 4.7 试件 1～6 挠度变形曲线

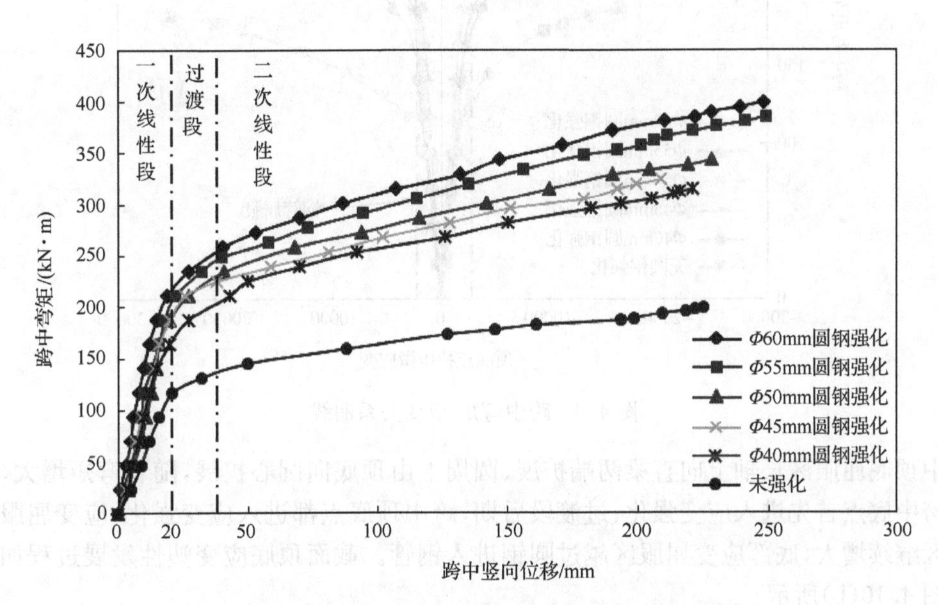

图 4.8 试件 1～6 跨中弯矩-跨中竖向位移曲线

3. 跨中弯矩-应变关系曲线

根据试件 1～6 跨中截面顶点和底点应变随跨中弯矩变化过程，绘制 6 个试件的跨中弯矩-跨中顶底应变曲线，如图 4.9 所示。跨中截面底部受拉，拉应变为正值；跨中截面顶部受压，压应变为负值。

曲线具有相同的变化形态，可分为明显的三个阶段：一次线性段、过渡段和二次线性段。具体特征规律如下。

(1) 一次线性段：试件钢管、抗弯圆钢和受压混凝土都处于弹性状态，受拉区混凝土首先进入屈服，并产生裂纹，裂纹随弯矩增大向受压区发展，截面顶底应变弹性发展过程如图 4.10(a)所示。

(2) 过渡段前期：随着跨中弯矩增加，跨中截面受拉区混凝土逐渐开裂并退出工作，钢管和抗弯圆钢承担的拉应力相应增加，底点拉应变加速增长，首先进入应变屈服并向周围发展，随后顶部进入应变屈服；过渡段中期，混凝土开裂区增大，跨

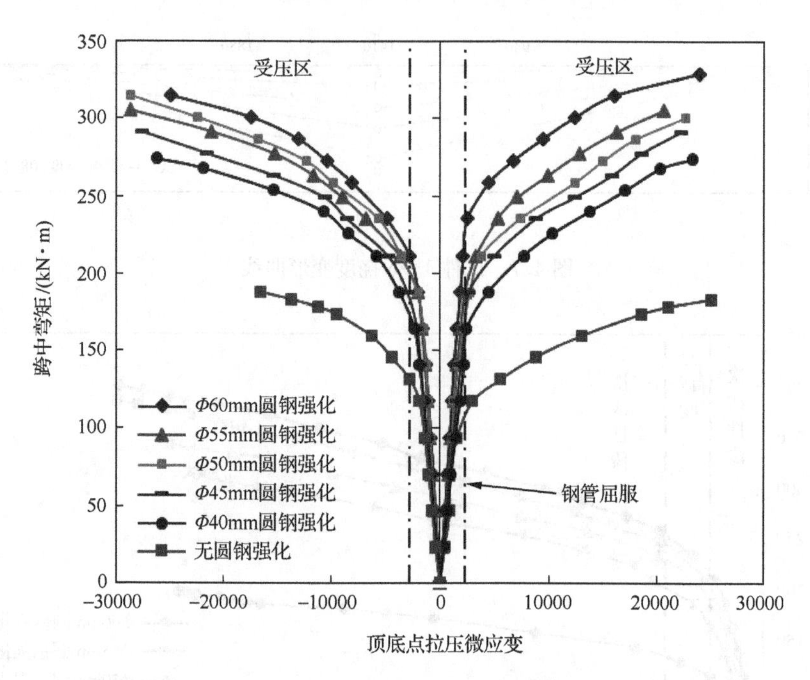

图 4.9 跨中弯矩-应变关系曲线

中顶底屈服区长轴上向直梁两端扩展、圆周上由顶底向圆心扩展，随着弯矩增大，跨中底点首先进入应变强化；过渡段后期，跨中顶底点都进入应变强化，应变屈服区继续增大，底部应变屈服区越过圆钢进入钢管。截面顶底应变塑性发展过程如图 4.10(b)所示。

(3) 二次线性段：随着跨中弯矩增加，顶底部钢管和圆钢出现大范围应变强化区，受压区混凝土也进入塑性强化，应变屈服区向中性层靠近，跨中弹性区所剩无几；继续施加弯矩，直梁应变强化区将继续扩大，顶底点将首先出现钢材拉裂，随着拉裂扩大，试件失去抗弯能力。截面顶底应变强化发展过程如图 4.10(c)所示。

浅灰色代表弹性，中灰色代表混凝土裂纹区，深灰色代表屈服，黑色代表塑性强化。

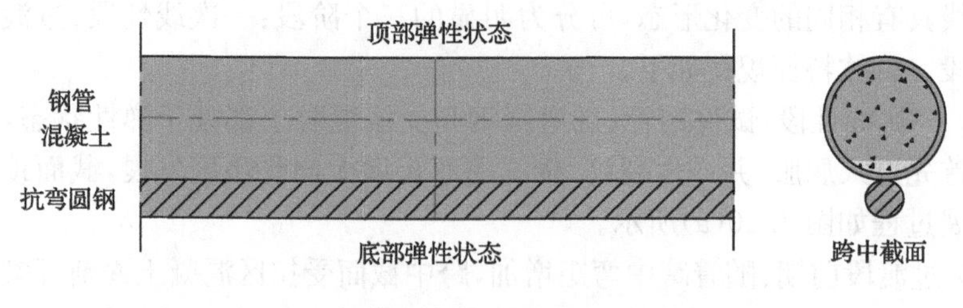

(a) 一次线性段跨中顶底应变发展

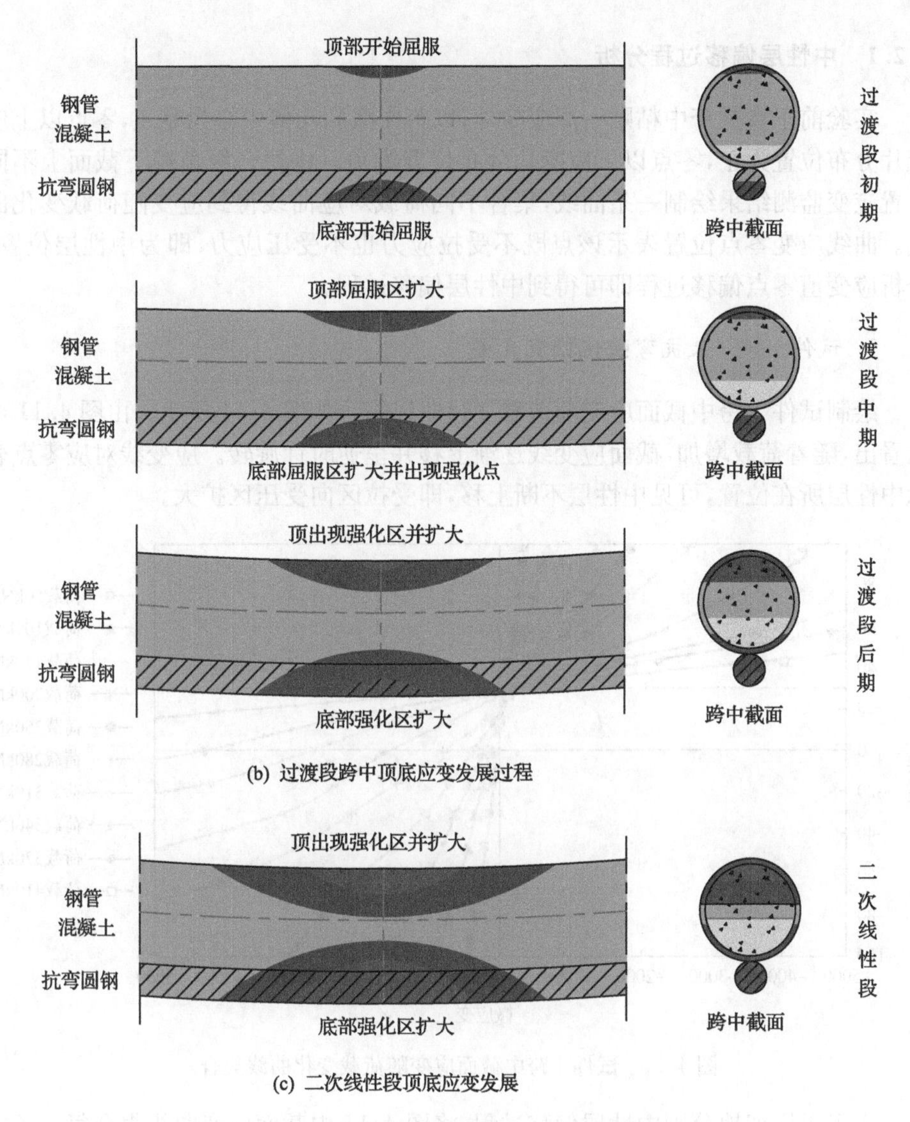

(b) 过渡段跨中顶底应变发展过程

(c) 二次线性段顶底应变发展

图 4.10　直梁弯曲过程中跨中顶底塑性发展

4.2　钢管混凝土直梁中性层偏移规律分析

直梁纯弯曲实验发现，中性层确实存在偏移现象。对于未强化钢管直梁，随着荷载增大，直梁中性层逐渐由截面形心向形心上方偏移；对于已做抗弯强化的直梁，中性层初始位置位于截面形心下方一定距离，随着荷载增大，中性层逐渐向形心位置偏移。

4.2.1　中性层偏移过程分析

实验前于直梁跨中粘贴一周应变片，以跨中截面几何中心为零点，零点以上应变片分布位置为正，零点以下应变片分布位置为负。将每一级荷载下截面上不同位置应变监测结果绘制一条曲线，集合不同荷载对应曲线得到应变随荷载变化曲线。曲线应变零点位置表示该点既不受拉应力也不受压应力，即为中性层位置。分析应变值零点偏移过程即可得到中性层偏移过程。

1. 试件1——未抗弯强化钢混直梁

绘制试件1跨中截面应变随荷载变化曲线集合如图4.11所示。由图4.11可以看出，随着荷载增加，截面应变线逐渐上移并呈逆时针旋转。应变线对应零点表示中性层所在位置，可见中性层不断上移，即受拉区向受压区扩大。

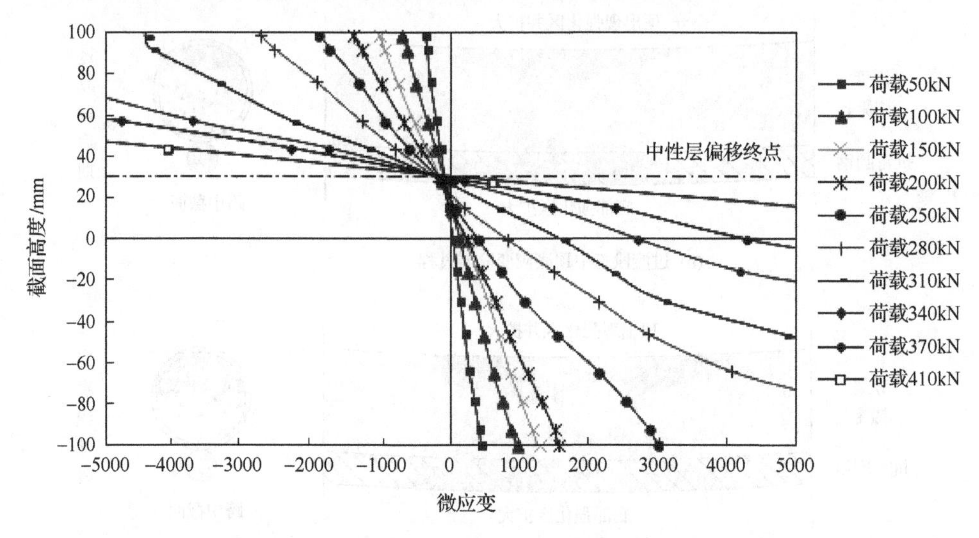

图4.11　试件1跨中截面应变随荷载变化曲线集合

为了更详细地分别中性层偏移过程，将图4.11中截面应变曲线集合每三条应变线分为一幅图，分步截面应变线如图4.12所示。由图4.12可以看出，试件1在荷载为50kN时对应中性层已偏移至8.7mm，说明中性层在受荷载初期便开始转移，这点不同于以往研究；此后随着荷载增大，中性层继续偏移。荷载为310kN时，对应中性层偏移至27.3mm，钢管接近屈服；此后随荷载增大，中性层偏移变慢。荷载为390kN时，对应中性层偏移至31.8mm，对应跨中最底部钢管拉应变超限，钢管早已进入屈服；此后中性层基本不再偏移。荷载为410kN时，对应中性层偏移至32mm。因此，试件1的中性层偏移终点位移为截面中心以上32mm处，偏移总量为32mm。

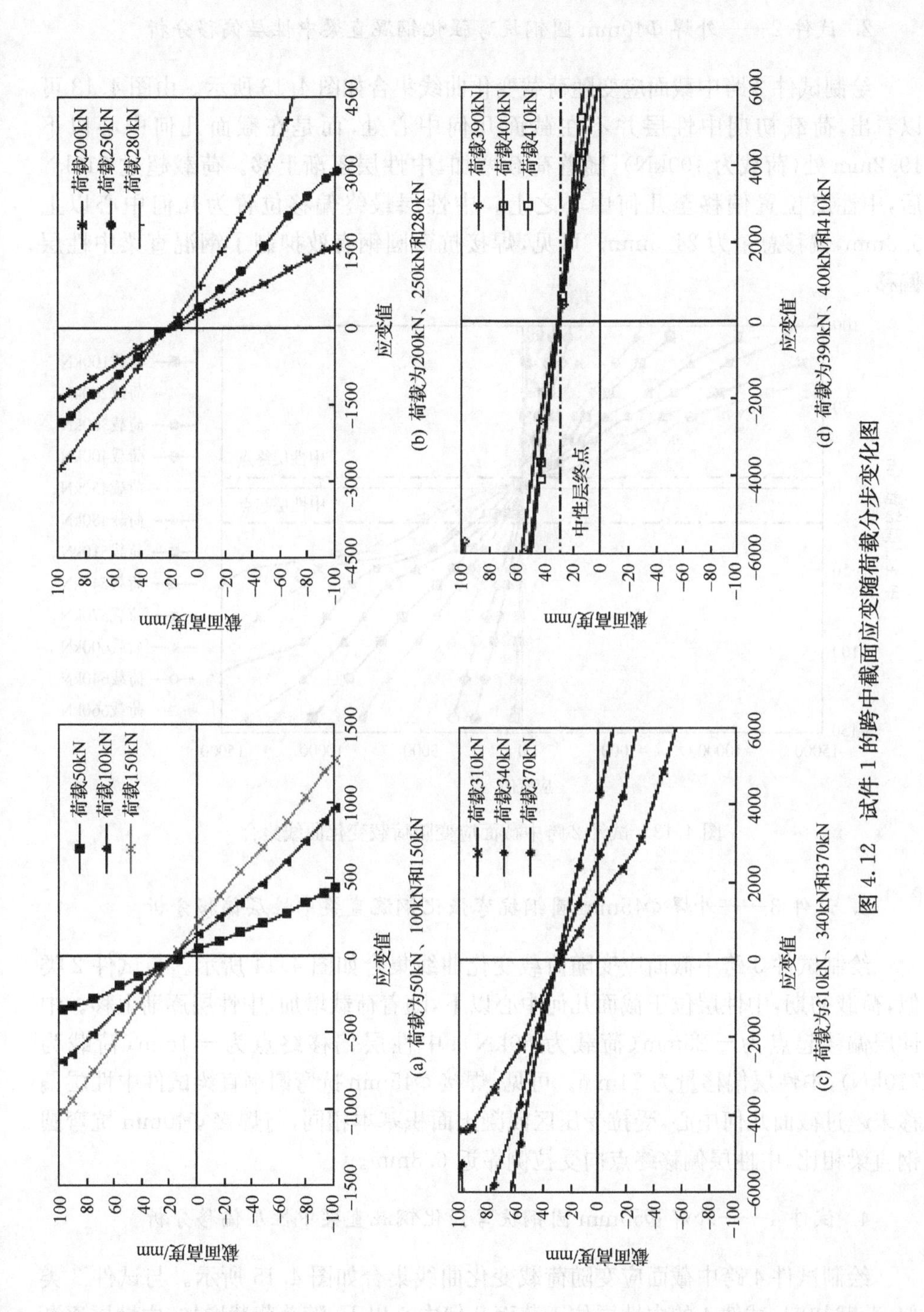

图 4.12　试件 1 的跨中截面应变随荷载分步变化图

2. 试件 2——外焊 Φ40mm 圆钢抗弯强化钢混直梁中性层偏移分析

绘制试件 2 跨中截面应变随荷载变化曲线集合如图 4.13 所示。由图 4.13 可以看出，荷载初期中性层并不在截面几何中心处，而是在截面几何中心以下 19.2mm 处（荷载为 100kN），随着荷载增加，中性层逐渐上移。荷载超过 510kN 后，中性层位置偏移至几何中心之上。中性层最终偏移位置为几何中心以上 5.3mm，偏移总量为 24.5mm。可见，焊接抗弯圆钢有效抑制了钢混直梁中性层偏移。

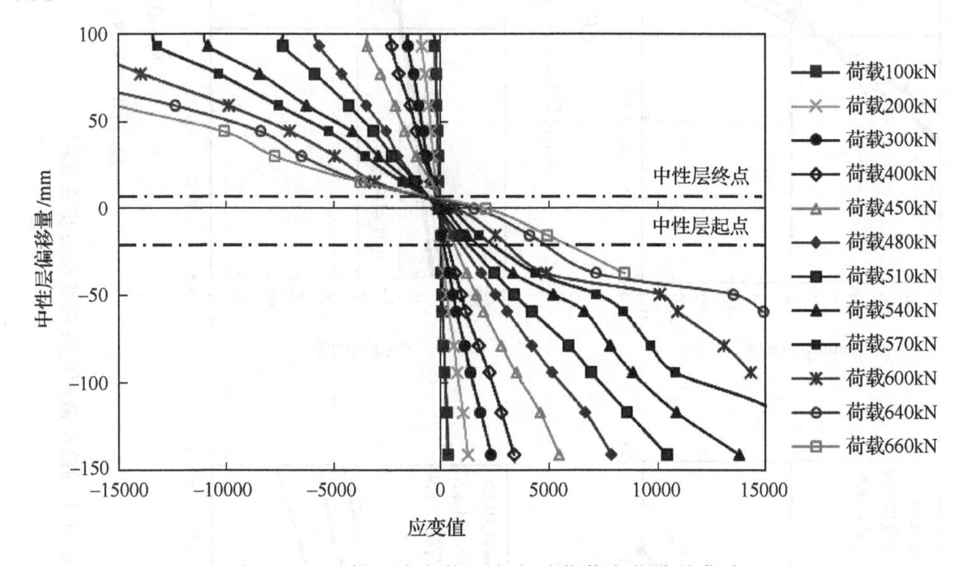

图 4.13　试件 2 跨中截面应变随荷载变化曲线集合

3. 试件 3——外焊 Φ45mm 圆钢抗弯强化钢混直梁中性层偏移分析

绘制试件 3 跨中截面应变随荷载变化曲线集合如图 4.14 所示。与试件 2 类似，荷载初期，中性层位于截面几何中心以下，随着荷载增加，中性层逐渐上移。中性层偏移起点为－25mm（荷载为 50kN）；中性层偏移终点为－1mm（荷载为 710kN），中性层偏移量为 24mm。可见，焊接 Φ45mm 抗弯圆钢直梁试件中性层偏移未越过截面几何中心，受拉受压区混凝土面积基本相同，与焊接 Φ40mm 抗弯圆钢直梁相比，中性层偏移终点向受拉侧靠近 6.3mm。

4. 试件 4——外焊 Φ50mm 圆钢抗弯强化钢混直梁中性层偏移分析

绘制试件 4 跨中截面应变随荷载变化曲线集合如图 4.15 所示。与试件 3 类似，荷载初期，试件 4 的中性层位于截面几何中心以下，随着荷载增加，中性层逐渐

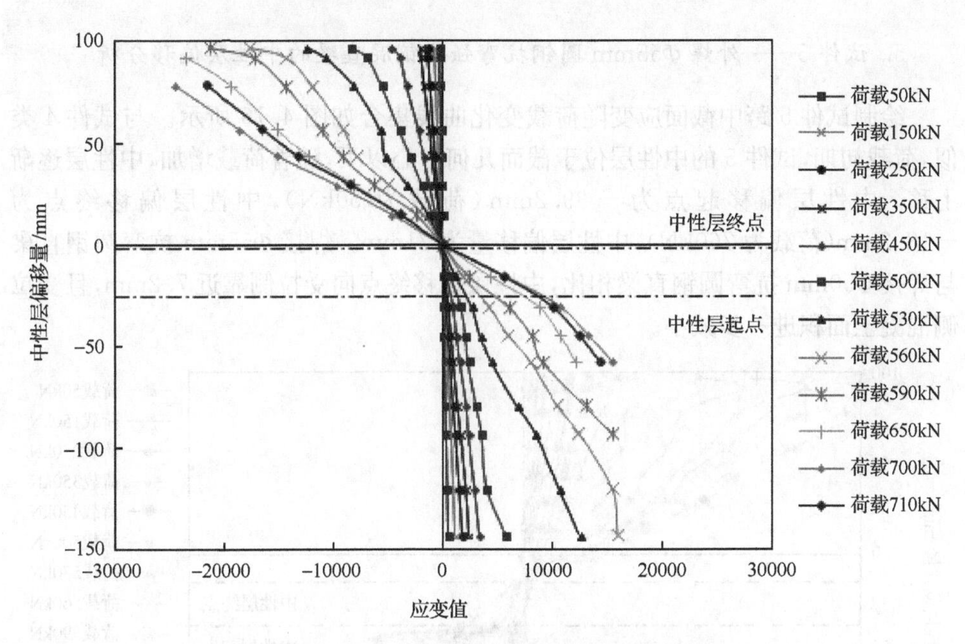

图 4.14　试件 3 跨中截面应变随荷载变化曲线集合

上移。中性层偏移起点为－33.8mm(荷载为 50kN)，中性层偏移终点为－11mm(荷载为 720kN)，中性层偏移量为 22.8mm。焊接 Φ50mm 抗弯圆钢直梁与焊接 Φ45mm 抗弯圆钢直梁相比，中性层偏移终点向受拉侧靠近 9mm，受压区混凝土面积大于受压区混凝土面积。

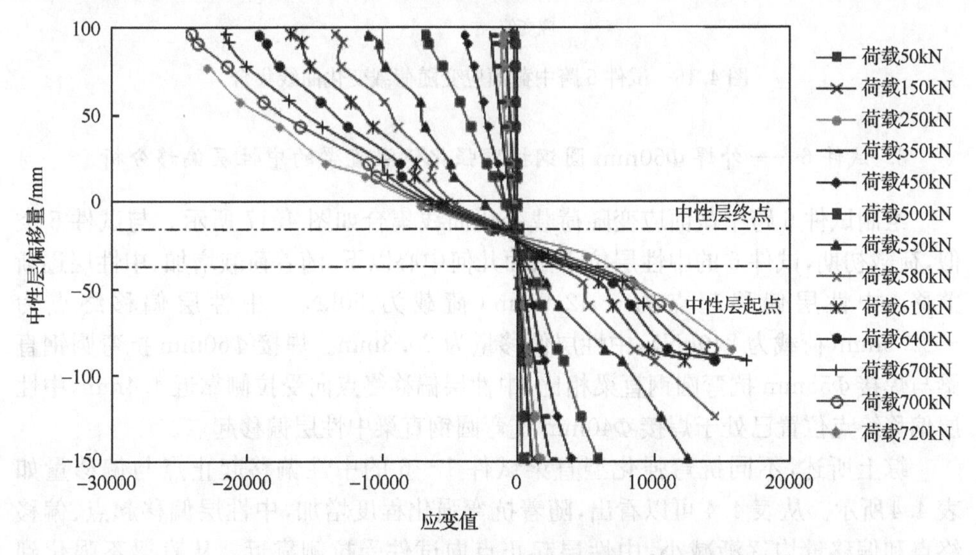

图 4.15　试件 4 跨中截面应变随荷载变化曲线集合

5. 试件 5——外焊 Φ55mm 圆钢抗弯强化钢混直梁的中性层偏移分析

绘制试件 5 跨中截面应变随荷载变化曲线集合如图 4.16 所示。与试件 4 类似，荷载初期，试件 5 的中性层位于截面几何中心以下，随着荷载增加，中性层逐渐上移。中性层偏移起点为－39.2mm（荷载为 50kN），中性层偏移终点为－18.2mm（荷载为 760kN），中性层偏移量为 21mm。焊接 Φ55mm 抗弯圆钢直梁与焊接 Φ50mm 抗弯圆钢直梁相比，中性层偏移终点向受拉侧靠近 7.2mm，且受拉侧混凝土面积进一步减小。

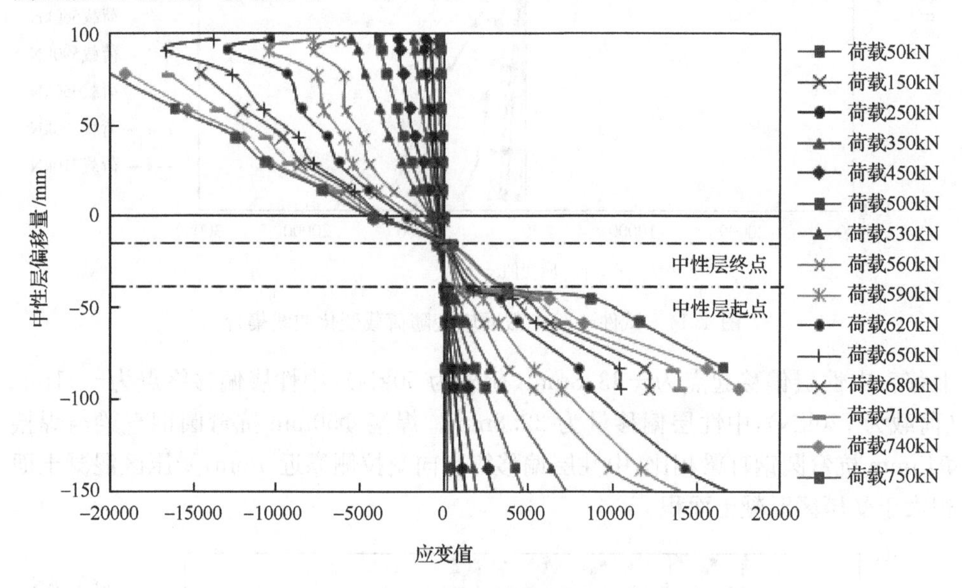

图 4.16 试件 5 跨中截面应变随荷载变化曲线集合

6. 试件 6——外焊 Φ60mm 圆钢抗弯强化钢混直梁的中性层偏移分析

绘制试件 6 跨中截面应变随荷载变化曲线集合如图 4.17 所示。与试件 5 类似，荷载初期，试件 6 的中性层位于截面几何中心以下，随着荷载增加，中性层逐渐上移。中性层偏移起点为－42.9mm（荷载为 50kN），中性层偏移终点为－22.6mm（荷载为 840kN），中性层偏移量为 20.3mm。焊接 Φ60mm 抗弯圆钢直梁与焊接 Φ55mm 抗弯圆钢直梁相比，中性层偏移终点向受拉侧靠近 4.4mm，中性层偏移终点位置已处于焊接 Φ40mm 抗弯圆钢直梁中性层偏移起点。

综上所述，不同抗弯强化型直梁试件 1～6 的中性偏移起止点与偏移量如表 4.4所示。从表 4.4 可以看出，随着抗弯强化程度增加，中性层偏移起点、偏移终点和偏移量均逐渐减小，中性层起止点向试件受拉侧靠近。从直梁不强化到 Φ60mm 圆钢强化，中性层起点向受拉侧靠近差值分别为 19.2mm、5.8mm、

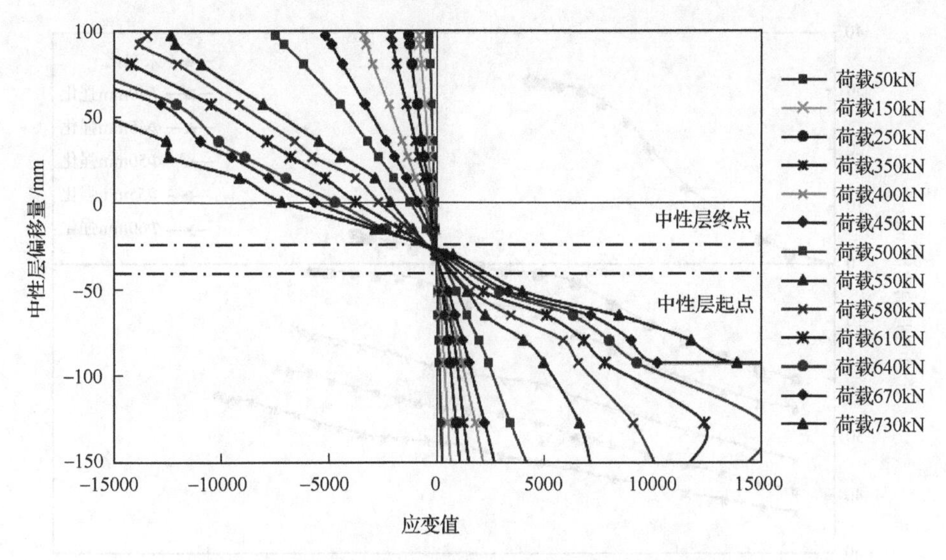

图 4.17　试件 6 跨中截面应变随荷载变化曲线集合

8.8mm、5.4mm、3.7mm，偏移起点总体呈减小趋势；中性层终点向受拉侧靠近差值分别为 27mm、6.3mm、10mm、8.2mm、4.4mm，呈减小趋势。

表 4.4　不同抗弯强化型直梁试件中性层偏移参数

试件名称	抗弯强化程度	中性层偏移起点/mm	中性层偏移终点/mm	中性层偏移量/mm
直梁试件 1	未抗弯强化	0	32.3	32.3
直梁试件 2	Φ40mm 圆钢强化	−19.2	5.3	24.5
直梁试件 3	Φ45mm 圆钢强化	−25	−1	24
直梁试件 4	Φ50mm 圆钢强化	−33.8	−11	22.8
直梁试件 5	Φ55mm 圆钢强化	−39.2	−18.2	21
直梁试件 6	Φ60mm 圆钢强化	−42.9	−22.6	20.3

4.2.2　中性层偏移曲线分析

1. 中性层偏移-跨中弯矩关系曲线分析

根据直梁试件不同弯矩下中性层偏移位置不同，绘制试件 1～6 的中性层偏移位置与试件跨中弯矩关系曲线如图 4.18 所示。

如图 4.25 所示，可以看出，不同抗弯强化型直梁中性层偏移有以下特点。

(1) 随跨中弯矩增大，中性层位置由受拉区向受压偏移，偏移速度先快后慢，抗弯强化直梁还具有明显的二次线性偏移。随抗弯强化程度增加，中性层偏移线

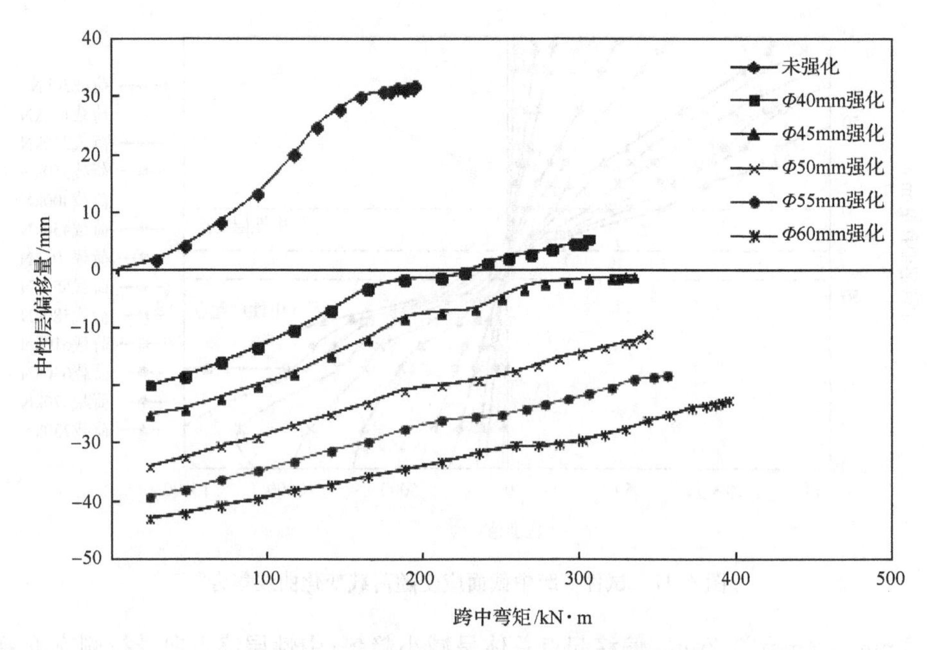

图 4.18　中性层偏移与跨中弯矩关系曲线

整体下移,中性层偏移线斜率减小。

(2) 试件 1——未强化直梁的中性层偏移曲线可分为线性段和近水平段。

线性段,中性层随弯矩增加呈线性偏移。该过程直梁钢管和受压区混凝土都处于弹性阶段,受拉区混凝土经历了荷载初期的弹性变形、抗拉屈服后的裂纹出现和不断发展。

近水平段,中性层随荷载增加基本不变。该过程受拉区混凝土拉裂退出工作,受拉区钢管应力屈服并很快进入塑性强化。增加荷载由钢管塑性强化部分分担,截面拉压平衡,中性层偏移减弱,直到底部钢管被拉断。

2. 中性层偏移-跨中竖向位移关系曲线分析

绘制中性层偏移量与跨中竖向位移关系曲线如图 4.19 所示,曲线形态类似于跨中弯矩-竖向位移关系曲线,中性层随跨中竖向位移增加偏移速度先快后慢,速度转折点发生在竖向位移 20mm 处。曲线明显分为线性段和缓慢上升段,具体特点如下。

(1) 线性段对应跨中竖向位移区间 0～20mm,与跨中弯矩-竖向位移关系曲线线性段位移区间一样,该过程中性层不断偏移,偏移量约占试件总偏移量的51%～70%,说明中性层偏移主要发生在试件竖向变形初期。

(2) 缓慢上升段,对应跨中竖向位移超过 20mm,试件底部钢管和圆钢进入塑性大变形，位移速度加快，抗拉能力强化速度缓慢，中性层随位移增加缓慢增长。

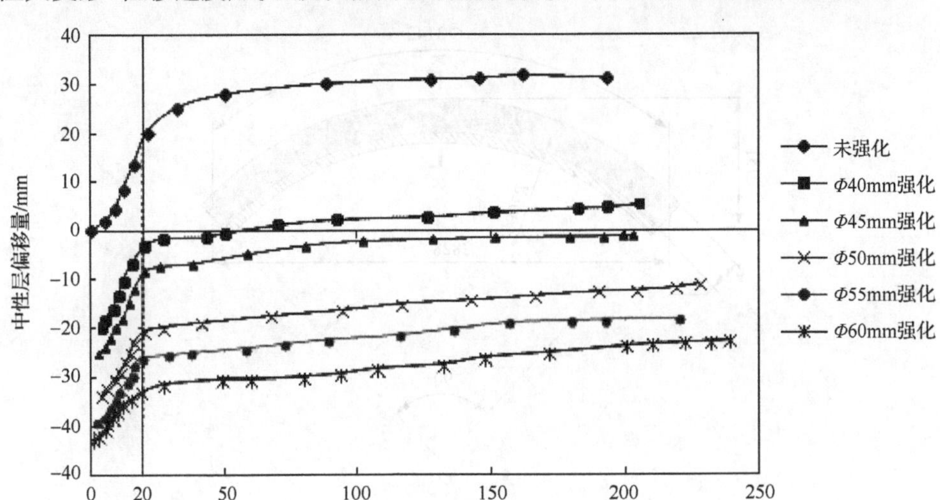

图 4.19　中性层偏移与跨中竖向位移关系曲线

综上研究分析，抗弯强化型直梁试件中性层偏移具有以下规律。

(1) 抗弯强化可以使直梁的中性层偏移起止点向受拉侧牵引，并降低偏移总量。抗弯强化不能抑制中性层偏移，但可以拉低中性层位置。

(2) 随着抗弯强化程度增加，中性层偏移起止点逐步减小，中性层偏移量逐步减小；中性层偏移随跨中荷载变化曲线整体下移，并呈顺时针旋转趋势；中性层偏移随跨中竖向位移变化曲线整体下移。

(3) 中性层偏移随跨中荷载增大持续增加，偏移曲线都具有线性段和对应塑性段，抗弯强化试件因圆钢存在，塑性抗拉能力提高，偏移曲线又有二次上升段。

(4) 中性层随跨中竖向位移增加偏移速度先快后慢，速度转折点发生在竖向位移 20mm 处。中性层偏移量的 51%～70%都发生在试件竖向变形初期。

4.3　钢管混凝土抗弯强化圆弧拱实验

4.3.1　实验设计

1. 试件设计

钢混圆弧拱试件采用 Φ194mm×10mm 无缝钢管热煨弯制，拱中心弧曲率半径为 2000mm，两端头做平面处理，平面垂直圆弧拱轴线，钢管采用无缝钢管，材质为 20# 碳素结构钢，钢管内灌注 C40 快硬混凝土，内弧侧焊接抗弯圆钢。根据抗弯圆钢直径不同,共制作 6 个试件,试件如图 4.20 所示,具体参数如表 4.5 所示。

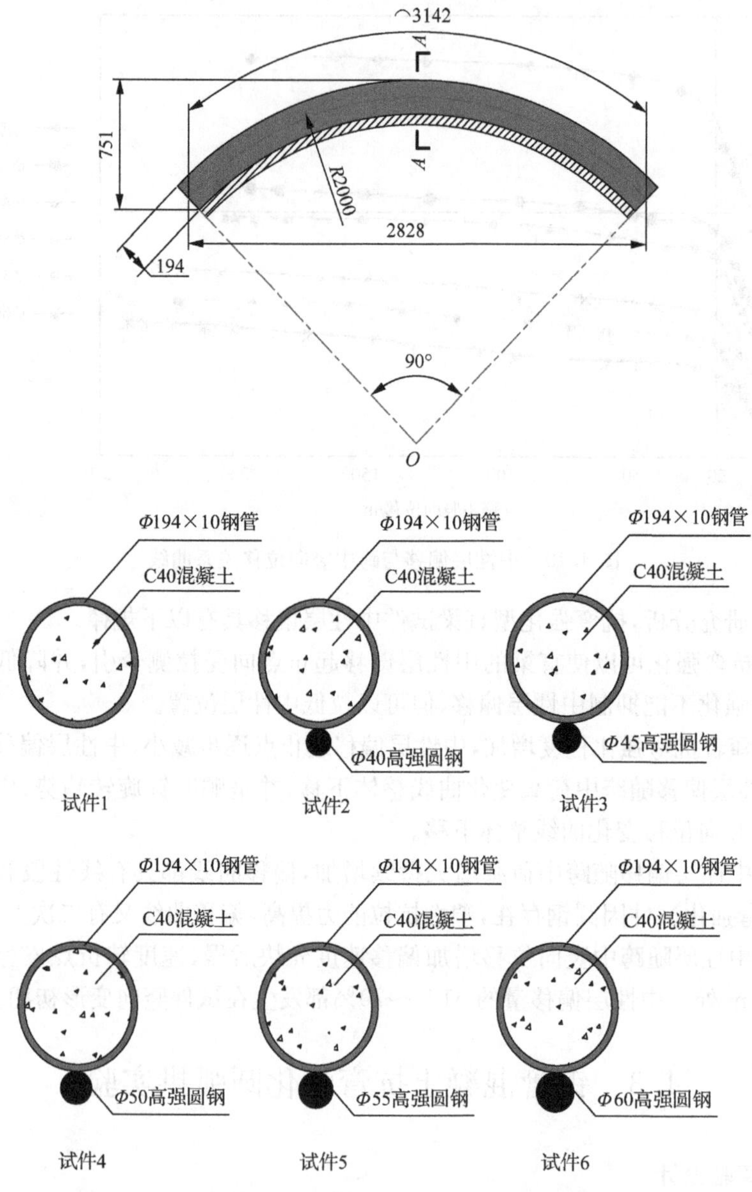

图 4.20 钢管混凝土圆弧拱结构尺寸与截面特征图(单位:mm)

2. 试件约束装置设计

分别进行千斤顶吊装设计、均布荷载分配设计、法向固定支座设计和侧向约束设计。实验台整体加载模拟如图 4.21(a)所示,实际制造后加载照片如图 4.21(b)所示。

表 4.5　试件抗弯强化参数表

试件编号	加固方式	圆钢规格/mm	圆钢单位重量/(kg/m)
试件 1	不加固	无	无
试件 2	外焊 1 根圆钢	Φ40	9.87
试件 3	外焊 1 根圆钢	Φ45	12.49
试件 4	外焊 1 根圆钢	Φ50	15.43
试件 5	外焊 1 根圆钢	Φ55	18.66
试件 6	外焊 1 根圆钢	Φ60	22.21

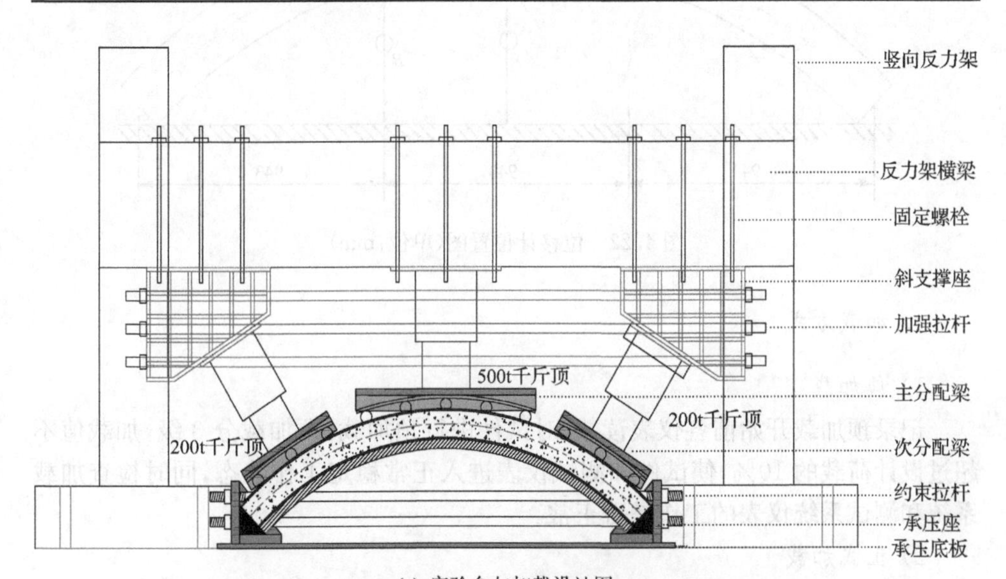

(a) 实验台与加载设计图

(b) 实验台与加载实际图

图 4.21　实验台与加载方案图

3. 测试内容

通过压力传感器监测加载过程中的荷载,通过位移计监测加载过程中跨中竖向位移和三分点竖向位移,绘制荷载-位移曲线,位移计位置如图 4.22 所示。

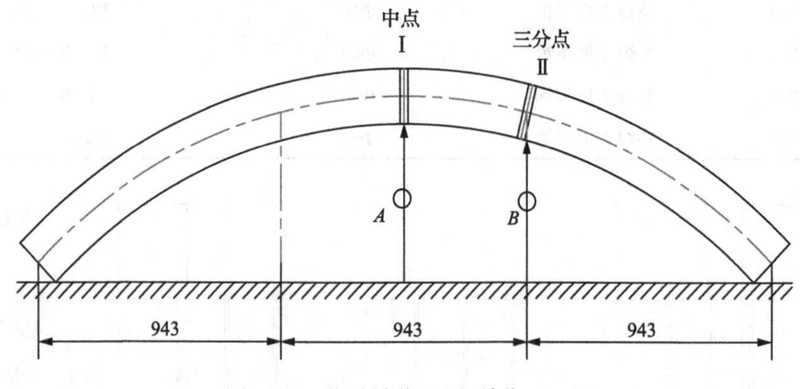

图 4.22　位移计位置图(单位:mm)

4. 加载方式

1) 预加载

记录预加载开始前各仪表读数,对试件进行预加载,预加载分 3 级,加载值不超过设计荷载的 10%,使试件和测试仪表进入正常稳定工作状态,同时检查加载系统和测试系统仪表的工作是否正常。

2) 正式加载

采用静力单调连续分级加载制,预计试件承载能力为 1500～2000kN,分 30～50 级加载,预计加载值为荷载值 60%之前,加载量级为每级 30～50kN;预计加载值为荷载值 60%～80%之间,加载量级为每级 20～30kN;加载值超过预计值 80%后,加载量级减为每级 10kN,加载值超过预计值 90%后,缓慢连续加载,每秒读数记录一次。每级荷载的持续加载时间约为 1～2min,让试件充分变形,试件变形稳定后记录测量数据。

5. 核心混凝土强度测试

圆弧拱构件灌注核心混凝土时留取混凝土试块 1 组 3 块,与圆弧拱养护相同时间后进行单轴压缩实验。核心混凝土配制为快硬型 C40 强度等级混凝土。实验结果如表 4.6 所示。

表 4.6　混凝土试块实验结果

混凝土试件	试块边长/mm	试块面积/mm^2	破坏荷载/kN	抗压强度/MPa
1	150	22500	1465.6	55.1
2	150	22500	1537.7	58.3
3	150	22500	1632.5	52.6
平均值	—	—	1545.3	55.3

核心混凝土试块破坏形态为劈裂破坏，根据计算可以求得圆弧拱构件核心混凝土轴心抗压强度标准值为 37.1MPa，轴心抗压强度设计值为 26.5MPa。

4.3.2　不同荷载形式下圆弧拱承载力分析

首先选择 Φ45mm 圆钢抗弯强化钢管混凝土圆弧拱进行实验，按照既定实验设计对圆弧拱施加全跨均布法向荷载，加载至千斤顶供油系统压力超限报警，圆弧拱几何没有位移，出现“压不坏”现象；后改为拱顶局部均布法向加载，圆弧拱仍然“压不坏”；再改为拱顶集中荷载，圆弧拱还是“压不坏”；最后改为拱顶集中荷载，同时固定支座可向两侧有限滑移，圆弧拱承载实验得以继续进行。不同荷载形式下，圆弧拱实验过程如下。

1. *法向均布荷载*

法向均布荷载为实验既定荷载形式，即左、中、右三个千斤顶提供 11 个等值集中力对圆弧拱法向加载；圆弧拱两端面由支座提供法向固定约束，支座不可滑移。实验开始后，按每级 50kN 静力加载，顶部千斤顶荷载达到 2000kN 时，试件跨中竖向位移约 10mm；顶部千斤顶荷载达到 3000kN，试件跨中竖向位移 18mm；顶部千斤顶达到 3280kN 时，供油系统压力超限出现报警，停止加载，此时试件跨中竖向位移仅 20mm，卸载后试件跨中竖向位移恢复 10mm。实验结束前圆弧拱试件变形如图 4.23 所示，肉眼看不出变化，试件“压不坏”。

2. *局部均布荷载*

对 Φ45mm 圆钢抗弯强化钢管混凝土圆弧拱二次加载，撤掉左右千斤顶，仅使用顶部千斤顶加载。顶部分配梁长度为 1300mm，分出 5 个等值集中力，可模拟局部均布荷载；固定支座不可滑移。仍按每级 50kN 对试件静力加载，千斤顶荷载达到 2000kN 时，圆弧拱跨中竖向位移 10mm，分配梁开始翘曲，5 个加载点和试件没有分离；千斤顶荷载达到 3250kN 时，油压系统超限，此时试件跨中竖向位移仅 25mm，卸载后恢复 10mm。实验结束前圆弧拱试件变形如图 4.24 所示，分配梁明显翘曲，试件仍然“压不坏”。

图 4.23 均布法向荷载下圆弧拱试件变形

图 4.24 局部均布荷载下圆弧拱试件变形

3. 顶部集中荷载

对 Φ45mm 圆钢抗弯强化钢管混凝土圆弧拱第三次加载，仅使用顶部千斤顶，分配梁长度由 1300mm 变为 720mm，可分出 3 个集中力，模拟拱顶集中力加载；固定支座不可滑移。千斤顶荷载达到 2000kN 时，试件跨中位移 15mm；千斤顶荷载达到 3000kN 时，试件跨中位移仅 30mm，停止实验，卸载后恢复 10mm。实验结束前圆弧拱试件变形如图 4.25 所示，试件还是“压不坏”。

图 4.25　顶部集中荷载下圆弧拱试件变形

4. 顶部集中荷载＋支座滑移实验

对 Φ45mm 圆钢抗弯强化钢管混凝土圆弧拱第四次加载，顶部千斤顶通过分配梁分出 3 个集中力，模拟拱顶集中力加载；两端固定支座各预留滑移 30mm，如图 4.26 所示。试件受压初期，跨中竖向位移增加明显，千斤顶荷载增加速度明显低于前三次加载，两端支座稳定滑移，圆弧拱变形等同曲梁。支座滑移距离结束前，千斤顶荷载为 600kN，试件跨中竖向位移约 60.5mm，滑移距离结束后千斤顶荷载增加速度变快，应变片显示圆周截面受压区增大，说明固定支座大大增强圆弧拱轴向压力。荷载为 1950kN 时，圆弧拱顶部明显变平，荷载最大值达到 2390kN 后开始下降，位移快速增加，跨中最大位移约 114mm。实验表明支座滑移对圆弧拱承载力下降影响显著。实验结束后圆弧拱试件变形如图 4.27 所示。

图 4.26　支座预留滑移距离

图 4.27 集中荷载＋支座滑移下圆弧拱变形

5. 顶部集中荷载＋试件端头滑移实验

此前，曾做过顶部集中荷载＋试件端头滑移实验，采用相同规格的钢管混凝土圆弧拱，拱顶集中加载，加载承压板宽度为 500mm，两端预留滑移距离为 50mm。滑移通过试件端头摩擦移动实现，非支座滑移；试件端头焊接 V 形板，靠 V 形板与承压底板摩擦和支座水平推力实现约束，非端头法向约束，如图 4.28 所示。实验中外焊 Φ40mm 圆钢抗弯强化钢管混凝土圆弧拱集中荷载极值为 1330kN，跨中位移为 239mm。集中荷载远低于本文相同试件荷载极值。

图 4.28 V 形板端头处理与本实验端头平面处理对比

综上所述，对 3 种荷载形式、2 种滑移形式和 2 种端头约束形式的实验进行对比，实验对比表明，均布法向荷载＋端头法向约束＋支座不可滑移情况下圆弧拱变形最小、承载力最大、最稳定。随着荷载由均布变集中，圆弧拱变形加大，承载力略有下降。支座滑移或端头滑移显著降低试件稳定性，无论支座滑移或是试件端头滑移，试件都与两端无约束曲梁类似，两者无较大差别。端头法向约束可增大端面受力面积，相比 V 形端头明显增加圆弧拱承载力。

4.3.3　集中荷载作用下试件变形特征

试件 1～6 中选择典型变形试件：未抗弯强化圆弧拱、Φ40mm 圆钢抗弯强化圆弧拱和 Φ50mm 圆钢抗弯强化圆弧拱，对比其实验前后状态，如图 4.29(a)～图 4.29(c) 所示。

(a) 未抗弯强化圆弧拱实验前后对比

(b) Φ40mm 圆钢抗弯强化圆弧拱实验前后对比

(c) Φ50mm 圆钢抗弯强化圆弧拱实验前后对比

图 4.29　钢管混凝土圆弧拱实验前后形态对比

试件整体变形形状大致相同，变形主要集中在荷载对应位置，跨中挠度最大。实验结束时，未抗弯强化圆弧拱集中荷载点出现鼓包，内侧钢管出现波纹状；抗弯强化圆弧拱荷载点同样出现鼓包，但内侧钢管无明显变形，抗弯圆钢油漆脱落。从跨中应变监测来看，拱顶应变值严重超限，而拱底应变都没有超过 10000。

4.3.4 集中荷载作用下圆弧拱荷载-位移曲线

根据加载过程中观测到的集中荷载值与试件跨中竖向位移,绘制不同抗弯强化钢管混凝土圆弧拱的荷载-跨中位移曲线,如图 4.30 所示。

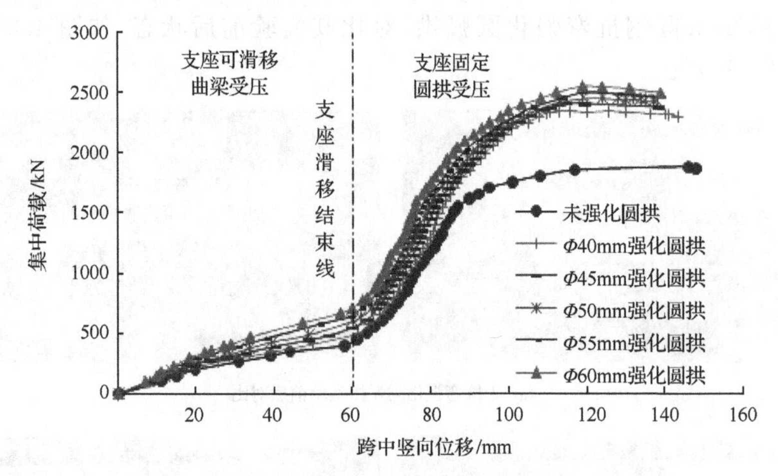

图 4.30 圆弧拱集中荷载与跨中竖向位移关系曲线

由图 4.30 可以看出,就整体而言,不同抗弯强化圆弧拱的荷载位移曲线形态相似,受初始缺陷等因素影响,曲线存在明显的波动性。随抗弯强化程度增加,曲线逐渐抬升,即相同位移下对应荷载值不断提高,相同荷载下对应竖向位移不断减小。

就个体而言,每个试件荷载位移曲线都可分为三个阶段:第一线性阶段、第二线性阶段和屈服阶段。两个线性段具有明显的转折点,各阶段主要特点如下。

(1) 第一线性阶段随位移增加荷载增加缓慢,直线斜率较低,位移增速大于荷载增速;这一阶段圆弧拱支座可向外滑移,两端摩擦约束,集中荷载作用下会使圆弧拱产生轴力和弯矩,轴力传至两端后对支座产生水平推力,水平推力大于支座摩擦阻力后,支座会向外滑移,跨中位移快速增加,此时圆弧拱受压变形类似直梁,集中荷载作用大部分转化为弯矩作用而非轴力;应变监测显示这一阶段圆弧拱跨中顶部受压、底部受拉,中性层偏移明显。

(2) 圆弧拱两端预留滑移距离使用完毕后,圆弧拱进入第二线性阶段,这一阶段随位移增加荷载快速增加;圆弧拱两端相当于固定约束,水平推力被两端约束力抵消,圆弧拱轴力作用加强,弯矩也随之增加,因圆弧拱轴压承载力较高,集中荷载快速上升,跨中竖向位移增加变缓;应变监测显示这一阶段受拉区面积减少,受压区面积增大,中性层向受拉侧折返偏移。

(3) 屈服阶段,随位移增加集中荷载增加速度变慢、减小至零并出现负增长,这一阶段轴力和弯矩共同增长,集中荷载无法均匀的转化为全跨轴力,更多的转化为对应荷载点的弯矩，圆弧拱弯矩接近抗弯承载力极限，导致跨中位移增加速度变快，圆弧拱逐渐压平；跨中位移达到一定数值后，弯矩超限，圆弧拱承载力下降。

整理不同抗弯强化圆弧拱的荷载转折点、荷载极值和跨中最大位移，如表 4.7 所示。

表 4.7　圆弧拱实验结果汇总表

试件名称	抗弯圆钢直径 D_x/mm	转折点荷载 /kN	转折点位移 /mm	荷载极值 /kN	荷载极值位移 /mm
圆弧拱试件 1	0	400	58	1880	146
圆弧拱试件 2	40	500	61	2310	109
圆弧拱试件 3	45	600	60.5	2390	114
圆弧拱试件 4	50	650	62	2450	119
圆弧拱试件 5	55	700	60	2500	117
圆弧拱试件 6	60	750	61	2550	118

由表 4.7 可以看出，随着抗弯强化程度增加，转折点荷载值逐渐增加，说明抗弯圆钢提高了圆弧拱承载力；转折点对应位移都在 60mm 附近，与两端滑移距离之和一致，说明荷载转折点是由两端摩擦约束向两端固定约束转折引起。随着抗弯强化程度增加，圆弧拱荷载极值不断增大，增加幅度有降低趋势；对应极值位移以未强化圆弧拱最大，抗弯强化圆弧拱基本一致。

4.4　钢管混凝土结构抗弯性能实验汇总

本课题组共实验测试了 11 根钢管混凝土直梁纯弯实验，实验成果如表 4.8 所示。实验测试了 9 根钢管混凝土圆弧拱抗弯性能，实验成果如表 4.9 所示。

表 4.8　钢管混凝土直梁抗弯能力实验成果

规格型号 /mm	圆钢位置	钢材单位重量/(kg/m)	长度 /m	核心混凝土等级	最大荷载 /kN	极限弯矩 /(kN·m)
Φ194×10	无	45.38	2.2	C40	674	202.2
Φ194×10	无	45.38	2.2	C40	669	200.7
Φ194×10	无	45.38	2.2	C40	808	242.4
钢管：Φ194×10 圆钢：Φ45	钢管内	钢管：45.38 圆钢：12.5	2.2	C40	902	270.6
钢管：Φ194×8 圆钢：Φ45	钢管外	钢管：45.38 圆钢：12.5	2.2	C40	1114	334.2

续表

规格型号/mm	圆钢位置	钢材单位重量/(kg/m)	长度/m	核心混凝土等级	最大荷载/kN	极限弯矩/(kN·m)
钢管 Φ194×10	无	钢管:45.38	3.62	C40	424.5	199.5
钢管 Φ194×10 圆钢:Φ40	钢管外	钢管:45.38 圆钢:9.87	3.62	C40	670	314.9
钢管 Φ194×10 圆钢:Φ45	钢管外	钢管:45.38 圆钢:12.49	3.62	C40	690	324.3
钢管 Φ194×10 圆钢:Φ50	钢管外	钢管:45.38 圆钢:15.43	3.62	C40	730	343.1
钢管 Φ194×10 圆钢:Φ55	钢管外	钢管:45.38 圆钢:18.66	3.62	C40	820	385.4
钢管 Φ194×10 圆钢:Φ60	钢管外	钢管:45.38 圆钢:22.21	3.62	C40	850	399.5

表 4.9 钢管混凝土圆弧拱抗弯能力实验成果

规格型号/mm	钢材单位重量/(kg/m)	试件弧长/m	试件跨度/m	拱弧半径/m	核心混凝土等级	极限承载能力/kN	极限变形量/mm
Φ194×8	36.7	3.443	2.83	2.0	C40	1145	213
钢管:Φ194×8 圆钢:Φ40	钢管:36.7 圆钢:9.86	3.443	2.83	2.0	C40	1330	229
钢管:Φ194×8 钢板:宽 90 厚 16	钢管:36.7 钢板:11.2	3.443	2.83	2.0	C40	1360	248
钢管 Φ194×10	钢管:45.38	3.142	2.82	2.0	C40	1880	146
钢管 Φ194×10 圆钢:Φ40	钢管:45.38 圆钢:9.87	3.142	2.82	2.0	C40	2310	109
钢管 Φ194×10 圆钢:Φ45	钢管:45.38 圆钢:12.49	3.142	2.82	2.0	C40	2390	114
钢管 Φ194×10 圆钢:Φ50	钢管:45.38 圆钢:15.43	3.142	2.82	2.0	C40	2450	119
钢管 Φ194×10 圆钢:Φ55	钢管:45.38 圆钢:18.66	3.142	2.82	2.0	C40	2500	117
钢管 Φ194×10 圆钢:Φ60	钢管:45.38 圆钢:22.21	3.142	2.82	2.0	C40	2550	118

第5章　深井软岩巷道承压环力学模型与理论研究

深井软岩巷道围岩承载能力较弱，对外界的扰动十分敏感，外部扰动可以使围岩变形量急剧增加。因此，必须强化巷道周边一定范围内的岩体，使其具有较高的承载能力，从而形成一个承压环，通过承压环控制其外部围岩的稳定性，达到巷道稳定的目的。本章主要内容包括：建立了承压环力学模型，并对承压环结构的承载能力进行理论分析；实验研究了岩石的流变扰动效应；针对极软岩巷道，提出了“应力场梯度稳定性”假说。

5.1　承压环力学模型

国外学者 Lang[53] 提出了锚网喷支护组合拱理论，认为在组合拱结构中，锚杆是主要构件，以形成组合拱；而喷射混凝土层与金属网是锚杆形成组合拱所不可缺少的助手，其作用主要是用于维护锚杆间的破碎围岩不被挤出、垮落，以保持组合拱的完整性。组合拱具有两个重要性质：一是组合拱内的岩石强度接近于破坏前的岩石强度；二是组合拱具有较大的可压缩性，属于柔性支护，可以承受破裂区外部岩石的径向荷载。煤科总院康红普[54]院士曾在 20 世纪 90 年代提出了巷道围岩的“关键圈”理论，该理论在分析巷道围岩应力分布特征的基础上，探讨了圆形巷道在弹性和弹塑性应力状态下关键承载圈的分布及其影响因素，阐述了关键承载圈的特征和变化规律。余伟健等[55]针对深部软弱围岩的“锚喷网＋锚索”联合支护特点，提出由主压缩拱（锚杆支护）和次压缩拱（密集型锚索支护）共同构成的叠加拱承载体力学模型，并对叠加拱的承载能力进行量化计算。需要指出的是，“关键圈”理论、组合拱理论和叠加拱理论等均是以锚杆支护为基础的，依靠的是锚固围岩体对外部岩体进行控制，这些理论没有对巷道围岩的岩性进行详细分类，也没有重点考虑巷道开挖空间内的支护体作用。

5.1.1　承压环概念的提出

巷道开挖前，岩体处于初始应力平衡状态，各部位单元块体处于三向应力状态。巷道开挖后，围岩原有应力平衡状态被破坏，巷道围岩产生应力集中，巷道法线方向周边岩体应力状态由原来的三向应力状态转为二向应力状态，应力进行重新分布。沿着巷道法线方向，围岩内部逐渐由二向应力状态向三向应力状态恢复，直至恢复初始应力状态。

以各向等压圆形硐室为例，硐室开挖后应力重新分布，开挖瞬间用弹性理论进行分析，可以得到圆孔周围的应力分布为

$$\begin{cases}\sigma_r = p\left(1-\dfrac{a^2}{r^2}\right)\\ \sigma_\theta = p\left(1+\dfrac{a^2}{r^2}\right)\end{cases} \tag{5.1}$$

式中，σ_r 为径向应力；σ_θ 为切向应力；p 为原岩应力；a 为巷道半径，r 为应力计算位置到巷道中心的距离。其应力分布如图 5.1 所示。

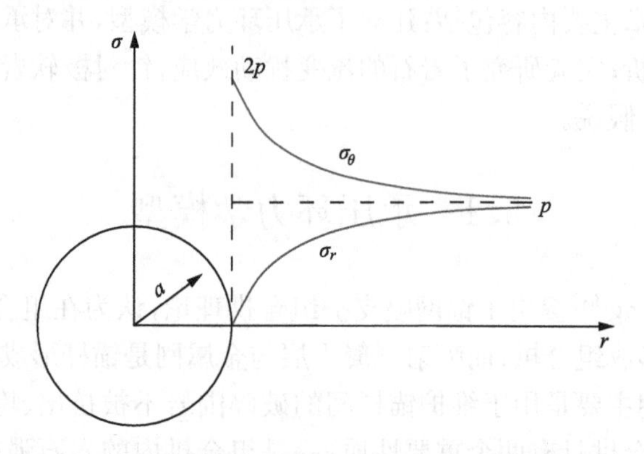

图 5.1　各向等压圆形洞室开挖圆孔周边的应力曲线

由图 5.1 可以看出，在巷壁处切向应力为 $2p$，径向应力为 0。

在没有径向支护力的条件下，如果巷壁处岩石的强度小于应力峰值，则该处岩石发生破坏，应力峰值向内侧转移，在这个过程中由于屈服的岩石仍有一定的残余强度，仍然可以分担一部分切向应力，故应力峰值有所减小，径向应力增大，使得内侧岩石处于三向应力状态，强度提高。最终峰值转移到某处时恰好达到平衡。此时应力分布如图 5.2 所示。

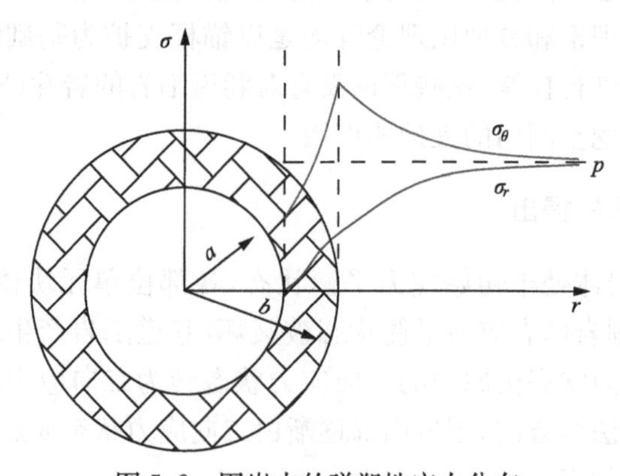

图 5.2　围岩内的弹塑性应力分布

从应力峰值转移过程可以看出，这种环状破碎区域对于硐室整体稳定起了重要的作用，主要体现在：分担切向应力，消减边界处切向应力峰值；提供径向应力，提高未破坏区岩石强度。这种已经屈服的环状结构承受内外压作用，维持整体的平衡。

但是这种平衡是暂态的、不稳定的平衡，外界的扰动、岩石的吸水膨胀、围岩的流变破坏等都会打破这种平衡，使得围岩向开挖空间运动。巷道浅部破碎区内的岩石结构发生变化，裂隙发育，岩石强度将下降到残余强度，围岩自承能力较弱；而在深井或软岩巷道中，巷道地应力较大，普通巷道锚网喷支护无法维持巷道围岩的稳定。同时，由于围岩自承能力较弱，需要的径向支护反力较大，普通的刚性支架支护强度无法达到要求，所以需要通过在锚喷网支护的基础上，施加围岩注浆支护来改善浅部破碎区岩石的内部结构，提高围岩强度，施加高强度钢管混凝土支架支护来改善巷道围岩应力状态，进而提高围岩的自承能力，维持巷道围岩的稳定。

课题组于 2010 年提出了巷道承压环强化支护模型，其总体思路如下。

(1) 深井或软岩巷道地应力较大，围岩自承能力较弱，因此必须提高围岩的承载能力。

(2) 以钢管混凝土支架支护、锚网喷支护为基础的支护技术，能在巷道围岩形成一个巷道承压环结构体，通过承压环控制其外部巷道围岩的稳定性。

(3) 在深井或软岩巷道支护中，承压环仅靠锚网喷支护往往是不够的，应该再采用二次支护技术。

巷道承压环强化支护，是建立在锚网喷支护和钢管混凝土支架高强度支护基础上的，锚网喷支护在巷道内形成环状承压体，然后通过围岩注浆支护和钢管混凝土支架支护等巷道支护方式增强承压环内岩体强度和改善承压环应力状态，提高承压环的承载能力，从而达到维持巷道围岩整体稳定的目的。

巷道承压环强化支护理论作为新的深井巷道支护概念，对深井软岩巷道支护机理的分析和实际的支护工作具有重要意义。

5.1.2　承压环力学模型的建立

1. 几何形状

承压环的几何内边界是巷道开挖一侧的喷层；承压环的几何外边界是锚杆端头用平滑曲线连接起来的闭合弧线。对于圆形巷道，承压环外边界形状大致为圆形，对于非圆形巷道(如矩形、梯形、马蹄形等)承压环的外边界形状大致呈与巷道断面形状相似的弧形巷道，且承压环越大，外边界越趋于圆形。圆形巷道和多心弧段巷道的承压环形状如图 5.3 所示。

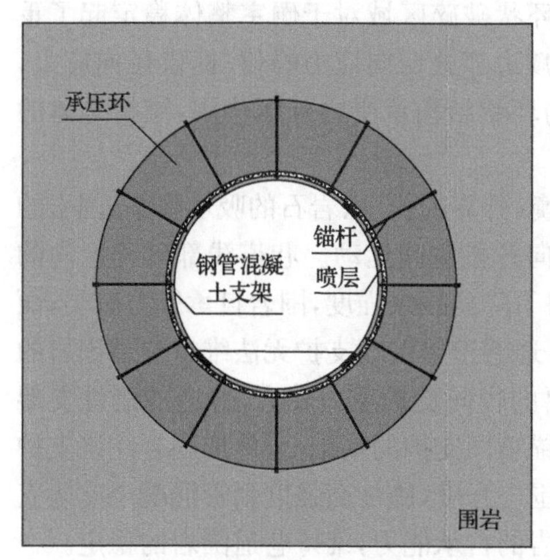

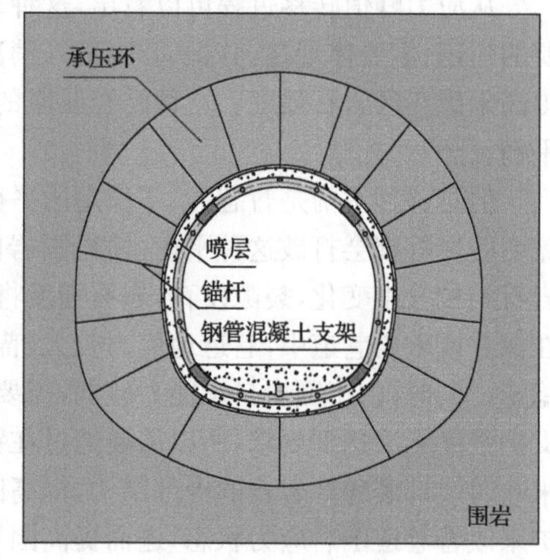

(a) 圆心巷道　　(b) 多心弧段巷道

图 5.3　不同断面的承压环几何形状

2. 承压环模型的力学边界

以最简单的侧压系数(λ=1)的圆形巷道为例。承压环内、外边界的力学条件如图 5.4所示。

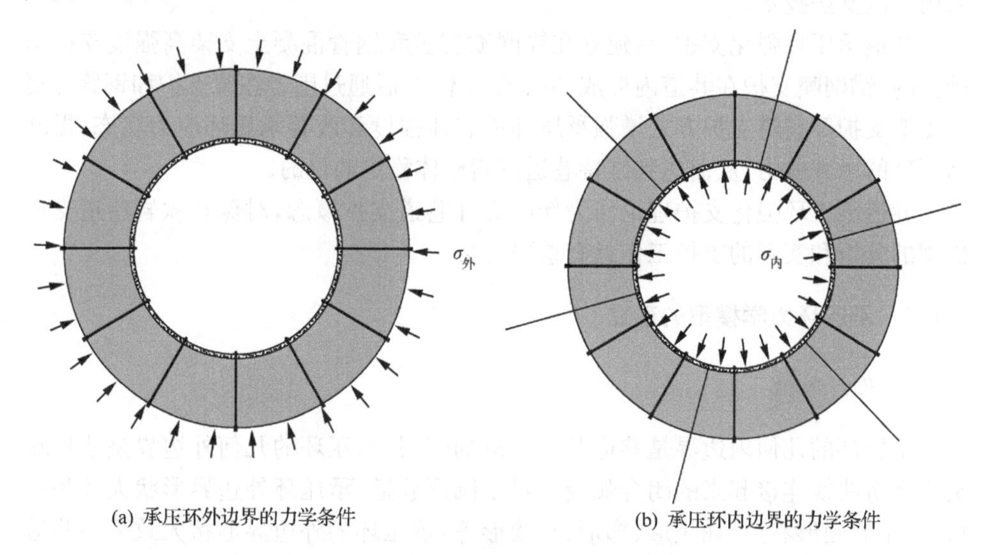

(a) 承压环外边界的力学条件　　(b) 承压环内边界的力学条件

图 5.4　承压环内外边界的力学条件

承压环的外边界承受来自围岩内部的压力，对于侧压系数为 1 的圆形巷道，承压环外边界所受力为径向应力 σ_r，外边界的力学条件为 $\sigma_{外}$。

承压环内边界的力学条件：一是支架对承压环的支护反力；二是厚喷层对承压环的作用力；三是锚杆的作用力。这些作用力最终表现为对承压环的径向作用力，内边界的力学条件为$\sigma_{内}$。

5.1.3　承压环强化支护作用下巷道稳定的条件

要维持巷道的稳定，既要保持承压环外部围岩的稳定，即破碎区域不再继续扩展，同时也要保证承压环自身的稳定。

1. 外部围岩稳定的条件

承压环对其支护的外部围岩承提供径向作用力，外部围岩又承受来自远处地应力 p，如图 5.5(a)所示，取承压环外部围岩边界点，其应力状态如图 5.5(b)所示。

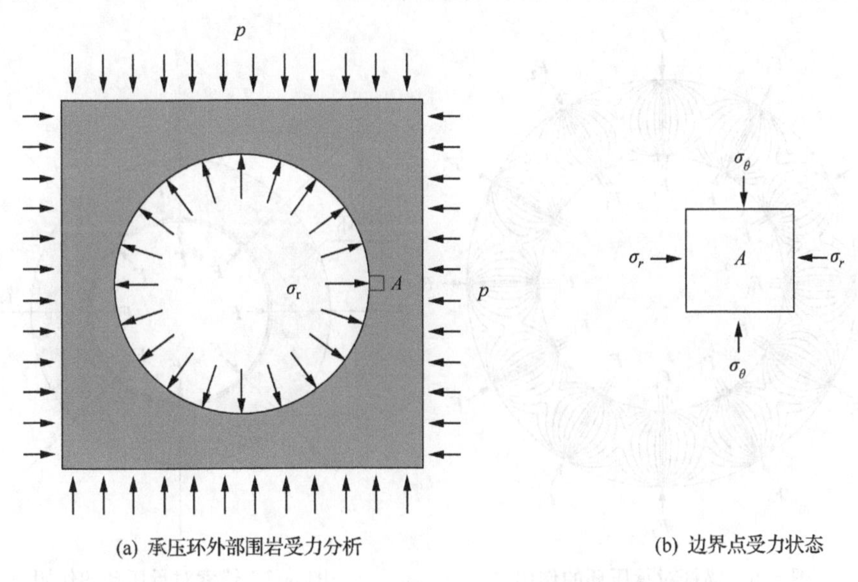

图 5.5　承压环外部围岩受力分析及边界点处的应力状态

2. 承压环自身稳定的条件

承压环内部岩石已经被破坏，以块状形式存在，由于应力峰值已经转移到围岩深部，对于承压环内部的岩块而言，足以满足强度条件。但是这种破碎的岩块之间是以铰接、摩擦等形式相互作用的，如果没有足够的约束，同样会在低的应力条件(如放炮、地震、吸水膨胀等形式)下受扰动而出现错动、滑移，从而向开挖空间运动，这种运动同时会破坏内部围岩的稳定条件。因此，对承压环自身的强化，有利于自身和内部围岩的稳定。

承压环自身稳定应该以提高承压环的“稳度”和整体性为重点，从总体上看提高了承压环整体 C、φ 参数。

5.1.4 承压环强化支护作用机理分析

从维持巷道稳定的条件可以看出，无论承压环外部围岩的稳定还是承压环自身的稳定，都需要强化承压环的支护。

1. 一次支护承压环强化支护理论分析

锚杆既能承受拉应力又能承受剪应力，能够很好地加固围岩，锚杆所起的作用主要体现在提供给承压环内破碎的岩体一定的“约束”，提高其整体性。对于较长的锚杆还能通过承压环提供径向支护作用力，如图 5.6 所示。锚索起的作用主要是对承压环整体的悬吊提供了径向的应力，如图 5.7 所示。

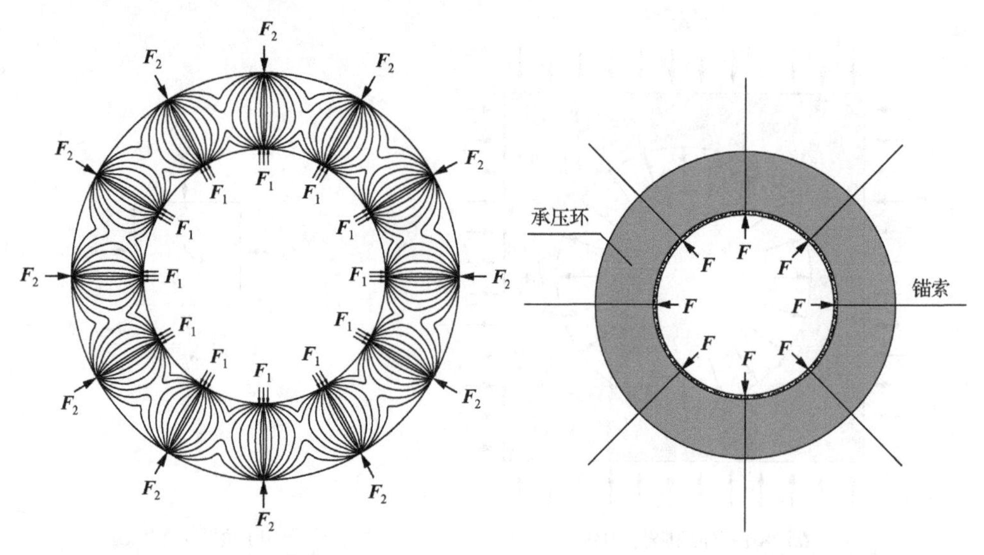

图 5.6 锚杆对承压环的作用　　图 5.7 锚索对承压环的作用

初次薄喷层的作用主要是封闭围岩，防止巷壁的岩块受扰动脱落，对于易吸水膨胀的岩石同时能防止水分的渗入。厚喷层和金属网能够被动的产生一定的径向支护力，同时将支架的支护反力均匀施加到承压环。

2. 二次支护承压环强化支护理论分析

刚性支架的作用是提供一个较大的径向支护反力，在维护承压环稳定的同时将此反力传递到承压环外边界的围岩，使得破坏区域不再继续扩展。

刚性支架强大的支护反力通过承压环的“放大作用”很好地维持了内部围岩的

稳定,并且对承压环内部破碎区域有很好的挤压加固作用,如图 5.8 所示。

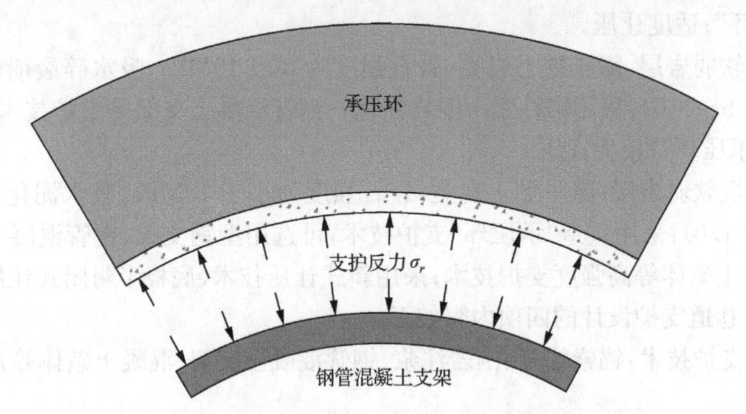

图 5.8　钢管混凝土支架对承压环的支护反力

5.2　深井软岩巷道承压环的分类与支护设计方法

5.2.1　深井软岩巷道承压环的分类

根据巷道围岩条件,可将承压环分为三类。

中硬围岩巷道:岩石强度为 30～50MPa,吸水软化,载荷—强度比小于 0.5;通过强化加固巷道围岩,在巷道围岩中形成承压环。

软弱岩层的巷道:岩石强度为 10～30MPa,吸水碎裂崩解,载荷—强度比 0.5～1.0;在巷道围岩中和巷道开挖空间内支护,共同形成承压环。

极软弱岩的巷道:岩石强度小于 10MPa,吸水泥化,载荷—强度比大于 1.0;在巷道开挖空间内再造承压环。

5.2.2　深井软岩巷道支护设计方法

实验测试深井软岩巷道支护设计的五项依据如下。

(1) 远场地压:巷道埋深,水平地应力,采掘扰动压力。

(2) 岩石强度:岩石单轴抗压强度,围岩结构完整性。

(3) 岩石水理性质:黏土矿物成分及含量,吸水软化特性与膨胀性,膨胀压力,原始含水率等。

(4) 巷道变形特征:两邦与顶底板变形大小,变形速率,巷道破坏形态。

(5) 围岩荷载 P:巷道稳定状态下,围岩作用在支护体上的荷载 P 评估。

深井软岩巷道的三种类型如下。

(1) 中硬围岩,砂质黏土岩类(岩石强度为 30～50MPa,吸水软化,载荷-强度比小于 0.5)：采用锚杆、锚索和围岩注浆、强化巷道围岩等支护技术，在围岩中构造“承压环”；适度让压。

(2) 软弱岩层，膨胀黏土岩类(岩石强度为 30～10MPa，吸水碎裂崩解，载荷-强度比 0.5～1.0)：采用锚杆索＋围岩强化＋钢管混凝土支架等支护技术，在围岩中构造“承压环”；较大让压。

(3) 极软弱岩层，膨胀黏土岩类(岩石强度为小于 10MPa，吸水泥化，载荷-强度比大于 1.0)：采用重造“承压环”支护技术，可选用型钢支架、钢管混凝土支架和钢筋混凝土碹体等高强度支护技术；采用新式让压技术(底板半封闭式让压等)。

软岩巷道支护设计的四项内容如下。

(1) 支护技术：锚索锚杆、围岩注浆、钢管混凝土支架、混凝土碹体等及其支护参数选择。

(2) 断面形状：圆形、浅底拱圆、马蹄形、椭圆形等，如图 2.2 所示。软岩巷道宜采用圆形或接近圆形的断面形状。

(3) 让压方式：包括支护体收缩变形让压、支护体与围岩之间预留环形缝让压、导洞式让压、巷道围岩开槽让压、巷道上覆岩层开采解放层让压等多种让压方式，如图 5.9 所示。

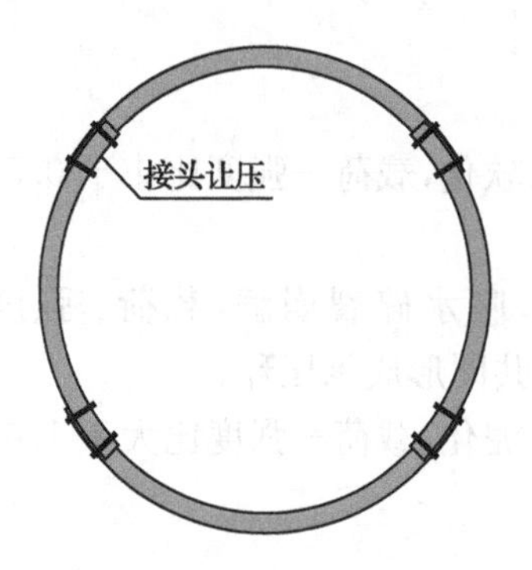

(a) U型钢支架接头滑动收缩让压

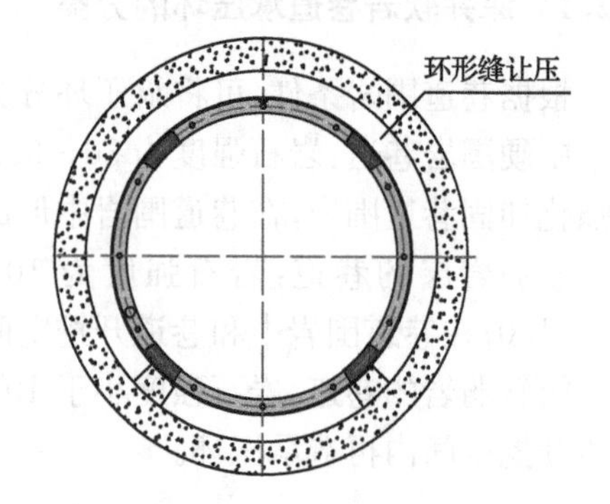

(b) 支架与围岩之间预留环形缝让压

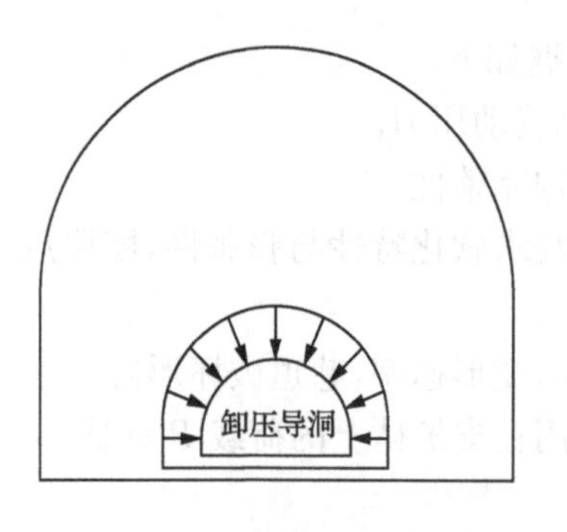

(c) 导洞式让压

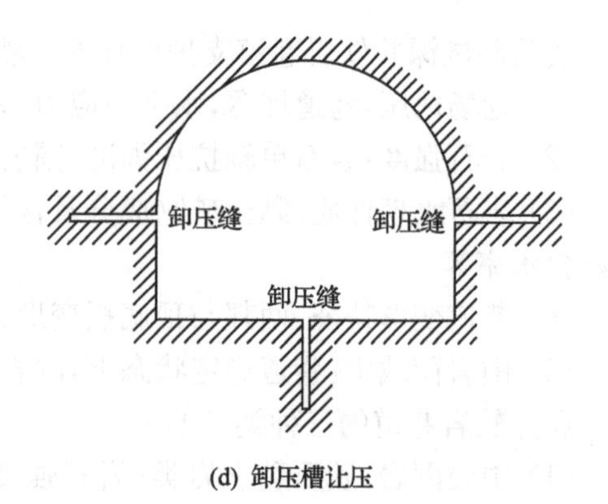

(d) 卸压槽让压

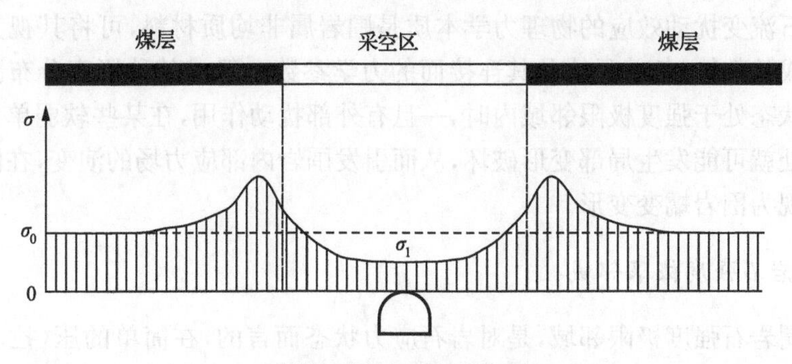

(e) 巷道上覆岩层开采解放层让压

图 5.9　软岩巷道 5 种让压方式图

(4) 支护力 N：明确承压环支护体的支护反力 N，软岩巷道稳定的基本判断依据是支护体的承载能力 N 要大于围岩荷载 P。

5.3　深井软岩流变及其扰动效应

深部矿井巷道围岩受外界的扰动影响会变得十分敏感，外部扰动可以使流变过程中的围岩流变变形量急剧增加，甚至造成围岩的突然破坏，导致深部巷道的大变形、失稳等现象。

深井巷道围岩所受到的应力状态在接近其强度极限时，不仅会发生非稳定的流变变形，而且会对外部扰动作用变得十分敏感，为了表述外部扰动荷载对围岩流变变形的影响，在此定义了“岩石流变扰动效应”和“强度极限邻域”的概念。

5.3.1　岩石流变扰动效应的基本概念

1. 岩石流变扰动效应

岩石流变扰动效应是指岩石在一定应力状态下，受到外部扰动载荷(如放炮震动等)作用之后，产生对应的蠕变变形增量这一力学现象。

之所以称之为岩石流变扰动效应，一是因为岩石的这种变形，不是由于外部静载荷的变化产生的，也不是随时间产生的蠕变，而是原本处于静平衡状态下的岩石单纯由扰动引发的一种变形，扰动载荷一般是在岩体内传播的震动波；二是因为岩石的这种变形，不像弹塑性变形那样与外载荷基本上是瞬时对应的，它是在扰动作用之后产生的一种不可恢复的永久变形。

在矿山岩体工程中，扰动载荷一般是在岩体内传播的震动波，其主要震源有：①掘进和开采时的放炮震动；②采场覆岩断裂冒落时的冲击震动；③矿车运行时对巷道围岩产生的直接震动；④冲击地压等造成的震动。

岩石流变扰动效应的物理力学本质是围岩属非均质材料，可将其视为由小单元体组成的整体，各单元体及其连接面的力学参数一般成某种概率分布。当围岩的应力状态处于强度极限邻域内时，一旦有外部扰动作用，在某些软弱单元和软弱连接面处就可能发生局部变形破坏，从而引发围岩内部应力场的演变，在围岩整体上就表现为围岩蠕变变形。

2. *岩石强度极限邻域*

所谓岩石强度极限邻域，是对岩石应力状态而言的，在简单的压（拉、剪）应力状态下，岩石具有一个强度极限值 σ_0，依据一定条件给定一个 $\Delta\sigma$，如果岩石受到的应力 σ 满足式(5.2)，则称岩石处于强度极限邻域内，即

$$|\sigma_0-\sigma|\leqslant\Delta\sigma \tag{5.2}$$

式中，$\Delta\sigma$ 为应力强度极限邻域的宽度，代表了岩石强度极限邻域的范围。如果岩石处于三向应力状态，其强度极限邻域的范围——邻域宽度 $\Delta\sigma$ 可定义为

$$(\Delta\sigma)^2=(\Delta\sigma_1)^2+(\Delta\sigma_2)^2+(\Delta\sigma_3)^2 \tag{5.3}$$

岩石强度极限邻域可进一步细分为强度极限左邻域和右邻域。如果岩石尚未达到强度极限，称之为处于强度极限的左邻域，左邻域宽度用 $\Delta\sigma_l$ 表示；如果所受应力已超过岩石的极限强度，则称之为处于强度极限的右邻域，右邻域宽度用 $\Delta\sigma_r$ 表示。区分岩石应力处于不同的强度极限邻域，是因为岩石在这两种应力状态下的扰动变形特性有所不同。

岩石所受应力处于强度极限邻域内和邻域外的区别是：处于强度极限邻域内的岩石，在外部扰动荷载下会产生相应的不可逆蠕变变形；处于强度极限邻域外的岩石，在外部扰动荷载作用之后，不会产生相应的蠕变变形。单轴压缩时的岩石强度极限邻域如图 5.10 所示，图中 σ_0 为岩石单轴抗压强度，在单轴压缩应力状态下，岩石强度极限左邻域对应于岩石破坏前的非线性变形区，右邻域对应于岩石破坏后的应变软化区。岩石强度极限邻域宽度 $\Delta\sigma$ 可以由实验确定。

5.3.2　岩石流变扰动实验仪研制

岩石流变扰动效应实验仪能对岩石试样施加长期的恒定轴压、围压及扰动荷载，并能测试扰动荷载大小及扰动荷载引起的岩石变形量。

岩石流变扰动效应实验仪（简称流变仪）具有如下特点：①轴向荷载采用重砣重力加载，能够实现长期恒载加压；②扰动荷载采用砝码冲击和爆破两种方式；③三轴压力室能够对岩石试件施加长期恒定围压；④自动监测系统能够进行轴向荷载、扰动荷载、岩石试件应变与位移等监测。

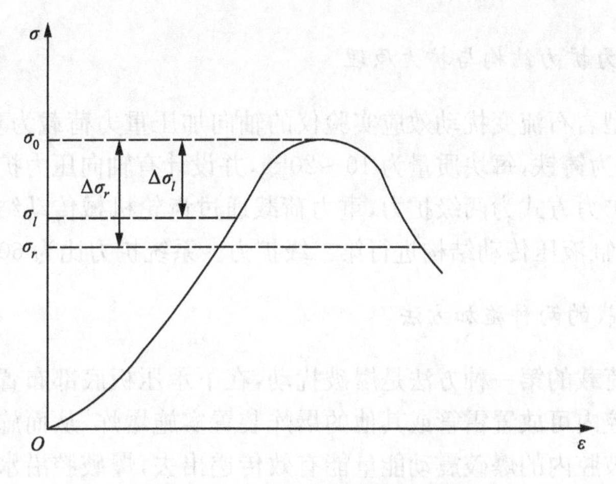

图 5.10　岩石强度极限邻域图

1. 整体结构

RRTS-Ⅱ型岩石流变扰动效应实验仪由流变仪主机加载结构、三轴压力室、自动监测系统三部分组成。其中流变仪主机加载结构主要包括主机框架、转盘-齿轮-齿条扩力结构、小油缸-大油缸扩力结构、液压泵及供油管路；三轴压力室主要包括箱体、扰动荷载施加腔、气囊；自动监测系统主要包括荷载、位移、应变和振动四种测试传感器和计算机，计算机安装了全自动数据采集系统。RRTS-Ⅱ型岩石流变扰动效应实验仪如图 5.11 所示。

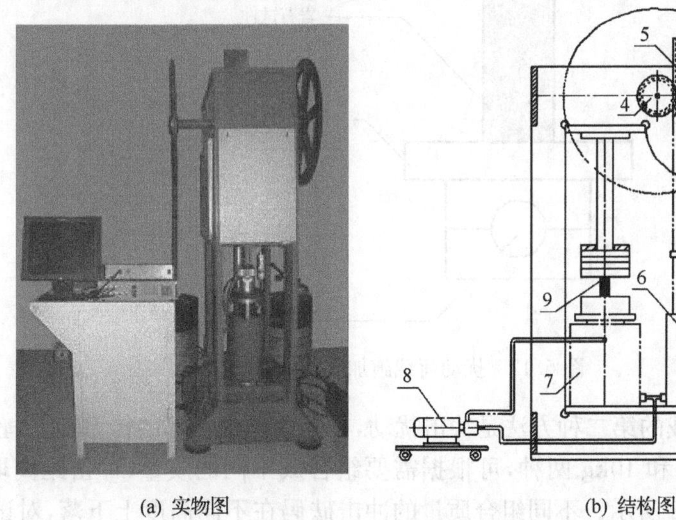

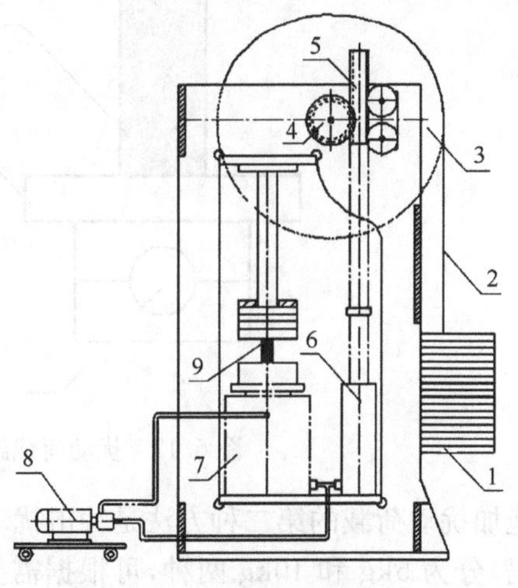

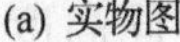
(a) 实物图　　(b) 结构图

图 5.11　岩石流变扰动效应实验仪

1. 重砣；2. 传动链条；3. 传动转盘；4. 传动齿轮；5. 传动齿条；6. 小油缸；7. 大油缸；8. 液压泵；9. 岩石试样

2. 轴向压力扩力结构与扩力原理

RRTS-Ⅱ型岩石流变扰动效应实验仪的轴向加压重力荷载为重砣，重砣设计为圆盘形，材料为铸铁，每块质量为 10～20kg，并设计有轴向压力扩力结构。

该流变仪扩力方式为两级扩力，重力荷载通过齿轮机械传动结构进行第一级扩力，再通过油缸液压传动结构进行第二级扩力。系统扩力比为 60～100 倍。

3. 扰动荷载的两种施加方法

施加扰动荷载的第一种方法是爆破扰动，在下承压板底部布置有扰动荷载爆破腔。在爆破腔内可放置雷管或其他的爆炸装置实施爆炸，从而施加爆破扰动荷载。为了使爆破腔内的爆破震动能量能有效传递出去，爆破腔沿水平直径方向分成上、下两块，叠合在一起(见图 5.12)。

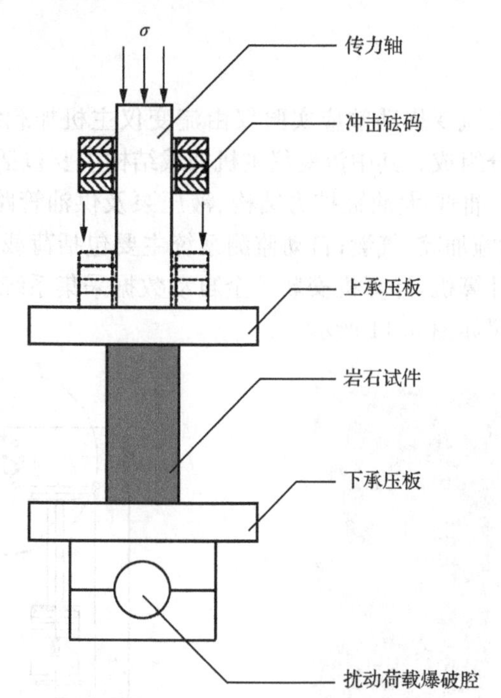

图 5.12　扰动荷载施加方式示意图

施加扰动荷载的第二种方法是冲击扰动，在上承压板顶部的传力轴上，套有冲击砝码，分为 5kg 和 10kg 两种，可根据需要组合成不同的质量，冲击距离取 0～400mm，如图 5.12 所示。不同组合质量的冲击砝码在不同高度上下落，对试件施加不同应力值的扰动荷载。

4. 测试系统

RRTS-Ⅱ型流变仪测试系统为全自动数据采集系统，由SD-Ⅰ型位移传感器、JC-4A智能静态应变仪、JC-Ⅱ型荷载传感器、UBOX爆破震动记录仪、计算机组成。其中UBOX爆破震动记录仪可自动记录扰动荷载振动量的大小和波形图。

5.3.3 岩石单轴流变实验实例

岩石试件为红砂岩，岩样加工成高为100mm、直径为35mm的圆柱形试件。实验测得其单轴抗压强度为56.7MPa。

实验时，分级加载，每级荷载强度为10MPa左右，每级荷载的加载速率为0.5～1.0MPa/s，各级荷载持续的时间约为2天，之后施加下一级荷载。加到47.5MPa的荷载强度时，待流变变形稳定后，用冲击砝码施加扰动荷载。施加扰动荷载时应考虑扰动阈值，避免扰动强度过大引起试件破坏。扰动阈值的确定应该考虑两个方面：巷道爆破掘进时的震动强度和围岩的抗压强度。

实验前已测得5kg的冲击砝码的扰动强度振动波形图如图5.13所示，两种冲击砝码的扰动强度如表5.1所示。

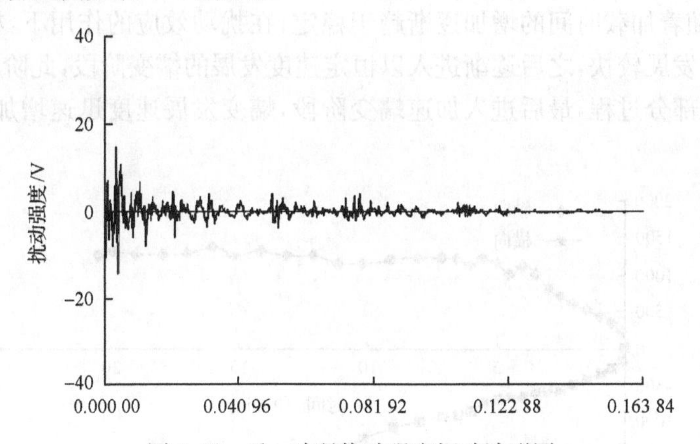

图5.13　5kg砝码扰动强度振动波形图

表5.1　两种冲击砝码扰动强度

扰动砝码值/kg	最大值/V	最小值/V	峰峰值/V
5	14.68	−14.37	29.06
10	25.93	−24.37	50.31

用5kg的冲击砝码对试件进行冲击扰动，冲击距离取200mm，每隔3小时进行一组。每组扰动20次，在5分钟内完成。使用爆破震动记录仪测试扰动冲击强度。岩石试件处于蠕变第三阶段（加速蠕变阶段）时，应变-扰动次数曲线如

图 5.14所示。由图 5.14 可知，在扰动荷载的作用下，岩石试件轴向变形很小，但是横向变形随着扰动次数的增加，变形速率逐渐增加，扰动作用加速了岩石的破坏。

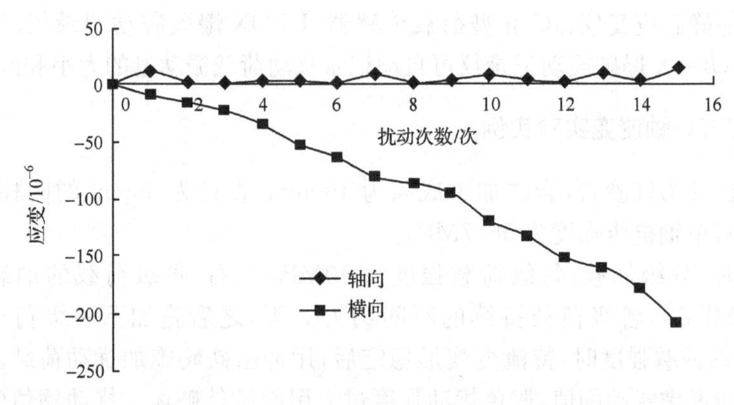

图 5.14　红砂岩应变-扰动次数曲线

红砂岩试件的蠕变扰动效应实验曲线如图 5.15 所示。在实验过程中，轴向与横向蠕变表现出不同的变化规律。在扰动效应作用下，轴向蠕变在加载初期阶段发展较快，随着加载时间的增加逐渐趋于稳定；在扰动效应的作用下，横向蠕变在加载初期也发展较快，之后逐渐进入以恒定速度发展的蠕变阶段，此阶段占整个蠕变过程的大部分过程，最后进入加速蠕变阶段，蠕变发展速度迅速增加，直至试件破坏。

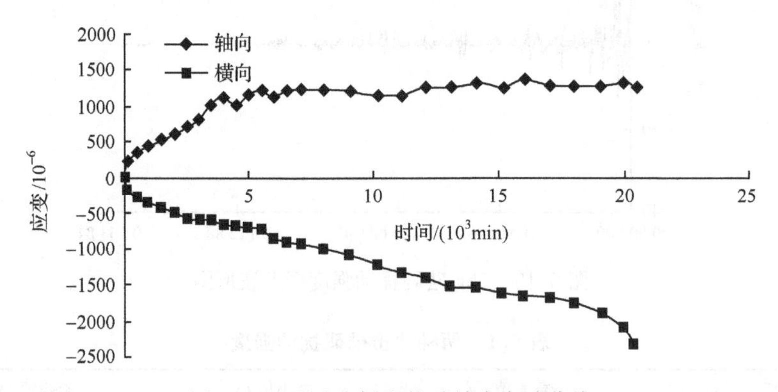

图 5.15　红砂岩蠕变扰动效应实验曲线

岩石试件的最终破坏面方位介于劈裂破坏和剪切破坏之间。从破坏过程看，最终破坏之前出现的宏观裂纹基本上都是纵向裂纹，应属劈裂破坏。因此，单轴压缩荷载下的蠕变扰动效应破坏形态与单纯静载作用下的蠕变破坏形态相似，都是劈裂破坏。

5.3.4　岩石流变扰动效应

首次进行了岩石蠕变扰动效应实验研究。结果表明：岩石蠕变扰动存在一个应变阈值，当应变小于该阈值时，扰动累积残余变形经过初期快速发展后会趋于稳定，并使静态蠕变发展出现短时休眠；当应变大于该阈值时，扰动累积残余变形急速发展，并导致岩石迅速破坏。以该应变阈值为界限，可将应变状态分为对扰动蠕变敏感和不敏感两个区域，敏感区域定义为应变极限邻域。

岩石蠕变扰动效应与静态蠕变规律相似，可分为衰减、近似等速和加速3个阶段。扰动荷载强度对残余变形的发展过程有较大影响。在同等应变水平下，增大扰动荷载，则初始阶段残余变形和达到稳定状态时的累计变形较大。应变水平则对残余变形的发展起控制作用。

根据实验成果，可以初步认为单轴压缩时岩石强度极限的左邻域范围为：从岩石的长期强度值 σ_s 到岩石的单轴抗压强度值 σ_0，左邻域宽度为 $\sigma_1=\sigma_0-\sigma_s$。

扰动蠕变增量的大小主要取决于4个参数：应力空间中岩石应力状态点与岩石强度极限曲面的距离 δ、扰动载荷能量 ΔW、扰动载荷的发生次数 N、类似于弹性模量的流变扰动效应模量 K。岩石流变扰动效应的本构关系，即每次扰动产生的蠕变增量函数为

$$\Delta\varepsilon=\exp[(\Delta\sigma_1-2\delta)/\Delta\sigma_1-N]\Delta W/K \tag{5.4}$$

5.4　深井软岩巷道应力场梯度稳定理论

深埋软岩巷道具有如下特点：①巷道开挖于近似无限体中；②因岩层自重产生的垂向地应力往往大于岩石单轴抗压强度，载荷强度比大；③由于矿井持续进行采掘施工，巷道往往要经受采掘产生的扰动作用。

深埋软岩巷道开挖后，巷道围岩应力场中的垂向地应力往往大于岩石单轴抗压强度，若非巷道有足够大的支护反力，巷道开挖后即发生较大变形，且流变持续时间长。在这种情况下，巷道围岩进入塑性状态，围岩某一点稳定性不仅与该点的应力状态有关，还受到周围点应力状态所引起的运动趋势的影响。此时，再单纯以单元体的强度来判定围岩的稳性就不够了，在一些情况下，即使单元体的强度不超限，只要作用在巷道围岩上的荷载时间足够长，巷道围岩也会发生表观上的流变变形破坏。

以往所说的深埋软岩巷道的围岩流变变形，本质上是巷道围岩应力场演变引起的，可以看作是应力场梯度的衰减，巷道围岩应力场由非稳定状态向稳定状态的演变。

这样，巷道的稳定性就不再仅仅取决于应力场中的每一点岩石单元体的强度，

即不再仅仅依赖岩石单元体强度准则，稳定性还与围岩应力场在巷道周边岩体空间中的变化率有关，即巷道围岩应力场的稳定性与应力场梯度值密切相关。

作为深埋软岩巷道稳定性的判断依据，单一地使用岩石强度准则不够全面。因此，本提出了软岩巷道应力场梯度稳定性假说，以此作为软岩巷道围岩应力场稳定性的判断依据。

5.4.1 应力场梯度

以水平巷道为例，将巷道轴线方向设定为 z 轴，铅垂方向作为 y 轴，巷道径向作为 x 轴，建立笛卡尔直角坐标系。

设巷道围岩应力场的三个主应力分量为：$\sigma_i(x,y,z)$，$i=1,2,3$。对各个主应力分量分别求 x,y,z 方向的偏导数，得到应力场的梯度场，应力场梯度场是一个矢量场，表示为

$$\nabla\boldsymbol{\sigma}_i=\left(\frac{\partial\sigma_i}{\partial x}\boldsymbol{i}+\frac{\partial\sigma_i}{\partial y}\boldsymbol{j}+\frac{\partial\sigma_i}{\partial z}\boldsymbol{k}\right)\tag{5.5}$$

定义应力场梯度值函数为

$$T(x,y,z)=|\ \nabla\boldsymbol{\sigma}_i\ |=\sqrt{\left(\frac{\partial\sigma_i}{\partial x}\right)^2+\left(\frac{\partial\sigma_i}{\partial y}\right)^2+\left(\frac{\partial\sigma_i}{\partial z}\right)}\tag{5.6}$$

应力场梯度值是一个标量，该标量是坐标(x,y,z)的函数。

5.4.2 基于库伦准则的应力场梯度

库伦准则认为，在材料单元体内，当某一面上的剪应力超过其所能承受的极限承载剪力值 τ 时，材料就会发生剪切破坏。τ 是与该破坏面上的正应力 σ 有关的变量，强度条件表达式为

$$\tau=c+\sigma\tan\varphi\tag{5.7}$$

式中，c 为材料的黏聚力；φ 为材料的内摩擦角。

根据库伦剪切强度准则，设函数 $f(x,y,z)$ 为

$$f(x,y,z)=c+\sigma\tan\varphi-\tau\tag{5.8}$$

那么，函数 $f(x,y,z)$则是反映了应力场中某一点处的材料所能承受的极限剪切力与该点最大剪切力的差值。$f(x,y,z)$值越大，则该点材料的剪切破坏极限值与剪应力的差值就越大，该点的稳定性就越好。所以，$f(x,y,z)$值反映了岩石中的点(x,y,z)处的稳定状态。$f(x,y,z)$是一个基于库伦准则的应力函数。

$f(x,y,z)$是一个标量函数。求 $f(x,y,z)$的梯度场，即对式(5.8)求其梯度

场,得

$$\nabla f=\left(\frac{\partial f}{\partial x}\boldsymbol{i}+\frac{\partial f}{\partial y}\boldsymbol{j}+\frac{\partial f}{\partial z}\boldsymbol{k}\right) \tag{5.9}$$

式(5.9)则是一个基于库伦准则的应力场梯度函数。

函数 $f(x,y,z)$ 梯度值为

$$T(x,y,z)=|\nabla f|=\sqrt{\left(\frac{\partial f}{\partial x}\right)^2+\left(\frac{\partial f}{\partial y}\right)^2+\left(\frac{\partial f}{\partial z}\right)^2} \tag{5.10}$$

巷道围岩应力场一般可视为平面应变问题,所以式(5.10)可简化为

$$T(x,y)=|\nabla f|=\sqrt{\left(\frac{\partial f}{\partial x}\right)^2+\left(\frac{\partial f}{\partial y}\right)^2} \tag{5.11}$$

同样,式(5.8)可简化为

$$f(x,y)=c+\sigma\tan\varphi-\tau \tag{5.12}$$

将式(5.12)代入式(5.11),得到基于库伦准则的应力场梯度值为

$$T(x,y)=|\nabla f|=\sqrt{\left(\frac{\partial\sigma}{\partial x}\tan\varphi-\frac{\partial\tau}{\partial x}\right)^2+\left(\frac{\partial\sigma}{\partial y}\tan\varphi-\frac{\partial\tau}{\partial y}\right)^2} \tag{5.13}$$

5.4.3 软岩巷道围岩应力场梯度理论

根据工程实践和理论分析,现提出基于库伦准则的应力场梯度稳定性假说,该假说认为:深埋软岩巷道若要稳定,不仅需要满足库伦准则,而且还要满足应力场梯度值小于某一临界值 T_0。T_0 是一个取决于岩石材料自身力学特性的一个临界梯度值。

深埋软岩巷道围岩稳定性判据为

$$f=c+\sigma\tan\varphi-\tau\geqslant 0 \tag{5.14}$$

$$T(x,y)=|\nabla|=\sqrt{\left(\frac{\partial f}{\partial x}\right)^2+\left(\frac{\partial f}{\partial y}\right)^2}\leqslant T_0 \tag{5.15}$$

式(5.14)和式(5.15)的力学意义为:若要软岩巷道围岩稳定,不仅围岩应力场区域内任意点应满足库伦准则,即式(5.14),而且任意点应力场梯度值应小于临界梯度值 T_0,即式(5.15)。否则,应力场就处于非稳定状态,就会发生演变,应力场演变的趋势是使其梯度值逐渐衰减,直到小于或等于临界梯度值。

该应力场梯度稳定性假说,适用于围岩的垂向地应力(或水平地应力)大于岩石单轴抗压强度的软岩巷道。

第6章 邢东煤矿深井巷道钢管混凝土支架支护研究

邢东煤矿二水平皮带下山由于埋深大、原岩应力高，围岩控制困难，巷道围岩压力显现剧烈，往往需要多次翻修，影响了现场的生产工作，后期对巷道的维护费用投入巨大，造成了严重的经济损失。根据邢东矿二水平皮带下山地质条件和生产技术条件，分析邢东矿深井巷道围岩压力显现的实质，设计采用了钢管混凝土支架复合支护技术支护巷道，有效控制了巷道围岩的急剧变形失稳，对于推动冀中能源集团巷道支护技术改革的进程有着重要的理论与实践意义。

6.1 邢东矿井概况

邢东井田位于河北省邢台市东北约4km处，地理坐标为：东径114°30′、北纬37°05′。北距市北外环路1.2km，东距京深高速公路3.2km，西部毗邻市区，地理位置优越。地面村落隶属于邢台市及邢台县管辖。

矿区内外交通极为便利：京广铁路从井田西侧通过，距井田中央仅3km左右；京珠高速公路从井田东侧通过；邢台三环公路从井田内部通过；邢台至山东济南公路从井田南侧通过；邢台至南宫、隆尧等县公路从井田南部穿过；区内各村落之间均有简易公路可通行汽车。邢东矿交通位置示意图如图6.1所示。

6.1.1 二水平皮带下山地质条件

1. *巷道地质概况*

邢东煤矿二水平皮带下山埋深1010～1230m之间，该区煤岩层赋存稳定，结构比较简单，煤岩层走向为150°～175°，倾向在60°～85°之间。所穿过岩石大部分为粉砂岩、中砂岩，岩石倾角为33°～36°，岩石单轴抗压强度20～30MPa，垂向地应力32MPa，还存在着较高的水平构造应力，在35～47MPa之间。

随着矿井煤炭资源开采，采掘深度逐渐从埋深800m进入埋深1300m。由于采掘深度的增加，导致巷道支护问题越来越突出，表现为：围岩条件越来越差、巷道破坏程度加剧、巷道返修频繁、采掘成本增加。

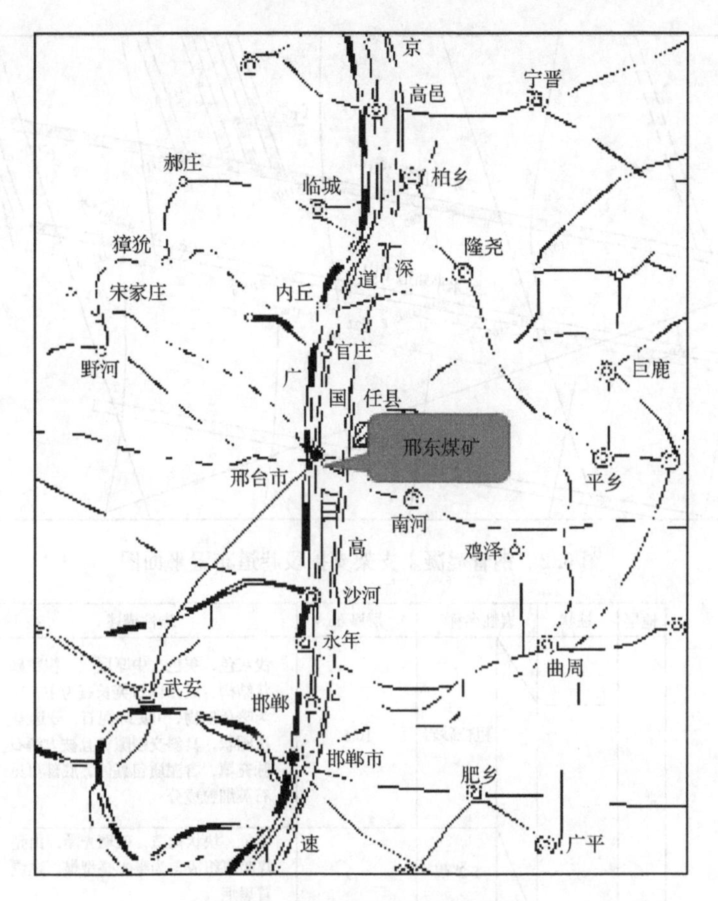

图6.1　邢东矿交通位置示意图

2. 煤(岩)层产状、厚度、结构及岩性描述

邢东煤矿二水平皮带下山沿2# 煤顶板下山掘进，全部是煤巷，煤层标高在－960～－1180m之间，深度在1010～1230m之间，煤层厚度在2.8～3.5m之间；巷道坡度在8°～13°之间，上部坡度小，下部坡度大。采用钢管混凝土支架支护段位于－1077～－1131m段，全长267m，该段目前使用近矩形工字钢支架支护水平，埋深在1230～1250m，如图6.2所示。(煤)岩层地质柱状如图6.3所示。

3. 巷道远场地压

二水平皮带下山埋深在1010～1230m，岩石平均容重为25kN/m³，垂直地应力为25.3～30.8MPa，巷道所处地段断层较多，水平构造应力大于垂向地应力。根据近几年的矿压观测情况来看，巷道大部分变形超限。二水平皮带下山的观测

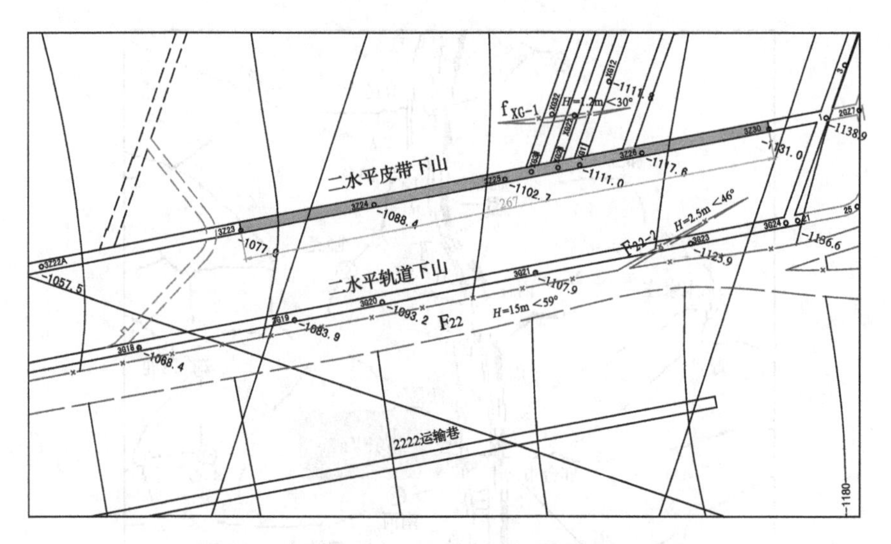

图 6.2　钢管混凝土支架支护段巷道布置平面图

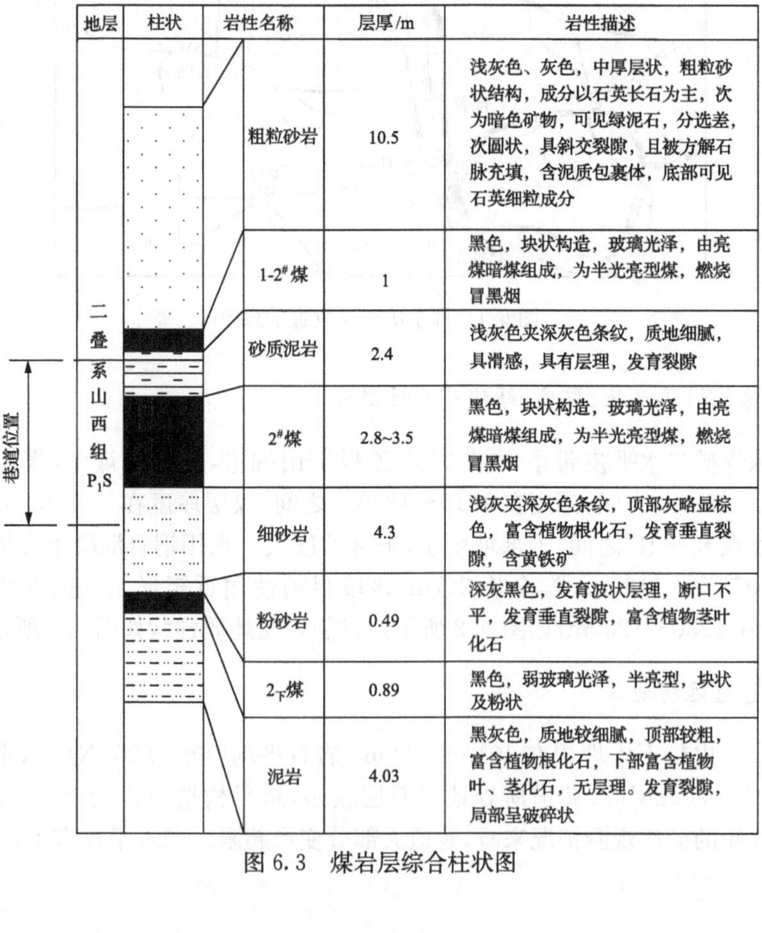

地层	柱状	岩性名称	层厚/m	岩性描述
二叠系山西组 P_1S		粗粒砂岩	10.5	浅灰色、灰色，中厚层状，粗粒砂状结构，成分以石英长石为主，次为暗色矿物，可见绿泥石，分选差，次圆状，具斜交裂隙，且被方解石脉充填，含泥质包裹体，底部可见石英细粒成分
		1-2#煤	1	黑色，块状构造，玻璃光泽，由亮煤暗煤组成，为半光亮型煤，燃烧冒黑烟
		砂质泥岩	2.4	浅灰色夹深灰色条纹，质地细腻，具滑感，具有层理，发育裂隙
		2#煤	2.8~3.5	黑色，块状构造，玻璃光泽，由亮煤暗煤组成，为半光亮型煤，燃烧冒黑烟
		细砂岩	4.3	浅灰夹深灰色条纹，顶部灰略显棕色，富含植物根化石，发育垂直裂隙，含黄铁矿
		粉砂岩	0.49	深灰黑色，发育波状层理，断口不平，发育垂直裂隙，富含植物茎叶化石
		$2_下$煤	0.89	黑色，弱玻璃光泽，半亮型，块状及粉状
		泥岩	4.03	黑灰色，质地较细腻，顶部较粗，富含植物根化石，下部富含植物叶、茎化石，无层理。发育裂隙，局部呈破碎状

巷道位置

图 6.3　煤岩层综合柱状图

资料表明两邦移近量在 500～1000mm 之间，顶板下沉量超过 1000mm，已接近皮带；底鼓较大，多次落底，两邦变形同样较大，大概一个月就要落底一次，喷锚喷＋锚网喷支护远不能满足巷道支护要求。

4. *巷道岩石力学参数测试*

在二水平皮带下山中段取巷道顶底板与两邦煤体试块做单轴抗压强度测试，岩样测试过程如图 6.4 所示，测试结果如表 6.1 所示。

(a) 岩石伺服压力实验机

(b) 顶板岩样

(c) 底板岩样

图 6.4　RLJW-2000 型岩石伺服压力实验机与顶底板岩样试件

表 6.1　围岩单轴抗压强度测试结果

位置	岩石类别	样品	单轴抗压强度/MPa	弹性模量/GPa	泊松比
顶板	砂质泥岩	1 号样	28.9	22.27	0.19
		2 号样	35.6	17.81	0.47
		3 号样	36.6	16.00	0.38
		平均	33.7	18.69	0.35
两邦	煤体	1 号样	15.6	4.51	0.23
		2 号样	14.2	5.82	0.41
		3 号样	16.3	5.24	0.35
		平均	15.4	5.19	0.33
底板	细砂岩	1 号样	44.8	23.20	0.17
		2 号样	41.5	25.08	0.38
		3 号样	39.1	24.81	0.37
		平均	41.8	24.36	0.31

根据表 6.1 结果可以看出，二水平皮带下山顶板砂质泥岩单轴抗压强度为 33.7MPa，两邦煤体单轴抗压强度为 15.4MPa，底板细砂岩单轴抗压强度为 41.8MPa，围岩中两邦煤体强度较为薄弱。

5. *岩石水理性质*

二水平皮带下山顶板泥质砂岩、底板细砂岩吸水不膨胀，自然状态下浸水轻度崩解（仅出现裂纹，仍保持整体）；两帮煤体吸水膨胀，浸水中度崩解（裂成较大块度，块度大于 20mm），软岩试样的自然吸水率数值见表 6.2。

表 6.2 软岩试样的自然吸水率数值

名称	自然吸水率/%	试样描述		浸水后形态
		实验前	实验后	
泥岩	8.5	整体岩块，有少量裂隙	碎裂破坏，但浸水后仍为整体块状	

6. *矿物成分分析*

由 X 射线衍射分析图谱可知，矿井软岩矿物组成主要以黏土矿物为主，其总含量高于 50%；黏土矿物以高岭石、伊利石、蒙脱石、伊蒙混层为主；其余非黏土矿物组成以石英、长石、黄铁矿等脆性矿物为主，其中石英含量居多。XRD 矿物成分分析结果见表 6.3 和表 6.4。

表 6.3 软岩试样矿物成分分析结果

编号	矿物种类和含量/%						黏土矿物总量/%
	石英	钾长石	斜长石	方解石	白云山	菱铁矿	
邢东顶板	43.5	—	5.1	—	5.2	—	46.2
邢东底板	37.3	—	5.4	—	2.8	—	54.5

表 6.4 软岩试样矿物成分分析结果

编号	黏土矿物相对含量/%						
	蒙皂石	伊利石/蒙皂石	伊利石	高岭石	绿泥石	绿泥岩/蒙皂石	伊利石/蒙皂石	绿泥岩/蒙皂石
邢东顶板	—	85	—	15	—	—	50	—
邢东底板	—	90	—	10	—	—	45	

微观组构特征：取二水平皮带下山顶板、底板各三个试样到经行X射线衍射测试，测试结果如图6.5所示。

(a) 似羽状黏土矿物　　(b) 面状缝隙，孔裂隙系统不规则

图6.5　邢东煤矿砂质泥岩电镜扫描照片

6.1.2　二水平皮带下山支护现状及破坏分析

1. 二水平皮带下山支护现状

二水平皮带下山已掘出多年，前后经历多次返修，巷道原有支护为“锚网索支护＋U36型钢支架支护”。观测数据表明，在该支护方式下，巷道大部分变形超限，两帮收敛量为500～1000mm，顶板下沉量超过1000mm，已接近皮带。同时，巷道底鼓变形量较大，大概一个月就要起底一次，现有支护方式远不能满足巷道稳定性要求。巷道和支架变形情况如图6.6所示。

(a) 巷道顶板严重下沉　　(b) 巷道底鼓严重

图6.6　二水平皮带下山变形情况

皮带下山采用锚喷加工字钢环形支架联合支护，巷道采用22b工字钢支架支护后，大部分支架顶部发生断裂和扭转屈曲变形，还有部分支架由于焊接强度不

够,导致连接处破裂,破坏失稳。

2. 二水平皮带下山变形破坏分析

通过研究已有的支护资料和对现场地考查分析,二水平皮带下山的围岩破坏原因可归结为以下几个方面。

(1) 本区开挖深度为980～1230m,受深部地压和地质环境的影响,围岩经过反复破坏失去原有的承载能力,深部巷道围岩变形在很大程度上表现为软岩岩性。同时受到采动影响,常规的支护方法已不能对围岩起到有效控制,因而产生巷道大变形、底鼓等一系列破坏。

(2) 巷道穿层造成了围岩岩性的较大变化。巷道开挖后,岩性强度较低的层位围岩变形加剧,造成巷道不同分段、不同部位的受力不均匀,增加了巷道应力集中的不均匀和拉压应力分布的不均匀,从而进一步加剧了巷道不同围岩段和部位的变形。

(3) 支护设计不合理、强度不足。深井巷道所受地应力较大,围岩变形力学机制更加复杂,仅使用常规的锚网喷支护措施远不能满足巷道支护要求,后期支护虽然使用U36型钢支架支护和22b型工字钢支架,但是巷道围岩压力作用方向并非单一沿巷道断面的径向方向,U36型钢支架和工字钢材料的各向异性导致了U型钢支架支护和工字钢的平面外扭转失稳。

(4) 流变特性。随着开采深度的加大,巷道围岩在高应力的作用下进入软岩岩性状态,岩石流变现象明显。

6.2 钢管混凝土支架支护方案设计

通过分析二水平皮带下山的地质资料,并对巷道支护现状实地考察,结合深井巷道支护承压环强化支护理论,对二水平皮带下山支护方案设计如下。

(1) 二水平皮带下山扩修断面的宽为5890mm,高为4550mm,扩修后做一次锚网喷支护。

(2) 设置预留变形空间的顶部为300mm、帮部为200mm,使用钢管混凝土支架做二次支护,相邻支架间距为700mm,钢管混凝土支架支护后巷道净断面底角净宽为3624mm,净高为3500mm,卧底量620mm。

6.2.1 钢管混凝土支架结构设计

1. 支架钢管选型

根据工程类比法还有测试的钢管混凝土能力测试的数据,选择Φ194mm×

8mm 型钢管混凝土支架对皮带下山进行支护。

钢管选用 20# 无缝钢管，其中主体钢管规格为 Φ194mm×8mm，单位重量为 36.7kg/m；接头套管规格为 Φ219mm×8mm，单位重量为 41.6kg/m。同时使用 Φ194mm×10mm（单位重量为 45.4kg/m）和 Φ219mm×10mm（单位重量为 51.5kg/m）型号的支架作对比。

2. 支架结构参数确定

二水平皮带下山底角不对称变形，巷道顶板下沉严重，已接近皮带；底鼓变形量较大，多次落底，两帮变形同样较大。为研究钢管混凝土支架直墙段与弧墙段的支护性能区别，钢管混凝土支架的断面分两种：椭圆形支架和圆形支架。

支架分为四段，套管连接。支架间距为 0.7m，支架之间顶杆连接。支架顶杆采用 Φ76×5 的钢管混凝土短杆，顶杆间距为 1.5～2.0m，能够有效防止支架发生压杆失稳。钢管混凝土支架主体参数见表 6.5，钢管混凝土支架结构如图 6.7 所示。

表 6.5　椭圆形支架主体结构参数表

名称	钢管型号/mm	单位重量/(kg/m)	各段数量/个	各段长度/mm
顶/底段	Φ194×8	36.7	2	3788
两帮段	Φ194×8	36.7	2	3660
接头套管	Φ219×8	41.6	4	600

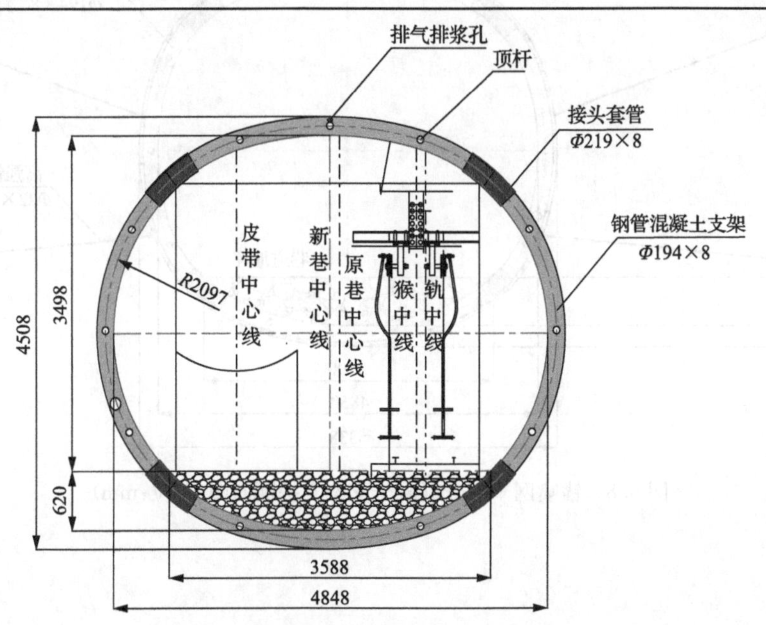

图 6.7　椭圆拱形支架结构图(单位:mm)

3. 核心混凝土配比

为增加钢管混凝土支架的承载能力，核心混凝土设计为强度等级 C40 混凝土，核心混凝土基本配料为水泥、砂子和石子。同时，为满足泵送要求和减少混凝土用量加入减水剂，为防止混凝土干缩导致核心混凝土与钢管剥离加入膨胀剂，为增加混凝土的韧性和抗变形能力加入钢纤维。

4. 基于钢管混凝土支架的复合支护方案

基于钢管混凝土支架的复合支护方案为：锚网喷支护，Φ22mm×3000mm 螺纹钢锚杆，间排距为 700mm×800mm，混凝土喷层厚度为 150mm；Φ194mm×8mm 钢管混凝土支架，内灌 C40 混凝土。巷道支护断面如图 6.8 所示。

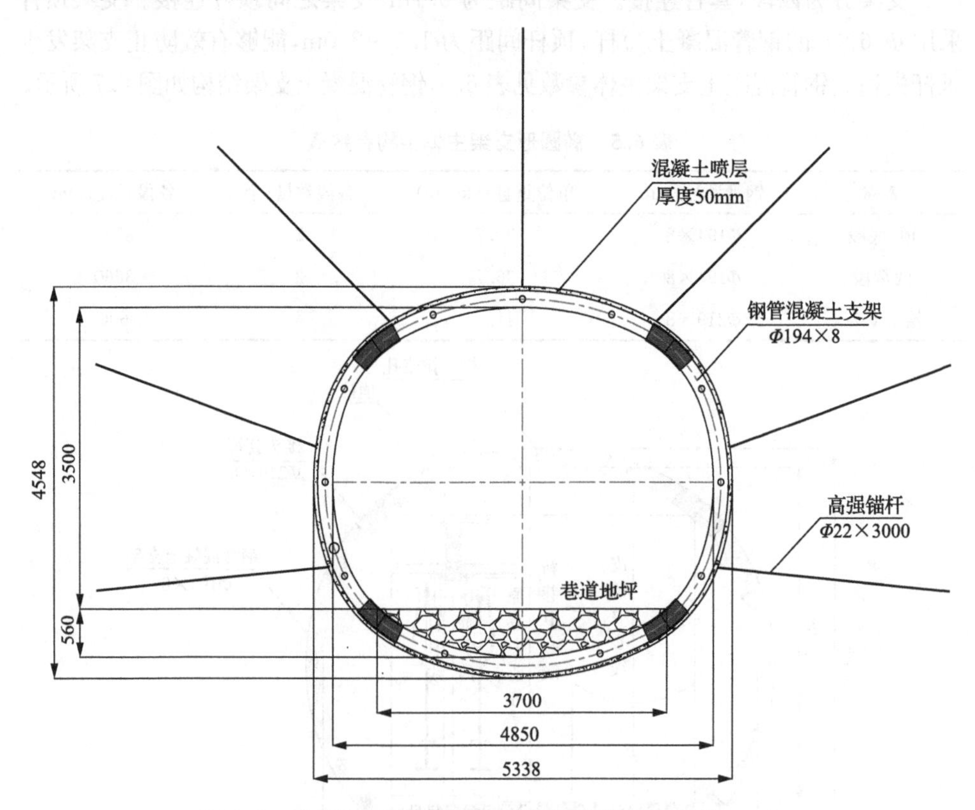

图 6.8 锚喷网+钢管混凝土支架支护断面图(单位：mm)

6.2.2 钢管混凝土支架承载力计算

1. 支架短柱承载能力计算

支架钢管型号为 Φ194mm×8mm，钢管选用 20# 钢，钢材的屈服极限 f_s 为 215N/mm²，钢管的横截面积 A_s 为 4673mm²。设计混凝土型号 C40，加入钢纤维的核心混凝土抗压强度为 f_c 为 25N/mm²，钢管内填混凝土横截面的净面积 A_c 为 24872mm²。

钢管混凝土轴压短柱极限承载力设计值 N_0 为

$$N_0 = A_c f_c (1 + \sqrt{\theta} + 1.1\theta) \tag{6.1}$$

式中，套箍指标 θ 为

$$\theta = \frac{A_s f_s}{A_c f_c} = \frac{4673 \times 215}{24872 \times 25} = 1.61555$$

将各值代入式(6.1)可得 N_0 为

$$\begin{aligned} N_0 &= A_c f_c (1 + \sqrt{\theta} + 1.1\theta) = 24872 \times 25 \times (1 + \sqrt{1.62} + 1.1 \times 1.62) \\ &= 2518.4\text{kN} \end{aligned}$$

2. 支架承载能力计算

钢管混凝土支架的极限承载能力表示为

$$N_u = \varphi N_0 = \varphi_l \varphi_e N_0 \tag{6.2}$$

式中，N_u 为钢管混凝土支架的极限承载力；N_0 为钢管混凝土轴压短柱承载力；φ_l 为长度折减系数；φ_e 为偏心折减系数；φ 为折减系数，考虑长细比和偏心率的影响，折减系数取 $\varphi=0.8$。

支架上部半圆拱的极限承载平衡计算式为 $N_u = \varphi N_0 = 2014.73\text{kN}$ 即支架承载能力为 2014.73kN，约 202 吨。

3. 支架支护反力计算

巷道中钢管混凝土支架结构力学模型如图 6.9 所示。

根据该力学模型，支架支护反力 σ_0 为

$$\sigma_0 = S\int_0^{180} \sin\theta \quad \sigma_0 R \mathrm{d}\theta = S \quad \sigma_0 R \int_0^{180} \sin\theta \mathrm{d}\theta = 2N_u \tag{6.3}$$

式中，S 为支架间距，取 0.8m；R 为巷道计算半径，取 2.5m；σ_0 为支架的支护反

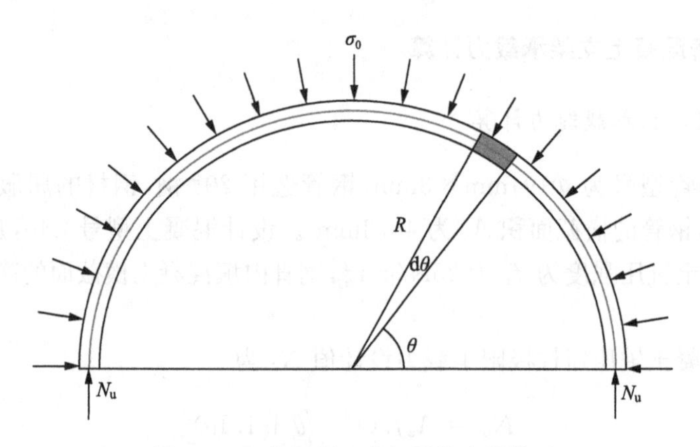

图 6.9 钢管混凝土支架结构力学模型

力；N_u 为支架极限承载力。

由式(6.3)求出钢管混凝土支架的支护反力 $\sigma_0=1.01$MPa。

6.3 钢管混凝土支架应用效果

为验证钢管混凝土支架在邢东矿千米深井巷道中的支护效果，设计了钢管混凝土支架荷载监测与支架变形监测方案，通过监测掌握钢管混凝土支架对围岩的支护反力和支架水平收敛及顶底板位移信息。

6.3.1 支架荷载监测分析

准确预知围岩荷载可以让巷道支护设计有据可依，但目前的理论计算很难准确地预知围岩荷载，特别是千米深井巷道，围岩处于高地应力、高岩溶水压、高地温及易扰动等复杂地质条件中，围岩荷载理论计算将更加复杂。本文将通过监测钢管混凝土支架荷载来分析支架承受围岩荷载大小。

1. 测点布置

选择邢东矿二水平皮带下山支护用普通型 Φ194mm×8mm 钢管混凝土支架，于支架全断面(反底拱埋入地坪以下不予测量)均匀布置 20 个压力盒，压力盒间距约 500m，从钢管混凝土支架最顶部向两侧均匀分开，以此监测巷道全断面围岩对钢管混凝土支架的压力荷载，如图 6.10 所示。采用丹东生产的 XYJ-4 型钢弦式双模压力盒，最大量程为 8MPa，直径为 110mm，厚度为 34mm，如图 6.11 右图所示；使用 ZX-16T 频率采集仪采集压力盒数据，如图 6.11 左图所示。

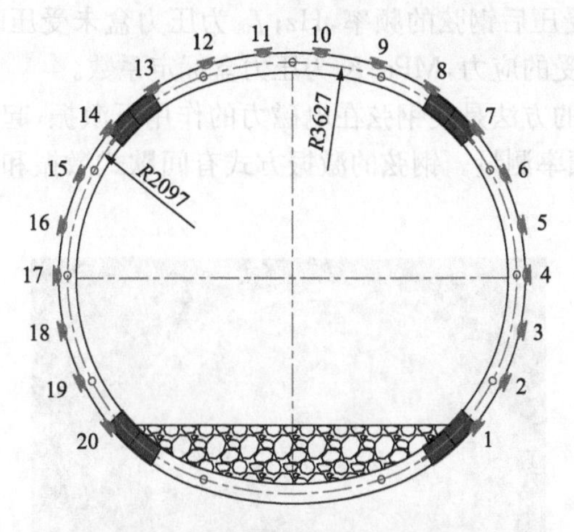

图 6.10 监测支架压力盒布置图

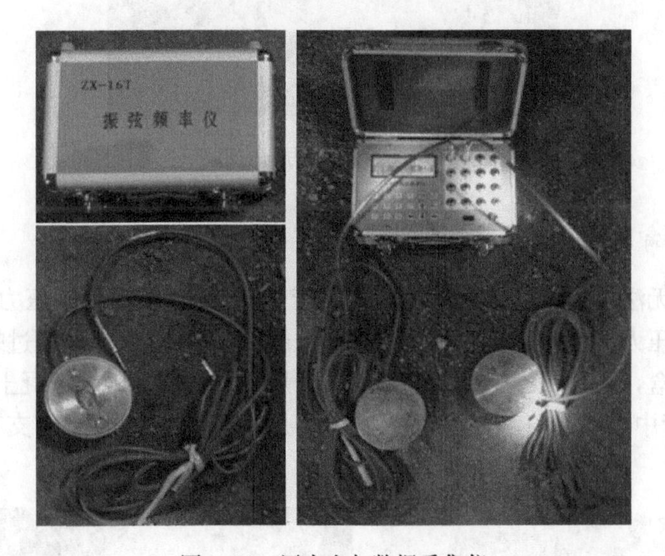

图 6.11 压力盒与数据采集仪

2. 压力盒监测原理

压力盒监测原理:在钢弦式传感器中有一根张紧的钢弦,如图 6.12 所示,当传感器受外力作用时,弦的内应力发生变化,随着弦的内应力改变,自振频率也发生变化,弦的张力越大,自振频率越高,反之,自振频率越低。因此利用自振频率随钢弦张力变化原理,可测得压力盒薄膜所受应力变化,其关系为

$$P = K(f - f_0) \tag{6.4}$$

式中，f 为压力盒受压后钢弦的频率，Hz；f_0 为压力盒未受压时钢弦的初频，Hz；P 为压力盒薄膜所受的应力，MPa；K 为压力盒标定系数。

量测钢弦频率的方法是使钢弦在电磁力的作用下激振，起振后将振动频率转换为电量，再进行频率测量。钢弦的激振方式有间歇式激振和连续等幅激振两种方式。

图 6.12 钢弦式压力盒内部结构

3. 压力盒固定与安装

压力盒无法直接安放于圆形表面的钢管上，需要加工专用的压力盒固定座与上下垫板。压力盒底座焊接在钢管上再与上垫板焊接，上下垫板通过螺栓连接，中间放置压力盒，压力盒安装如图 6.13 所示。压力盒引线自钢管混凝土支架内侧引出，穿入导管中，导管焊接在支架上，安装好压力盒的钢管混凝土支架如图 6.14 所示。

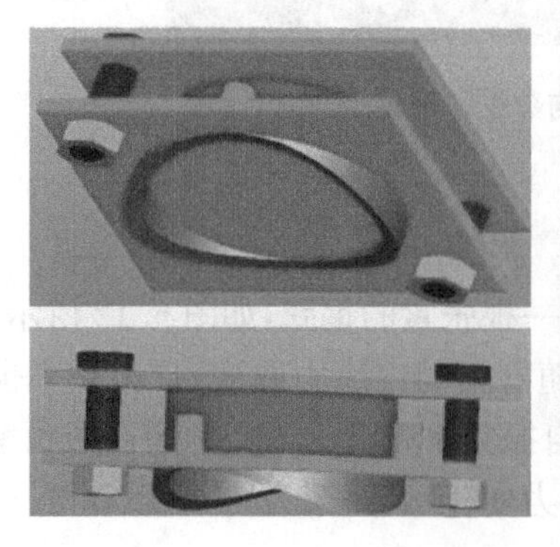

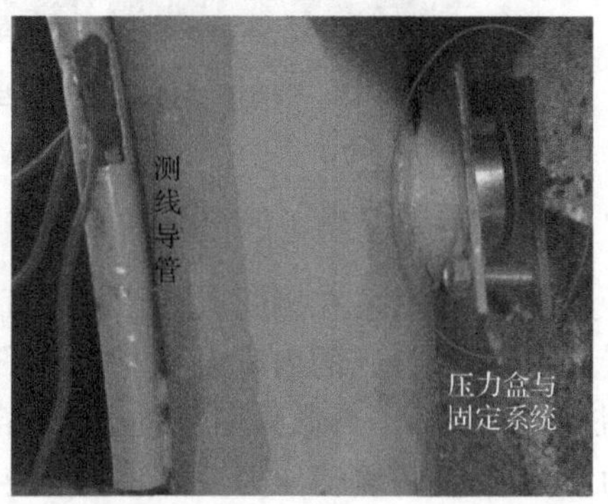

图 6.13 压力盒固定与安装

图 6.14　安装好压力盒的钢管混凝土支架

4. 监测数据分析

自 2013 年 12 月 11 日开始到 2014 年 3 月 25 日截止，进行 4 个多月压力盒数据监测，共获得近 20 组数据，荷载监测前 2 个月压力值变化比较大，3 个月之后压力值变化趋势逐渐平缓。选择其中 4 组数据，将荷载监测值对应于支架压力盒位置，绘制支架荷载监测值随测点位置分布图，如图 6.15 所示。

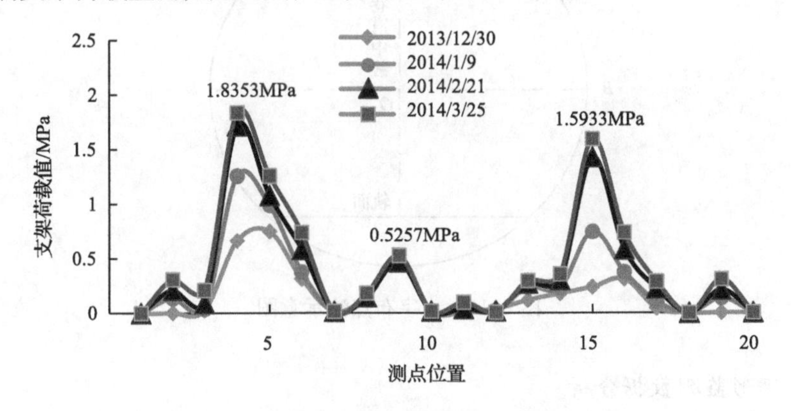

图 6.15　支架荷载监测值随测点位置分布图

由图 6.15 可以看出，观测期内 4 号测点和 15 号测点压力值一直比较大，4 号测点最大荷载值达 1.835MPa，对应支架右帮中点；15 号测点最大荷载值达 1.593MPa，对应支架左帮中点靠上位置。4 号测点与 15 号测点连线水平线夹角约 10°，恰好与两帮煤层倾角一致，说明两帮煤体对钢管混凝土支架压力较大，即支架承受围岩荷载主要来源于两帮煤体压力。其主要原因在于巷道顶底板岩层较硬不易变形，两帮煤体强度较弱，千米深井高地应力环境下，应力先从煤体释放出来，表现为水平应力为主的地应力场，且应力方向与煤层倾角一致。支架顶弧段对应荷载值变化较小，顶板稳定性好。荷载监测表明，围岩荷载具有明显的方向性和集中性,两帮荷载集中明显。测量 3 个月后,支架荷载值逐渐趋于稳定,左右帮对应 4 号测点和 15 号测点荷载值最大。

6.3.2 支架变形观测分析

除了观测支架荷载值外,在巷道中每隔 30m 选择一架钢管混凝土支架进行支架变形观测,以此分析支架变形量与巷道稳定性。

1. 测点布置

采用十字布点法,在钢管混凝土支架和地坪上设置 A、B、C、D 四个观测点,布置方式如图 6.16 所示。每隔一周左右用测杆与盒尺分别测量 AC、BD、BC 和 CD 间距离,由此计算出支架水平收敛量和顶板下沉量。若 BC 和 CD 间距离发生变化,表明地坪有底鼓,还需观测底鼓量。

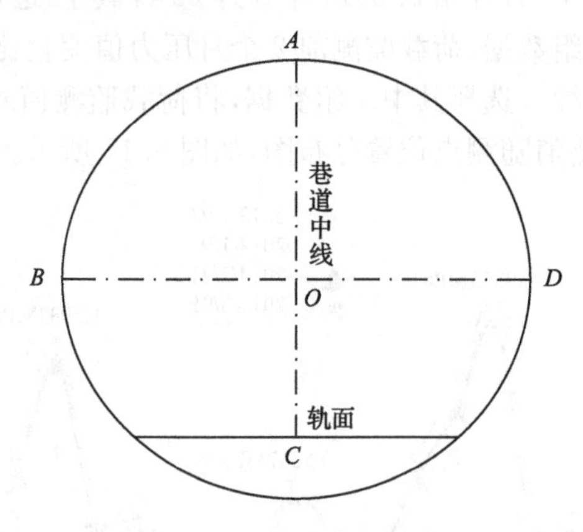

图 6.16　十字布点法示意图

2. 变形监测数据分析

根据支架顶板下沉变形和两帮收敛变形,绘制支架变形量与观测时间关系曲线,如图 6.17 所示。从图 6.17 可以看出,支架前两个月变形较快,变形速度达到 2.5～3.1mm/d,两个月之后支架变形速度逐渐降低,三个月之后支架变形基本稳定。变性稳定后支架顶弧段下沉变形为 31.7mm,支架两帮收敛变形为 38.3mm,支架变形率约 1%,完全满足支架稳定性要求,巷道支护稳定。

钢管混凝土支架支护效果如图 6.18 所示,钢管混凝土支架支护效果良好。邢东矿二水平皮带下山支护成功,为千米深井巷道支护提供良好的支护参考与借鉴,使邢东矿在全国千米深井支护中树立了典范。

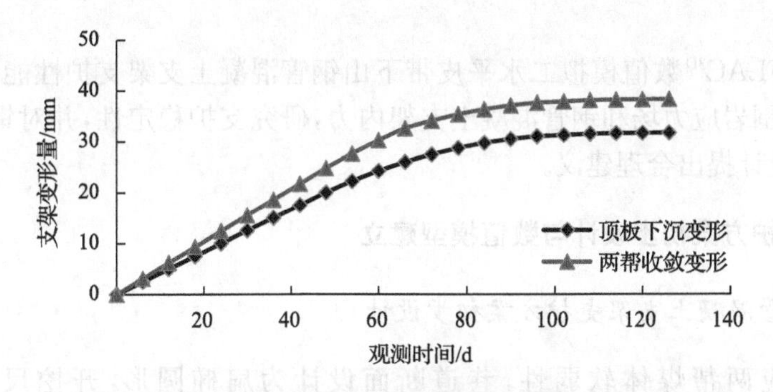

图 6.17　支架变形量与观测时间关系曲线

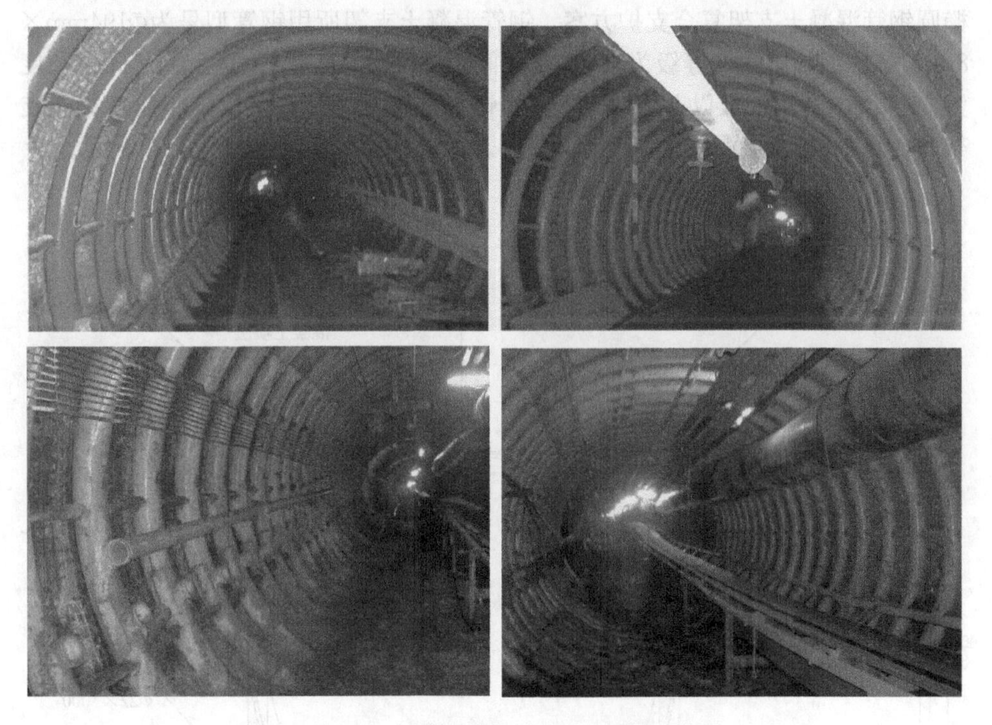

图 6.18　钢管混凝土支架支护效果图

6.4　二水平皮带下山钢管混凝土支架支护巷道稳定性数值分析

邢东煤矿二水平皮带下山埋深超过 1000m，巷道穿煤掘进，顶板为砂质泥岩，底板为细砂岩，岩层稳定。结合巷道长期破坏情况分析，围岩应力主要来自于两帮破碎煤体，围岩应力场属于水平应力为主的应力场，模拟采用钢管混凝土支架进行支护。

选用 FLAC^{3D}数值模拟二水平皮带下山钢管混凝土支架支护性能，通过分析巷道变形、围岩应力场和钢管混凝土支架内力，研究支护稳定性，并对钢管混凝土支架支护设计提出合理建议。

6.4.1 支护方案初步设计与数值模型建立

1. 钢管混凝土支架支护方案初步设计

为适应两帮煤体软弱性，巷道断面设计为扁椭圆形，开挖尺寸最宽为5400mm，最高为4550mm。结合二水平皮带下山地质资料分析，采用锚网喷＋扁椭圆钢管混凝土支架复合支护方案。钢管混凝土支架所用钢管型号为Φ194mm×8mm，核心混凝土强度等级为 C40，支架间距为 800mm；锚杆直径为 22mm，长度为 3000mm，巷道地板以上均匀布置 7 根锚杆，锚杆排距为 800mm，钢管混凝土支架间插孔布置；喷射混凝土厚度为 50mm。巷道支护初步设计如图 6.19 所示。

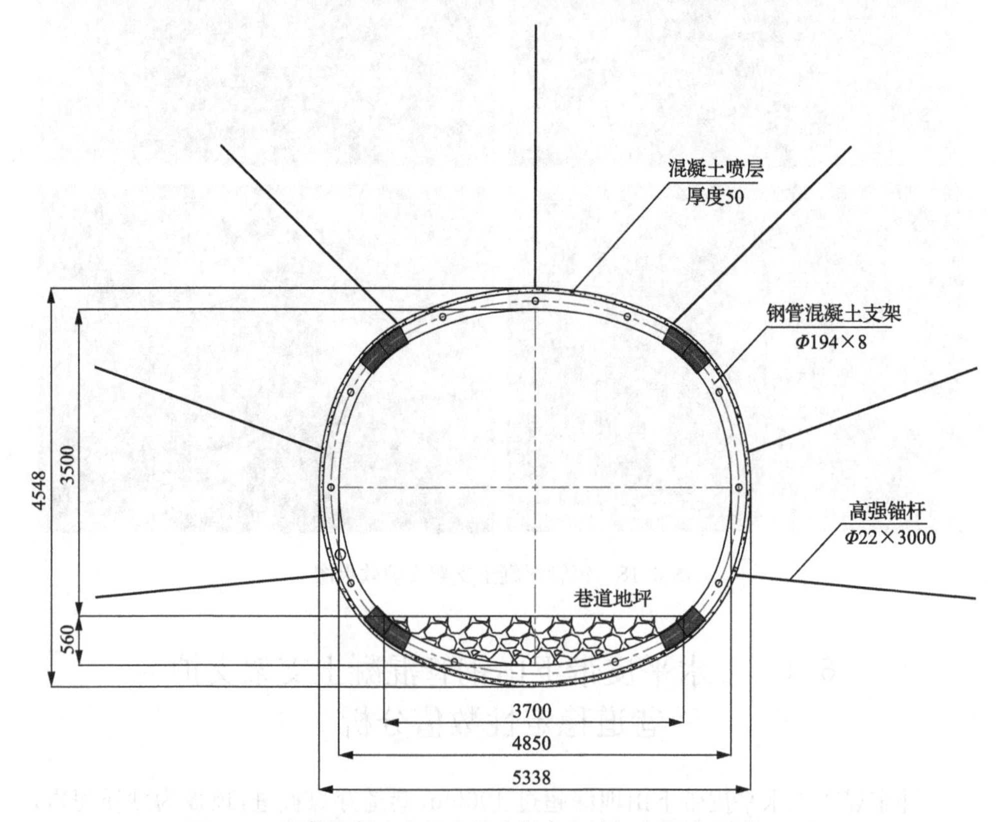

图 6.19 钢管混凝土支架＋锚喷复合支护初步设计(单位:mm)

2. 计算模型

在计算模型中,坐标系如下规定:平行煤层开采方向为 x 轴,水平垂直煤层回采方向为 y 轴,铅垂方向即重力方向为 z 轴,方向向上。计算模型沿 x 轴方向长度为 5m,沿 y 轴方向长度 50m,沿 z 轴方向高度为 42m。平均倾角为 10°,模型上方按至地表岩体的自重施加垂直方向的荷载,水平施加与垂直的力相等的力。

3. 边界条件

在模型的四个侧面采用法向约束,顶面即地表为应力和位移自由边界,底边界施加水平及垂直约束。

4. 模型建立与网格划分

根据现场地质岩层情况,距离巷道的模型共有 8 层不同的岩层构成,划分网格时尽可能在巷道周围范围内使网格尺寸足够小,并且形状规则,不出现畸形单元。同时由于计算模型整体规模较大,要保证总体单元不超出计算硬件的控制,所以在远离巷道变形影响区的单元逐渐放大,模型的单元总数为 53042 个,节点总数为 59280。计算力学模型与网格划分如图 6.20 所示。

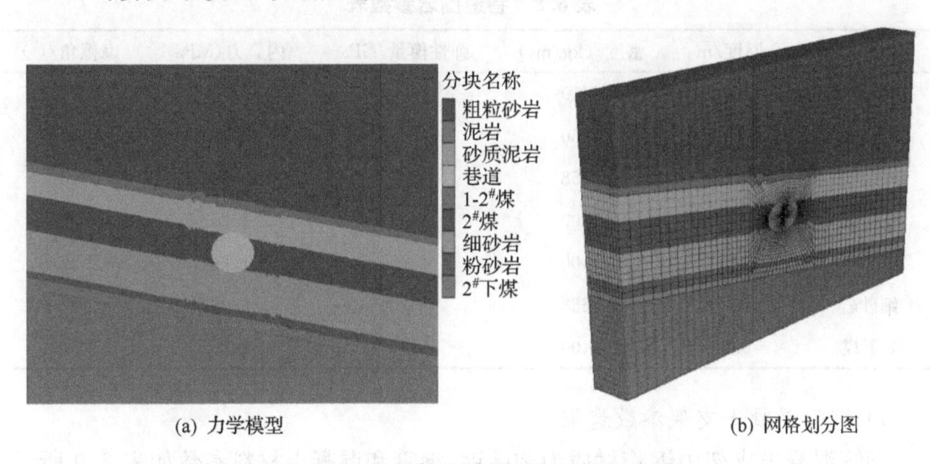

(a) 力学模型 (b) 网格划分图

图 6.20 计算体力学模型与网格划分图

5. 力学参数

1) 锚杆参数

锚杆支护参数如表 6.6 所示。

表 6.6 锚杆支护参数

支护材料	弹性模量/GPa	长度/m	横截面积/m²	药卷外圈周长/m	药卷刚度/MPa	单位长度药卷黏聚力/(kN/m)	抗拉强度/kN
锚杆	206	3.0	3.8×10^{-4}	0.549	17.50	2000	250

2) 混凝土喷层支护参数

混凝土喷层支护参数如表 6.7 所示。

表 6.7 混凝土喷层支护参数

喷层材料	喷层厚度/mm	弹性模量/GPa	泊松比	法向刚度/MPa	切向刚度/MPa	黏聚力/MPa	摩擦角/(°)
混凝土	50	10.5	0.15	7.4	7	1.0	20

3) 岩石参数选取

岩石屈服准则选择理想弹塑性本构模型,即莫尔-库仑屈服准则,该准则需要剪切模量、体积模量、密度、黏聚力、内擦角和抗拉强度等参数。根据现场地质调查和相关研究提供的岩石力学实验结果如表 6.8 所示。

表 6.8 巷道围岩参数表

岩层名称	厚度/m	密度/(kg/m³)	弹性模量/GPa	内聚力/MPa	摩擦角/(°)
粗粒砂岩	10.5	2610	13.04	2.45	42
泥岩	2.4	1950	12.85	2.09	38
砂质泥岩	4.03	2158	18.59	2.53	43
1-2# 煤	1	1400	4.907	1.25	32
2# 煤	3	1400	4.907	1.25	32
细砂岩	4.3	2658	13.04	2.09	42
2 下煤	0.89	1400	4.907	1.25	32

4) 钢管混凝土支架参数选取

钢管混凝土支架中钢管材质为 20# 钢,钢管和混凝土材料参数如表 6.9 所示。钢管采用 Mises 屈服准则,钢管应力与塑性应变的关系如表 6.10 所示,混凝土采用塑性损伤模型。

表 6.9 钢管和混凝土材料参数

材料	弹性模量/GPa	泊松比
钢管	206	0.3
混凝土	32.5	0.2

表 6.10　钢管应力与塑性应变关系表

钢管应力/MPa	塑性应变
265	0.0
305	0.082
400	0.15

6.4.2　钢管混凝土支架的支护数值模拟分析

1. 模拟计算过程

开挖二水平皮带下山，随后对该巷道喷射混凝土，并进行锚杆支护，最后进行钢管混凝土支架支护，支护前分别在巷道两帮、顶板和底板设置位移记录点，记录巷道位移变形和周围应力值，分析钢管混凝土支架支护后巷道周围岩层应力分布规律。

2. 支护后巷道变形与围岩应力场模拟分析

根据计算结果对巷道变形、围岩应力集中和塑性区分布进行分析，具体分析结果如下。

1) 巷道变形分析

巷道开挖后，围岩表面变形被破坏，应力集中区向深部转移，巷道表面位移量呈线性增加；施加钢管混凝土支架与锚网喷支护后围岩变形量明显降低，随时步增长位移变化逐渐趋于水平，支护后巷道变形如图 6.21 所示。

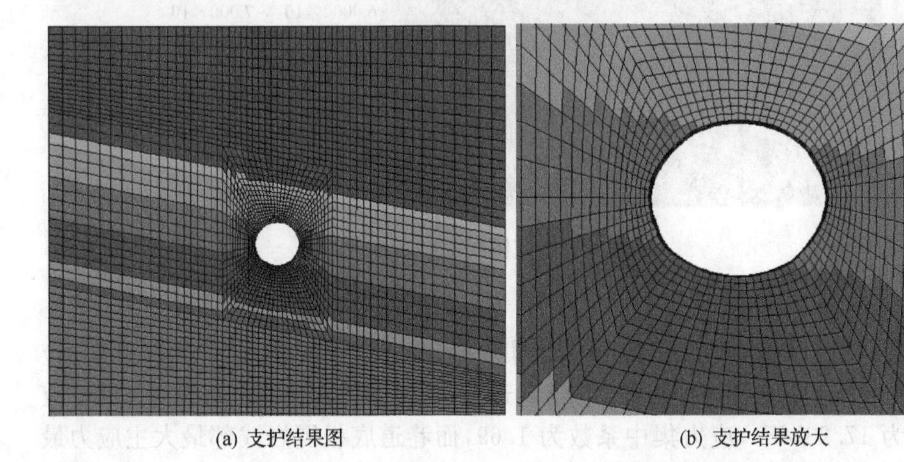

(a) 支护结果图　(b) 支护结果放大

图 6.21　钢管混凝土支架支护变形图

支护初期，巷道顶板与两帮变形较快，底板变形较慢；随着支护时间增加，巷道逐渐趋于稳定。巷道变形稳定后，顶板变形量较大，顶板最大下沉量约 123mm；其次是两帮变形，左右帮位移都达到 107mm 左右；底板变形相对较小，底鼓量约 25mm。通过位移云图也可以看出，巷道顶板与两帮位移较大，且左右帮位移呈对称性，对称角度与煤层倾角一致。计算时步与位移关系如图 6.22 所示，围岩位移云图如图 6.23 所示。

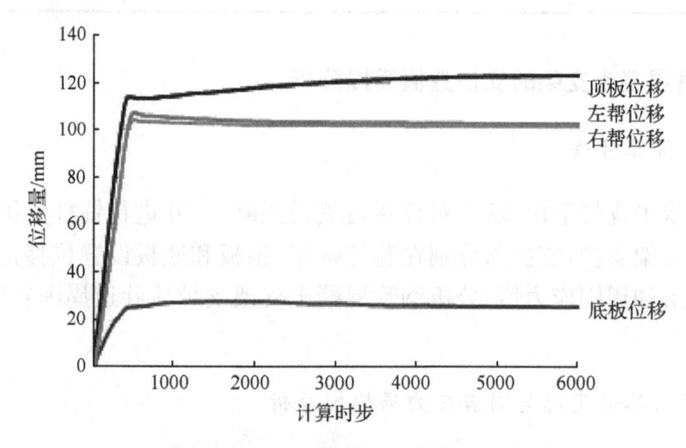

图 6.22 巷道围岩位移监测图

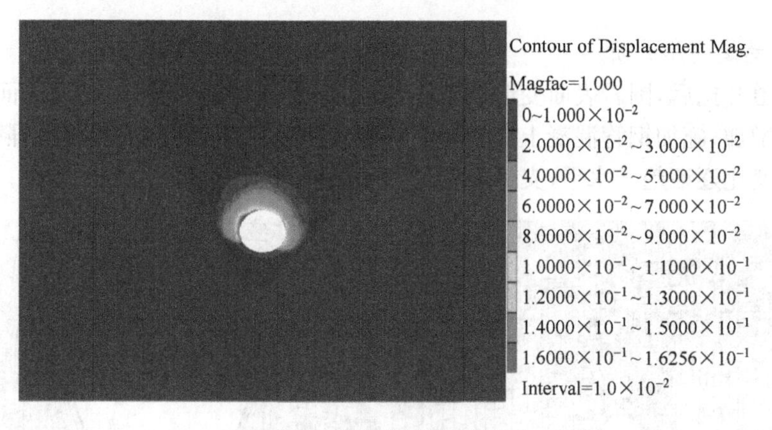

图 6.23 巷道围岩位移云图

2) 巷道应力集中分析

在巷道两帮围岩深部区域形成应力集中区，从巷道围岩应力分布图(图 6.24)可知，巷道围岩最大主应力极值点位于巷道左帮，距离巷道表面距离约为 2.0m，应力极值为 17.23MPa，应力集中系数为 1.69，而巷道底板围岩浅部最大主应力最小，仅为 0.37MPa。

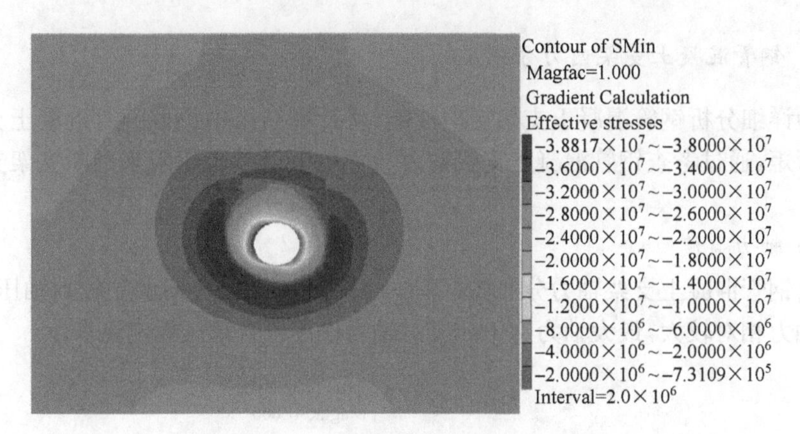

图 6.24　巷道围岩最大主应力云图

3) 塑性区分析

从巷道围岩的塑性区分布图(图 6.25)可知,巷道两帮围岩的应力状态比较差,巷道表面围岩均呈现一定的拉应力状态,两帮拉应力区域较大且拉应力值较大,极值拉应力为 0.51MPa。巷道围岩主要发生塑性剪切破坏,其中,底板围岩剪切破坏范围较大,剪切塑性区的最大厚度为 3.4m,两帮围岩塑性破坏区次之,最大厚度为 2.0m。

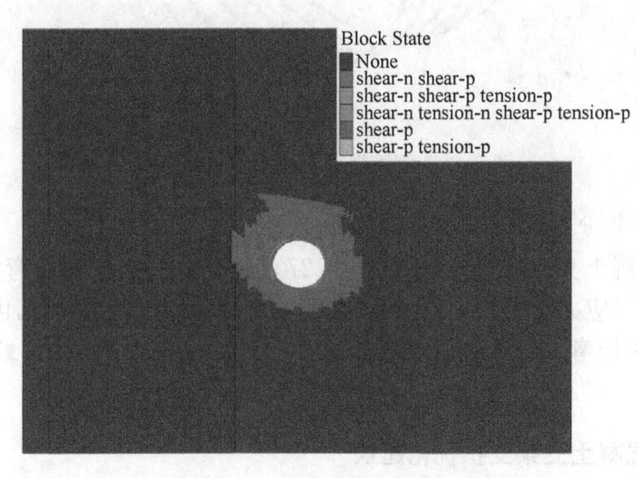

图 6.25　巷道围岩塑性区分布

以上分析表明,Φ194mm×8mm 扁椭圆支架与锚喷支护后巷道两帮变形率为 3.7%,顶板下沉量为 3.2%,巷道围岩应力集中略高,巷道基本满足稳定要求,还可以进一步优化。

3. 钢管混凝土支架内力分析

为详细分析钢管混凝土支架支护性能，从计算结果中提取钢管混凝土支架轴力与弯矩，通过考查钢管混凝土支架轴力与弯矩极值是否超限来判断支架支护稳定性。

1) 轴力监测

由钢管混凝土支架轴力分布图(图 6.26)可以看出，支架承受较大轴压作用，两帮轴力相对较大，最大轴力达 1456kN，轴力作用符合承压稳定要求。

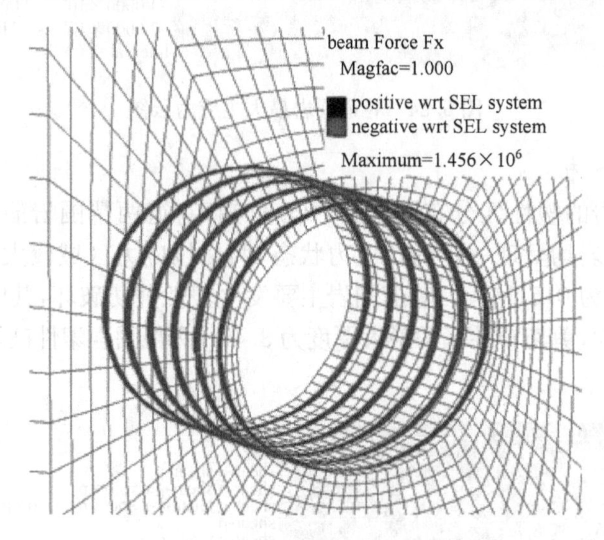

图 6.26 钢管混凝土支架轴力分布图

2) 支架弯矩分析

从钢管混凝土支架弯矩分布图(图 6.27)可以看出，支架两帮弯矩较大，说明支架受围岩水平应力影响较大，支架两帮弯矩直接作用于接头套管，因此接头套管弯矩也很大，两帮弯矩最大值达到 105.7kN · m。弯矩作用较大，最好进行抗弯优化。

6.4.3 钢管混凝土支架支护优化建议

根据以上分析可知，基于 Φ194mm×8mm 扁椭圆钢管混凝土支架的初步支护设计安全储备较低，巷道变形量略大，钢管混凝土支架弯矩超过抗弯承载力设计值。针对数值模拟结果对巷道支护方案提出以下优化建议。

(1) 恢复强化两帮煤体强度，强化围岩自身承载力。针对煤体软弱破碎特点可以增加围岩注浆，使煤体重新胶结恢复并强化其承载力；利用顶底板硬岩特点，使用锚杆或锚索调动其深部承载力。

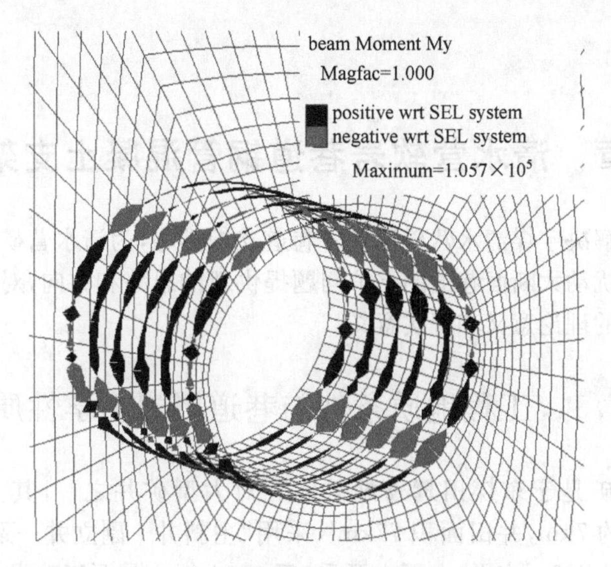

图 6.27　钢管混凝土支架弯矩分布图

(2) 增大钢管混凝土支架抗弯性能，保证支架整体稳定，为此有两个途径：①提高钢管型号，使用 Φ219mm×8mm 或 Φ194mm×10mm 钢管；②在钢管内侧焊接抗弯强化圆钢，增强圆弧拱抗弯能力。

第7章　清水营软岩巷道钢管混凝土支架支护

本章旨在解决宁煤清水营矿极软岩巷道支护难题，为清水营矿面临的深井软岩巷道以及受扰动大断面巷道的支护问题提供新的思路和方向，对煤矿安全高效开采具有重要的理论意义和现实意义。

7.1　工程地质条件与巷道围岩力学性质

清水营煤矿是宁东煤田鸳鸯湖矿区五对大型矿井之一，其井田南北长约11km，东西宽约7km，井田面积77km²，采用“主斜井—副立井—副斜井”联合开拓，一个水平(＋786m水平)上下山开采，于2004年4月开工建设，2008年10月进行试生产，至今生产和基本建设并存。

清水营煤矿副立井＋786m水平井底车场，埋深约600m，巷道围岩为软岩或极软岩，岩石遇水泥化，原有支护方式条件下巷道变形严重。因此，需要立项研究，针对高地应力软岩巷道，选择最优的巷道断面形状，采用有效的卸压措施，设计承载能力大的支护方案，有效控制巷道变形，实现巷道稳定。

7.1.1　清水营煤矿地质条件

1. *清水营煤矿地质概况*

地质报告及钻孔柱状表明：井田内地层自下而上为三叠系、侏罗系、白垩系、古近系和第四系；含煤地层为侏罗系中统延安组。

清水营煤矿井田可采煤层共14层，其中二煤是本井田最主要的可采煤层，位于含煤地层最上部，全区发育，分布面积51.55km²，煤层稳定，全部可采。厚度变化总体呈现为：自西向东、自北向南逐渐变薄。

二号煤层顶板为易冒落不稳定的粗粒砂岩，灰色或浅灰色，泥质胶结，孔隙发育；局部裂隙发育，岩层渗透性强，导水性好，富水性强，为主要含水层。

清水营井田属弱-中等富水性，其含水层分别为第四系孔隙潜水含水层、白垩系砾岩裂隙孔隙承压含水层、侏罗系上统安定组-中统直罗组裂隙含水层、二煤至八煤间砂岩裂隙承压含水层、八煤至十八煤砂岩裂隙承压含水层、十八煤以下至底部分界线砂岩含水层，预计矿井最大涌水量为740m³/h。

2. ＋786m 水平井底车场工程地质条件

清水营煤矿副立井＋786m 水平井底车场平面布置图如图 7.1 所示。巷道主要布置在二煤顶、底板中，部分巷道穿二煤煤层。

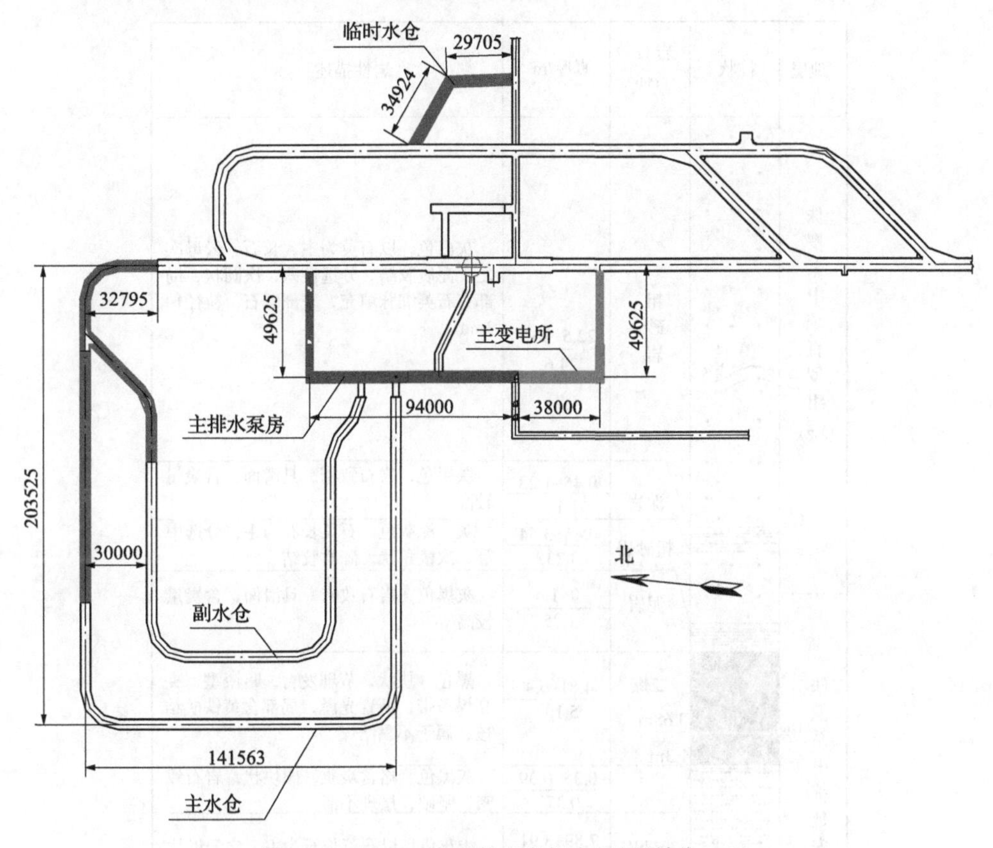

图 7.1　＋786m 水平井底车场布置图(单位：m)

二煤顶底板煤岩层综合柱状图如图 7.2 所示，顶底板岩性特征如下。

粗粒砂岩：孔隙率为 15%，软化系数为 0.05，饱和抗压强度为 0.25MPa。干燥抗压强度为 11.41MPa，单向抗拉强度为 0.81MPa，弹性模量为 0.625×104MPa；顶采比为 2.447。岩石孔隙发育、较松软、易风化，抗水浸能力极差，为不稳定岩层，属易冒落的一类无周期来压顶板。

细粒砂岩：密度为 2.66g/cm^3，孔隙率为 14.7%，吸水率为 27.18%，软化系数为 0.03，单向饱和抗压强度为 0.53MPa，干燥抗压强度为 16.53MPa，抗拉强度为 0.14MPa，顶采比为 0.14。岩石较致密，为不稳定岩层，属易冒落的三类周期来压强烈顶板。

粉砂岩：密度为 2.61g/cm³，孔隙率为 11.1%，软化系数为 0.01，单向饱和抗压强度为 0.15MPa，干燥抗压强度为 11.04MPa，抗拉强度为 0.99MPa，顶采比为 0.14。岩石易软化，强度低、坚固性差，为不稳定性岩层，属易冒落的三类周期来压强烈顶板。

地层	柱状	岩石名称	真厚/m	岩性描述
侏罗系中统直罗组(J_2z)		粗砂岩	22.5~26.7 24.6	灰白色，以石英为主，长石、云母次之，泥质胶结，分选性差，次圆状，局部有石英细脉填充，底部砾石，粒径1~3mm
		泥岩	0.45~1.23 1.1	灰黑色，岩石致密，具滑面，含炭量较高
		粗砂岩	0.45~3.54 3.23	灰、深灰色，石英长石为主，分选中等，次棱角状，硅质胶结
侏罗系中统延安组(J_2y)		泥岩	0~1.6 1.25	灰黑色、岩石致密，具滑面，含炭量较高
	3.68m 0.12m 1.3m	二煤	4.81~5.4 5.10	黑色，块状，节理发育，暗淡型，夹亮煤条带，沥青光泽，局部含黄铁矿结核，属于不黏结煤
			0.35~0.39 0.37	灰黑色、略含炭质，团块状，岩石致密，坚硬，层理不清
		粉砂岩	7.89~8.91 8.4	浅灰色，以石英长石为主，含云母片，岩石坚硬，致密
		细砂岩	1.05~1.33 1.19	灰色，含云母片，岩石致密，坚硬
		粗砂岩	2.55~2.75 2.65	灰、灰白色，以石英长石为主，分选性好，次圆状，硅、泥质胶体

图 7.2　二煤顶底板煤岩层综合柱状图

7.1.2　巷道围岩岩石力学参数、水理性质与矿物成分

岩石强度如表 7.1 所示。+786m 水平车场临时水仓二煤底板巷道围岩承载力为 5~12MPa，膨胀黏土岩类，属于极软弱岩层。岩石水理性质如表 7.2 所示，

岩石物理力学性质如表7.3所示。

表7.1　二煤岩石强度

二煤顶底板岩石		岩层厚度/m	天然抗压强度/MPa	饱和抗压强度/MPa
顶板	粗粒砂岩	18.8	8.23	0.25
	细粒砂岩	6.5	4.6	0.53
	粉砂岩	13.0	5.09	0.15
底板	细粒砂岩	14.8	12.10	0.84
	粉砂岩		5.09	2.47

表7.2　二煤顶底板岩石水理性质

二煤顶底板岩石		密度/(g/cm³)	孔隙率/%	软化系数	吸水率/%	弹性模量/MPa
顶板	粗粒砂岩	—	15	0.05	—	0.625×104
	细粒砂岩	2.66	14.7	0.03	27.18	—
	粉砂岩	2.61	11.1	0.01	—	—
底板	细粒砂岩	2.62	15.65	0.05	—	1.042×104
	粉砂岩	2.63	14	0.15	—	0.45×104

表7.3　岩石物理力学性质统计表

岩组分类	项目岩性	天然含水率/MPa	饱和抗压强度/MPa	软化系数	弹性模量/10^4MPa	泊松比
粉砂岩及互层	粉砂岩	2.82	3.95	0.2	0.94	0.10
砂岩岩组	细粒砂岩	2.72	5.33	0.18	1.43	0.15
	中粒砂岩	1.69	1.95	0.17	0.64	0.14
	粗粒砂岩	2.87	3.69	0.19	0.86	0.13

综合岩石强度参数与水理参数测试分析可知，+786m水平井底车场围岩软弱，吸水软化性大，具有明显吸水膨胀性，围岩整体属于极软弱难支护围岩类型，需要采取高支撑力的复合支护措施。

7.2　钢管混凝土支架支护方案设计

临时水仓是+786m水平井底车场变形破坏最严重的地方，同时为验证钢管混凝土支架支护性能，先在临时水仓试用钢管混凝土支架支护技术。针对临时水仓围岩地质条件，进行如下设计方案。

7.2.1 ＋786m水平井底车场临时水仓

1. 临时水仓平面布置

临时水仓位于如图7.3所示位置，由两段巷道折形相连。临时水仓围岩主要为泥岩，强度极低，遇水软弱泥化，带有膨胀性，原支护破坏严重。拟采用锚网喷＋钢管混凝土支架＋砌碹复合支护措施。

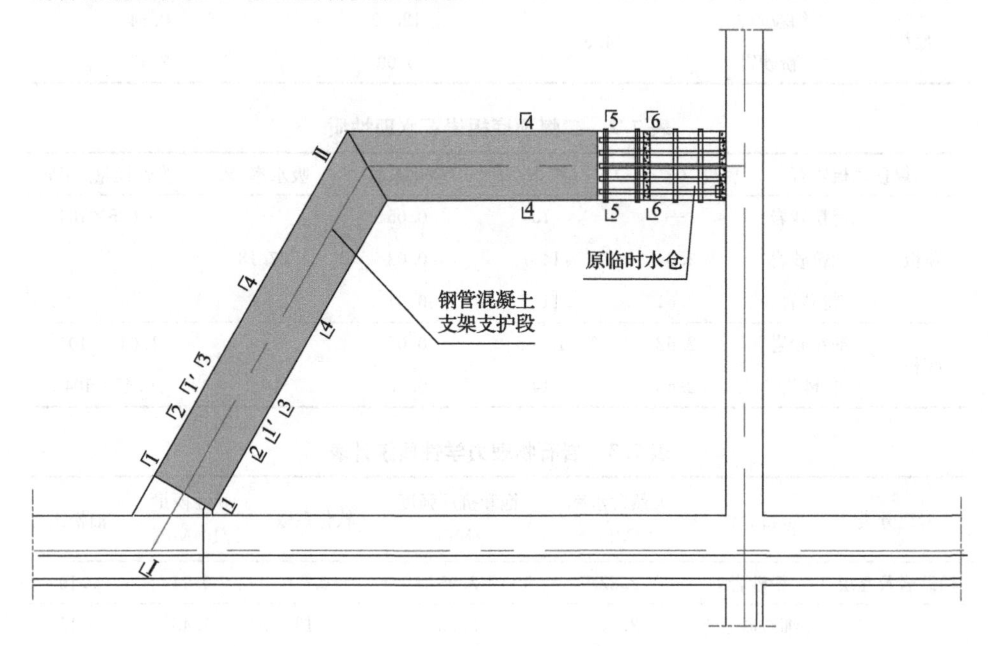

图7.3 ＋786m水平车场临时水仓平面图

2. 钢管混凝土支架选型

钢管混凝土支架的选型，主要是选择钢管型号的大小，即支架承载能力的大小。支架选型要考虑诸多因素，如巷道所处的位置及围岩的物理力学性质、矿压压力的大小及作用方向，巷道的服务年限和用途等。

常用的钢管型号有Φ168mm×8mm、Φ168mm×10mm、Φ194mm×8mm、Φ194mm×10mm、Φ219mm×8mm、Φ219mm×10mm。因为水平车场临时水仓巷道岩石强度低，巷道稳定性差，所以设计需采用支护反力较大型号的钢管混凝土支架进行支护。

根据20多个矿井的软岩支护实践，结合清水营煤矿的具体条件，选用Φ194mm×10mm的无缝钢管，其单位长度重量为45.4kg/m。

3. 钢管混凝土支架结构设计

1) 支架整体设计

设计巷道断面形状为椭圆形，分两种断面积，共两种架型，断面分别如图 7.4 和图 7.5 所示。钢管混凝土支架结构分为四段：左帮段、右帮段、底拱段和顶拱段，用套管连接。支架之间用顶杆连接，钢管支架采用抗弯型。

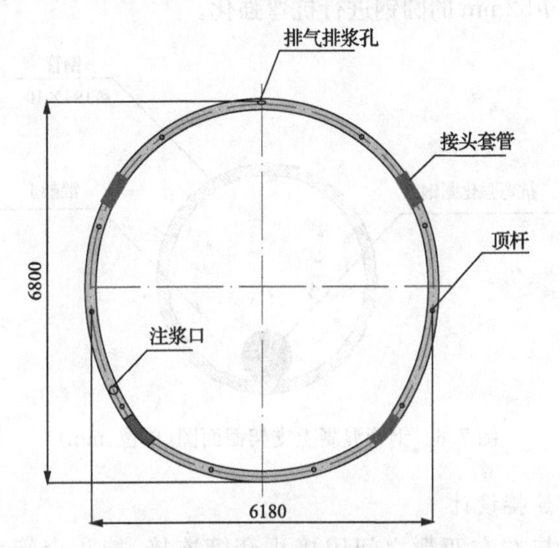

图 7.4　断面 1—1 四节椭圆形钢管混凝土支架(单位：mm)

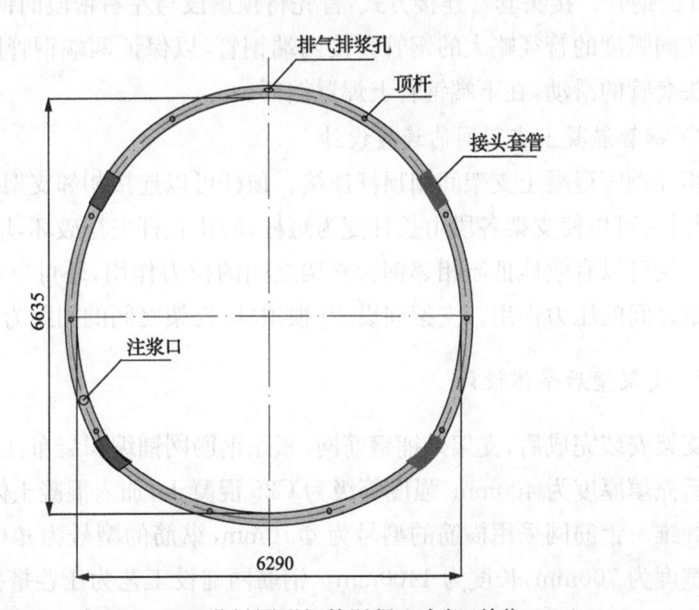

图 7.5　断面 3—3 四节椭圆形钢管混凝土支架(单位：mm)

2) 支架抗弯设计

钢管支架采用抗弯型,钢管内侧焊置圆钢进行抗弯强化,钢管混凝土支架截面如图7.6所示。钢管混凝土支架四段全部进行抗弯强化:顶拱段和两个侧帮段,在钢管内焊接Φ40mm圆钢进行抗弯强化;底拱段根据底拱段弦长的不同,采用不同直径的抗弯圆钢,基本按底拱弦长的1%选取圆钢的直径,例如底拱段弦长为5200mm,则选取Φ52mm的圆钢进行抗弯强化。

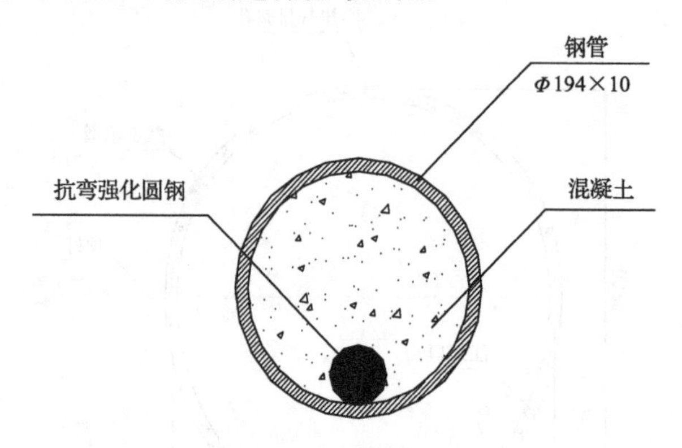

图7.6 钢管混凝土支架截面图(单位:mm)

3) 接头套管连接设计

支架顶拱段与左右两帮之间用接头套管连接,接头套管采用Φ219mm×10mm的钢管。接头套管连接方式:首先将顶拱段与左右帮段的钢管端面对齐,然后用相同弧度的管径略大的钢管套接两端钢管,以保证两端钢管同心连接。为防止接头套管的滑动,在下端钢管上焊置挡环。

4) 钢管混凝土支架间的连接设计

相邻钢管混凝土支架间用顶杆连接。顶杆可以连接相邻支架使之成为整体结构,同时又可以使支架各段由长杆变为短杆,防止长杆失稳破坏,增加支架稳定性。顶杆不仅可以有效地抵制相邻钢管支架之间的拉力作用,还可以有效抵制相邻钢管支架之间的压力作用。支架间设10根顶杆,支架之间的间距为0.7m。

4. 支架壁后碹体设计

支架安装完成后,支架外铺钢筋网,紧贴钢筋网铺编织袋布,以此作为模板,向支架后充填厚度为400mm、强度等级为C25混凝土,加入混凝土体积比3%~5%的钢纤维。钢筋网采用横筋的型号为Φ10mm,纵筋的型号为Φ6mm。钢筋网尺寸的宽度为700mm,长度为1400mm。钢筋网铺设工艺为压茬搭接,钢丝连接,钢丝连接要牢固。

巷道开挖后，要先进行临时支护。首先喷浆，喷层厚度50mm，再打锚杆，锚杆型号为Φ20mm，长度为2.5m，间排距为0.7m×0.7m。

5. 核心混凝土配比设计

为增加钢管混凝土支架的承载能力，核心混凝土强度等级设计为C40。核心混凝土基本配料为水泥、砂子和石子，并适量加入减水剂、膨胀剂与钢纤维。混凝土材料规格参数与配比如表7.4所示。

表7.4　混凝土基本信息表

项目名称		材料规格参数	材料用量/kg · m^{-3}
混凝土强度等级		普通C40	—
坍落度要求		≥160mm，满足泵送要求	—
混凝土配料	水泥	标号42.5普通硅酸盐水泥	450
	砂子	中砂，粒径0.35～0.5mm，含泥量少，级配良好	697
	石子	碎石，粒径10～20mm，级配良好	1137
	减水剂	聚羧酸高效减水剂，增加泵送性	5.85
	膨胀剂	高效CSA膨胀剂，防止干缩	36
	钢纤维	端钩型，长30mm，直径0.5～1.2mm，增强混凝土抗拉与韧性	18
	水	普通自来水	160

6. 复合支护方案设计

考虑到巷道与钢管混凝土支架的断面为立椭圆形，巷道高度较高，两帮易于收敛变形。为了有效控制两帮的收敛变形量，在两帮各布置一排水平方向的锚索，用于加固钢管混凝土支架。锚索沿巷道长轴水平方向的间距为支架间距，即0.7m。

支护方案设计为Φ194mm×10mm钢管混凝土支架＋支架壁厚度为400mm的钢纤维混凝土充填层＋两根Φ17.8mm×7000mm的加固锚索联合支护。巷道断面1—1如图7.7所示，巷道断面3—3如图7.8所示。巷道支护断面局部放大如图7.9所示，钢筋网结构如图7.10所示。

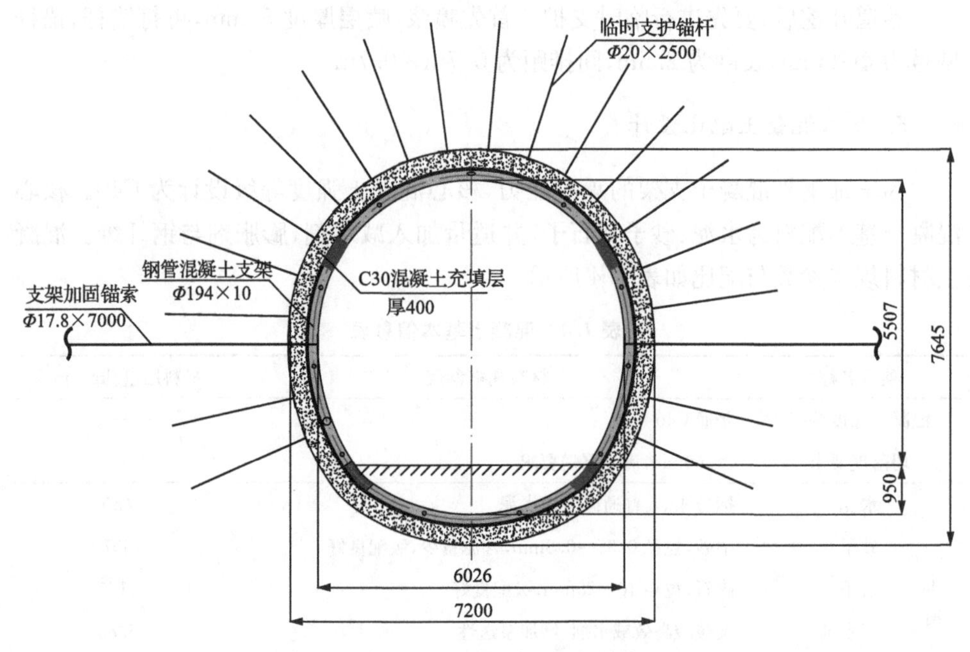

图 7.7 断面 1—1 支护断面图(单位:mm)

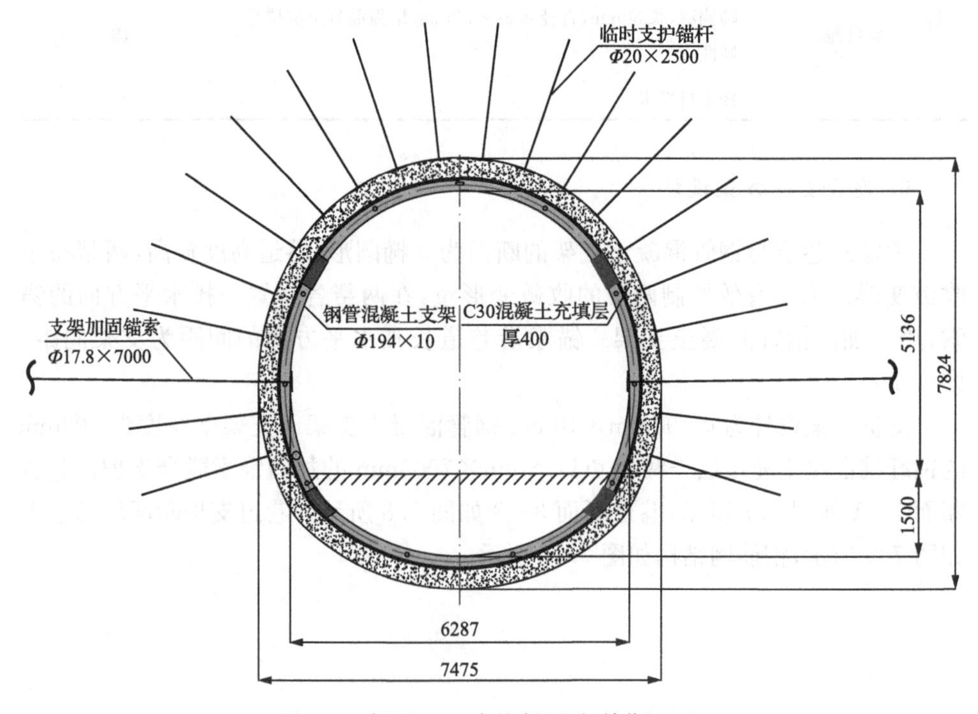

图 7.8 断面 3—3 支护断面图(单位:mm)

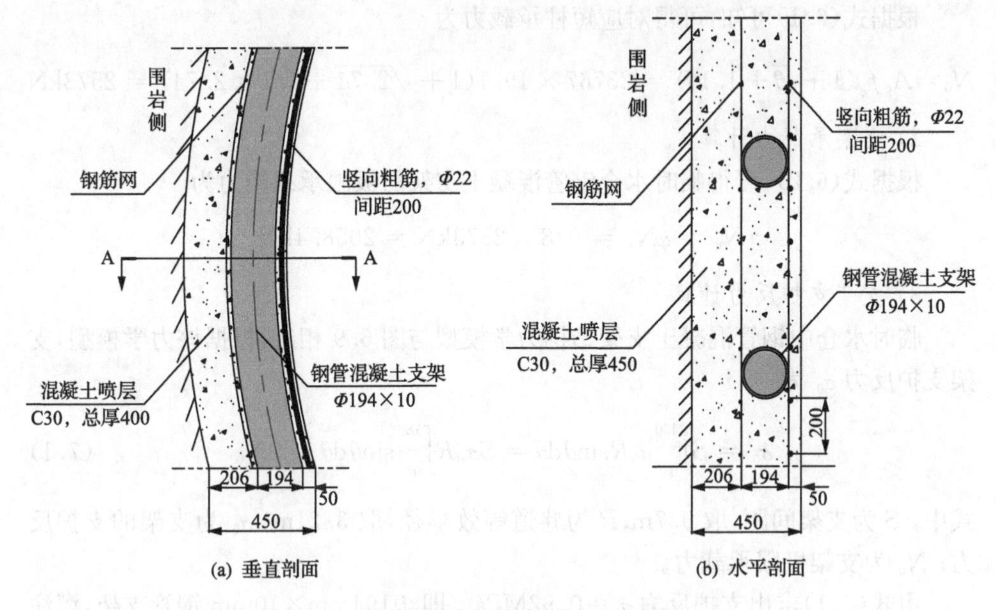

图 7.9　巷道支护断面局部放大图(单位:mm)

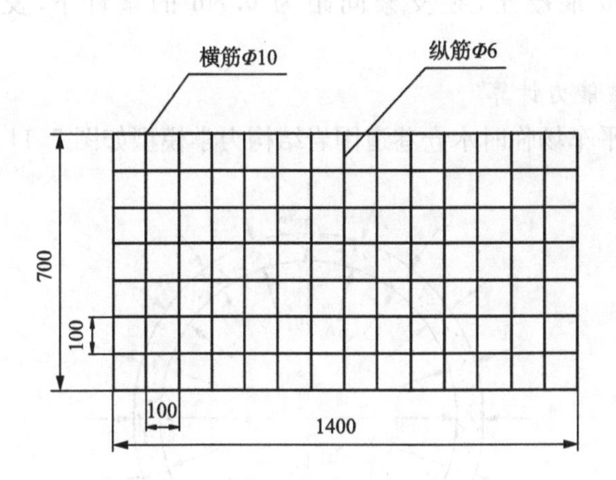

图 7.10　钢筋网结构图(单位:mm)

7. 支护体承载力计算

1) 支架短柱承载力计算

支架钢管型号为 Φ194mm×10mm，钢管选用 20# 无缝钢管，钢材的屈服极限 f_s 为 215N/mm²，钢管的横截面积 A_s 为 5780.5mm²。设计混凝土型号为 C40，混凝土轴心抗压强度 f_c 为 19.11N/mm²，钢管内填混凝土横截面的净面积 A_c 为 23779mm²。

根据式(6.1)可知,可得对应短柱承载力为

$$N_0=A_c f_c(1+\sqrt{\theta}+1.1\theta)=23767\times 19.1(1+\sqrt{2.74}+1.1\times 2.74)=2573\text{kN}$$

2) 支架承载力计算

根据式(6.2),可得临时水仓钢管混凝土支架的极限承载能力为

$$N_u=\varphi N_0=0.8\times 2573\text{kN}=2058.4\text{kN}$$

3) 支架支护反力计算

临时水仓中钢管混凝土支架结构力学模型与图 6.9 相近,根据该力学模型,支架支护反力 σ_0 为

$$\sigma_0=S\int_0^{180}\sigma_0 R\sin\theta\,\mathrm{d}\theta=S\sigma_0 R\int_0^{180}\sin\theta\,\mathrm{d}\theta=2N_u \tag{7.1}$$

式中, S 为支架间距,取 0.7m; R 为巷道等效半径,取 3.21m; σ_0 为支架的支护反力; N_u 为支架极限承载力。

由式(7.1)求出支护反力 $\sigma_0=0.92\text{MPa}$。即 Φ194mm×10mm 钢管支架,灌注强度等级为 C40 混凝土,在支架间距为 0.7m 的条件下,支架的支护能力为 0.92MPa。

4) 砌碹承载能力计算

+786m 水平车场临时水仓巷道围岩结构力学模型如图 7.11 所示。

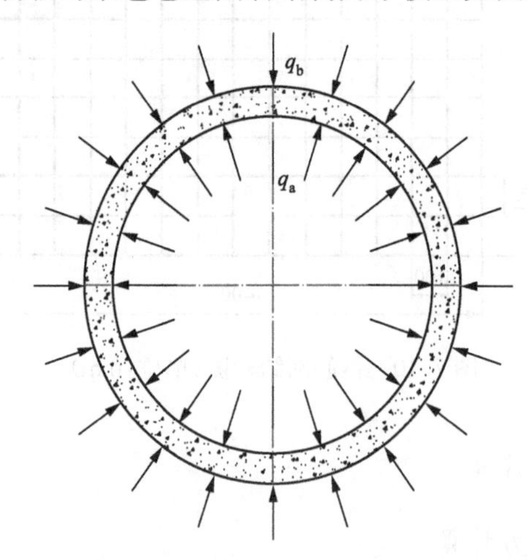

图 7.11 碹体承载力计算力学模型

砌碹强度规格采用 C20 型,混凝土轴心抗压强 f_c 为 9.6MPa。已知钢管混凝土支架采用的型号为 Φ194mm×10mm,支护承载力 q_a 为 0.92MPa,根据弹塑性力学里面的拉密公式计算砌碹设计承载力 q_b。

$$\sigma_\theta=\frac{\frac{b^2}{r^2}+1}{\frac{b^2}{a^2}-1}q_{\mathrm{a}}-\frac{1+\frac{a^2}{r^2}}{1-\frac{a^2}{b^2}}q_{\mathrm{b}} \tag{7.2}$$

式中，σ_θ砌碹内的环向应力；q_{a}为砌碹内边界受到的径向支护力；q_{b}为砌碹外边界受到的径向荷载；a 为砌碹内边界到巷道中心距离；b 为砌碹外边界到巷道中心距离；r 为砌碹内计算点到巷道中心距离。

取计算点为砌碹内边界，则式(7.2)中 $\sigma_\theta=0$，代入巷道支护相关参数，解得砌碹承载能力为 $q_{\mathrm{b}}=1.92$MPa。砌碹正常养护凝固的条件下承载力较高，但是在极软围岩环境下，砌碹尚未凝固已经开始受力，导致砌碹过早破坏，不能发挥正常承载力，因此，需要钢管混凝土支架先支护围岩，避免砌碹早期受力。

钢管混凝土支架的支护能力为 0.92MPa，砌碹承载能力为 1.92MPa，两者之和为 2.84MPa。考虑到砌碹的围压效应，支护体总承载力大于 2.84MPa。大于围岩载荷预估值 2.8MPa，可满足巷道稳定要求。

8. 临时水仓复合支护效果

+786m 水平车场临时水仓支护后正常使用超过 1 年，其中巷道高度总变形不超过 50mm，宽度变形总量不超过 40mm，巷道无浆皮掉包、脱层及混凝土开裂现象，支护效果明显，达到了技术协议要求。2013 年 8 月通过建设部竣工验收，2013 年 11 月通过科技部项目验收。临时水仓支护初期效果如图 7.12 所示。

图 7.12　+786m 水平车场临时水仓支护初期照片

7.2.2 主变电所及通道

1. 钢管混凝土支架结构设计

主变电所及通道位置如图 7.13 所示，支护方式采用锚网喷＋钢管混凝土支架＋砌碹复合支护。钢管混凝土支架断面采用浅底拱圆形和马蹄形，根据巷道使用要求，确定支架断面尺寸如表 7.5 所示。共设计 3 种断面架型，3 种断面架型如图 7.14、图 7.15 和图 7.16 所示。

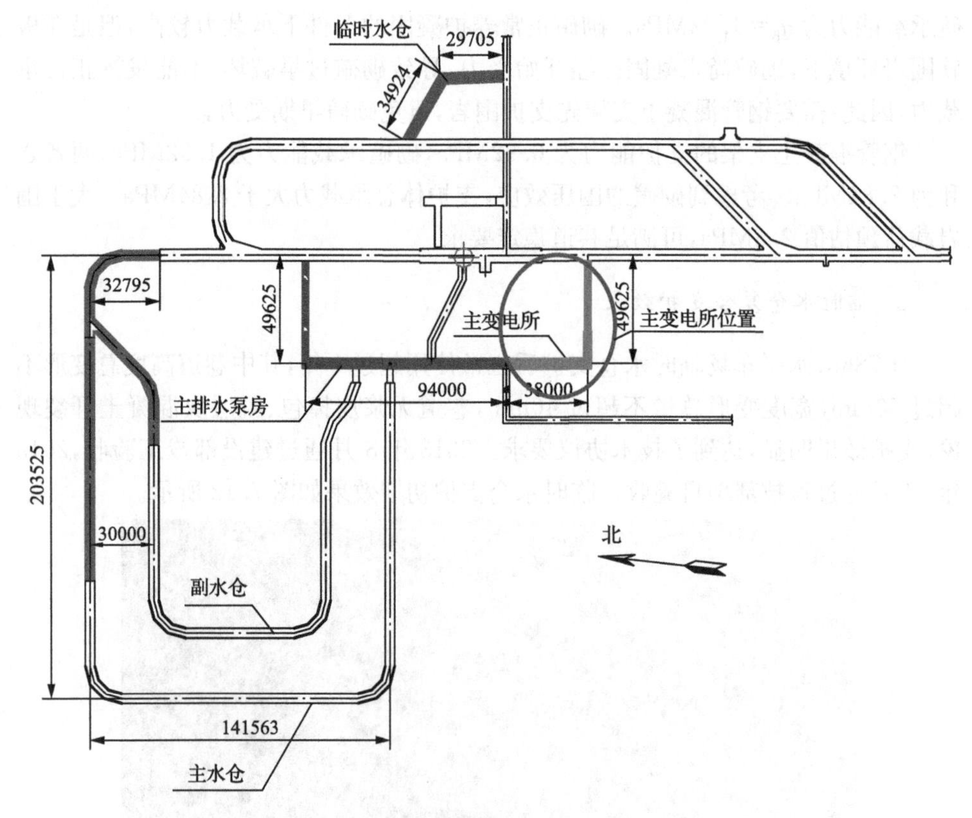

图 7.13　主变电所及通道平面布置图(单位:m)

表 7.5　支架断面尺寸

施工断面位置	断面名称	支架尺寸净高×净宽/mm
2 号主变电所	1—1,1′—1′,2—2	5100×3850
	3—3,4—4,5—5,6—6	3700×3150
	7—7	5100×5050

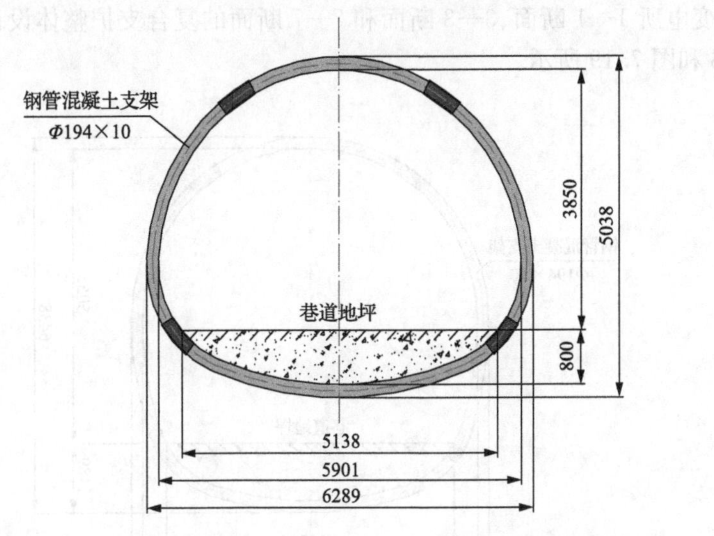

图 7.14　2 号主变电所断面 1—1、1′—1′、2—2 支架结构图(单位:mm)

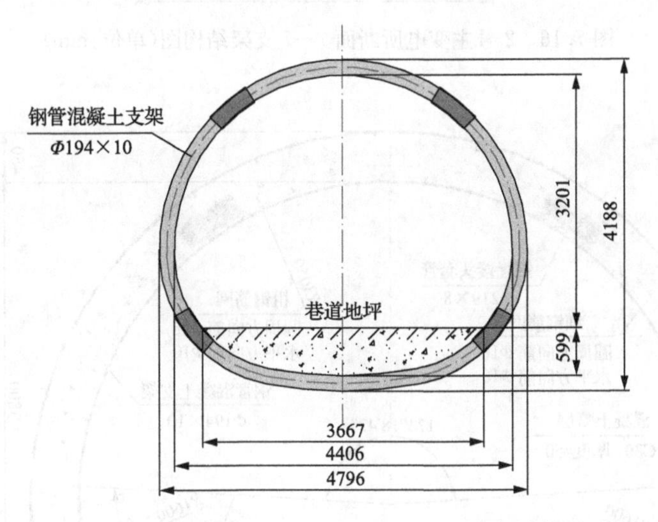

图 7.15　2 号主变电所断面 3—3、4—4、5—5、6—6 支架结构图(单位:mm)

2. 支架壁后碹体设计

砌碹厚度为 450mm,强度等级为 C20,加入混凝土体积比 3%～5%的钢纤维。

支架两侧铺设钢筋网,支架靠近围岩一侧钢筋网横、纵筋型号均为 Φ10mm,尺寸的宽度为 700mm,长度为 1400mm;支架内侧钢筋网横筋型号为 Φ10mm,纵筋型号为 Φ18mm,尺寸的宽度为 700mm,长度为 1400mm。钢筋网需要搭接好,钢丝连接要求要牢固,支架结构图如图 7.16 所示。

主变电所 1—1 断面、3—3 断面和 7—7 断面的复合支护整体设计如图 7.17、图 7.18 和图 7.19 所示。

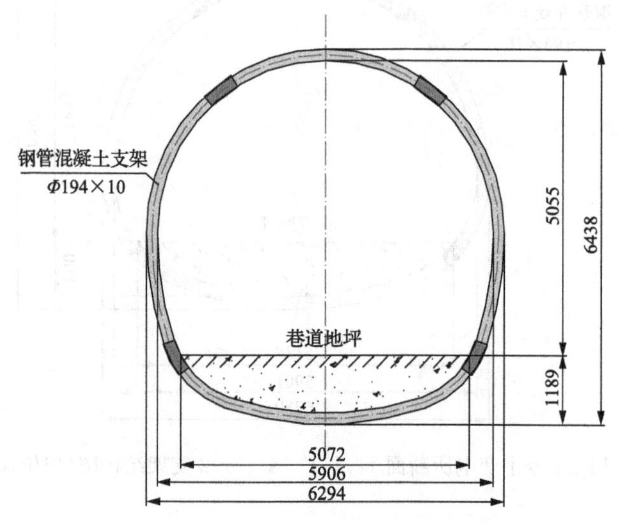

图 7.16　2 号主变电所断面 7—7 支架结构图(单位:mm)

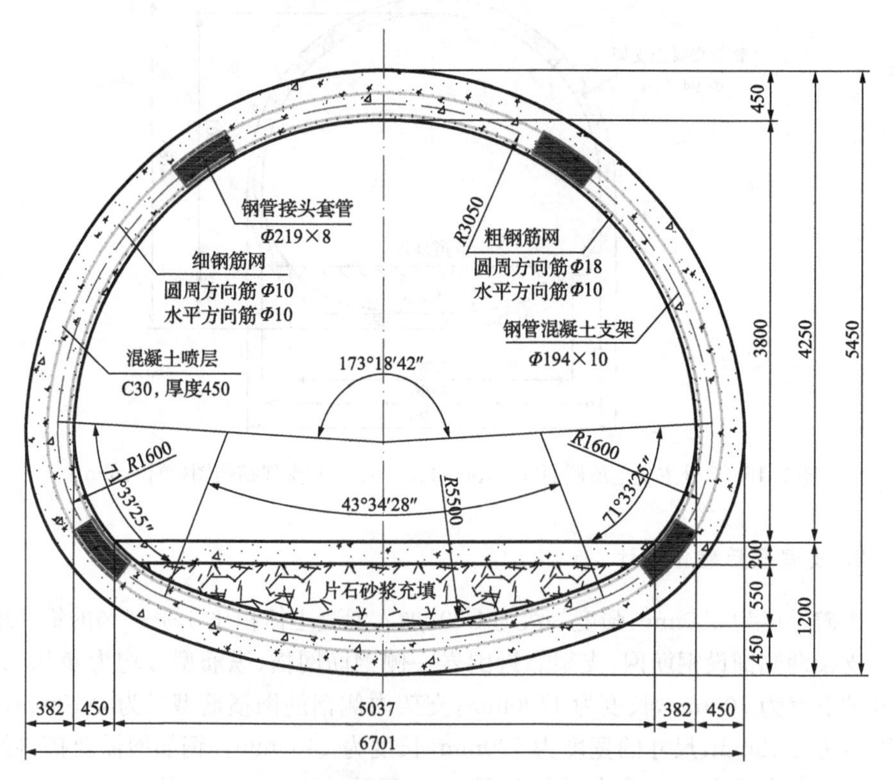

图 7.17　2 号主变电所断面 1—1 复合支护设计图(单位:mm)

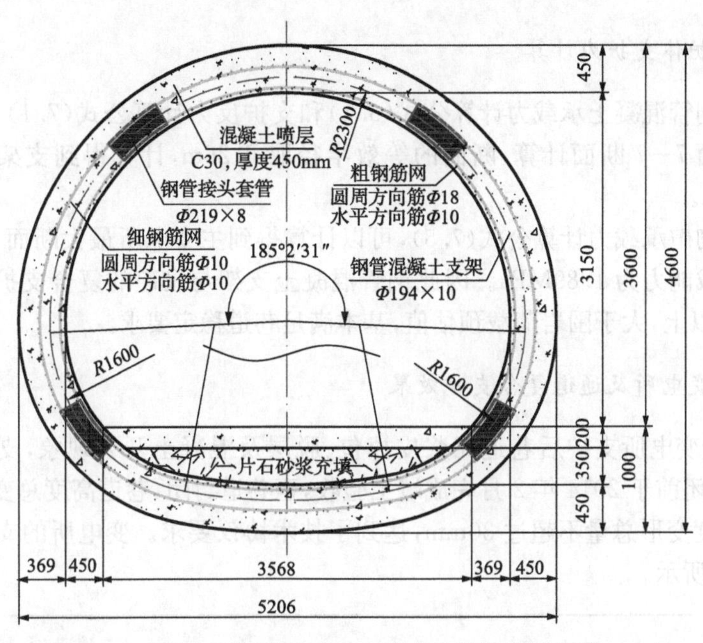

图 7.18　2号主变电所断面3—3复合支护设计图(单位:mm)

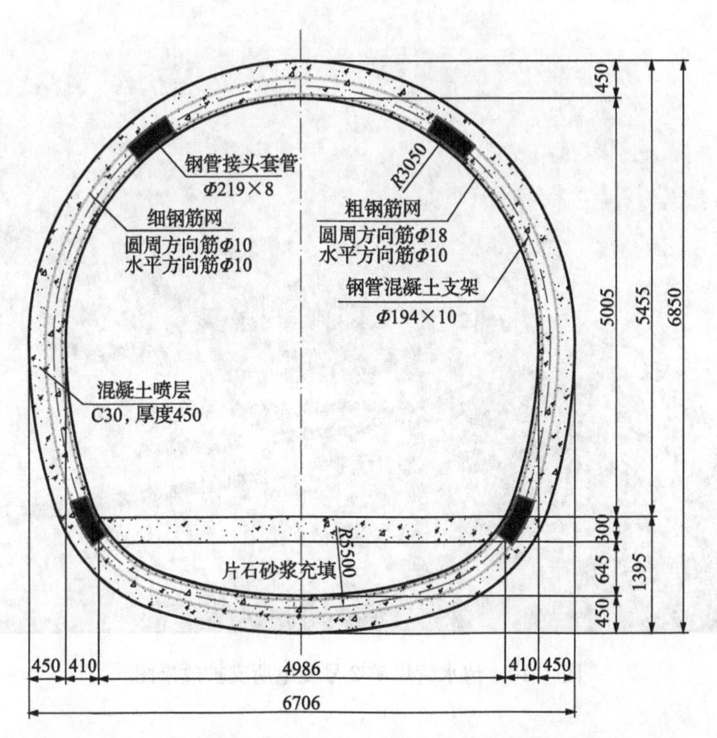

图 7.19　2号主变电所断面7—7复合支护设计图(单位:mm)

3. 支护体支护力计算

根据钢管混凝土承载力计算公式(6.1)和支护反力计算公式(7.1),以主变电所最大断面7—7断面计算,断面的等效半径取3.26m,计算得到支架支护反力为0.9MPa。

根据砌碹承载力计算公式(7.5),可以计算得到主变电所最大断面7—7断面碹体的承载能力为1.89MPa。因此钢管混凝土支架与砌碹的复合支护反力可达2.79MPa以上,大于围岩荷载预估值,基本满足巷道稳定要求。

4. 主变电所及通道复合支护效果

2号主变电所支护后巷道无浆皮掉包、脱层及混凝土开裂现象,支护效果明显,巷道封闭前于2014年2月完成竣工验收,至巷道封闭,巷道高度总变形不超过30mm,宽度变形总量不超过30mm,达到了技术协议要求。变电所的支护效果图如图7.20所示。

图7.20　清水营煤矿2号变电所支护效果图

7.2.3　主排水泵房及通道

主排水泵房及通道为穿层巷道，经过二煤底板、三煤，最后到三煤底板。设计掘进宽度为6470mm，设计掘进高度为7995mm，设计掘进断面积为47.2m²；净宽度为6270mm，净高度为6195mm，净断面积为31.2m²，主排水泵房及通道布置图如图7.21所示。支护方式采用锚网喷＋钢管混凝土支架＋砌碹联合支护。主排水泵房及通道共设计4种断面架型，其中泵房1—1断面采用立椭圆形，泵房2—2断面采用浅底拱圆形，泵房3—3断面采用马蹄形，泵房4—4断面采用圆形。

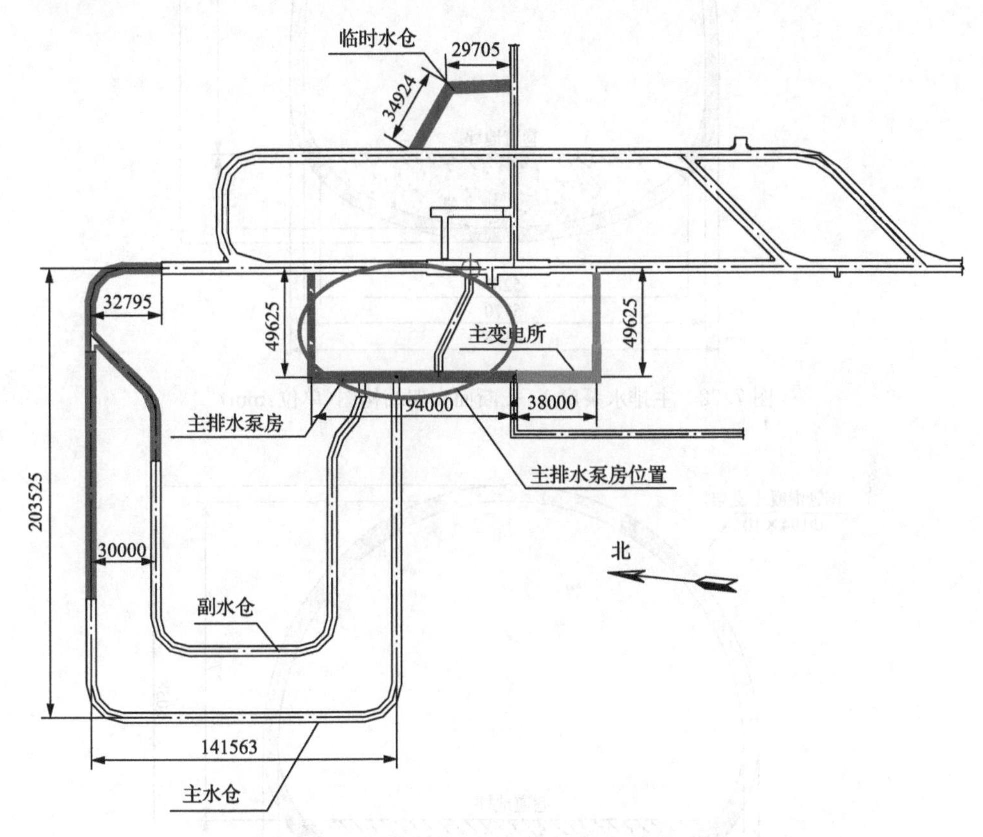

图7.21　主排水泵房及通道布置图(单位:mm)

1. 钢管混凝土支架设计

支架结构根据泵房不同断面尺寸和形状，设计如图7.22～图7.25所示。

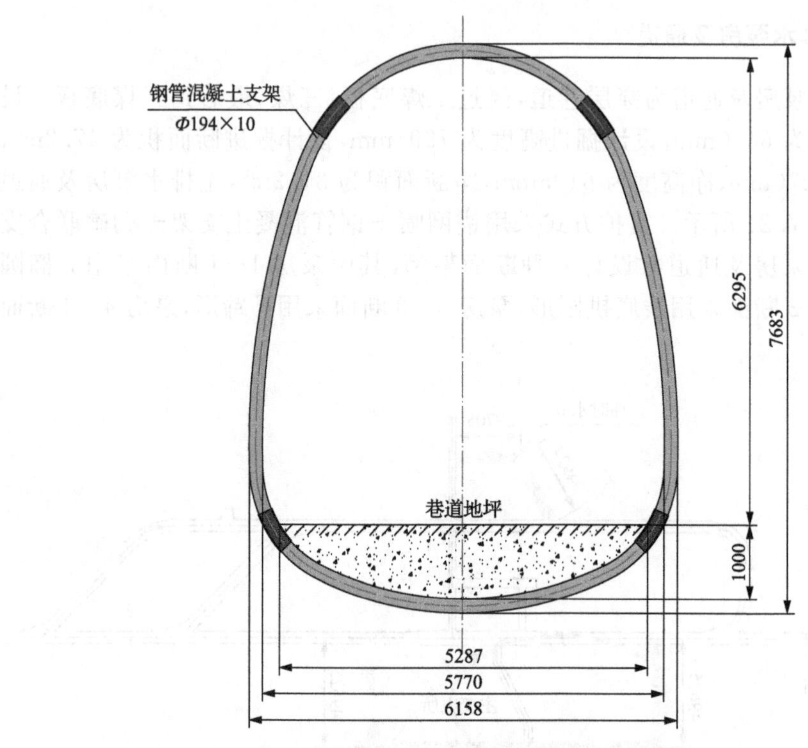

图 7.22 主排水泵房 1—1 断面支架结构图(单位:mm)

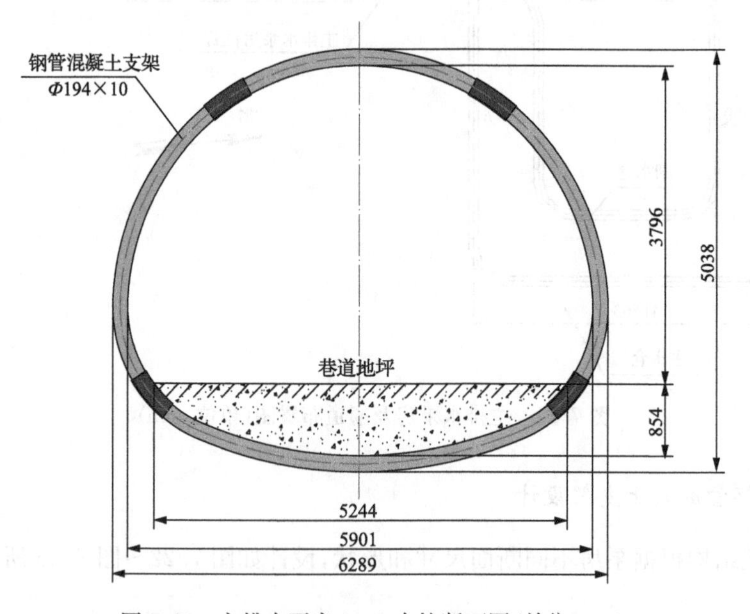

图 7.23 主排水泵房 2—2 支护断面图(单位:mm)

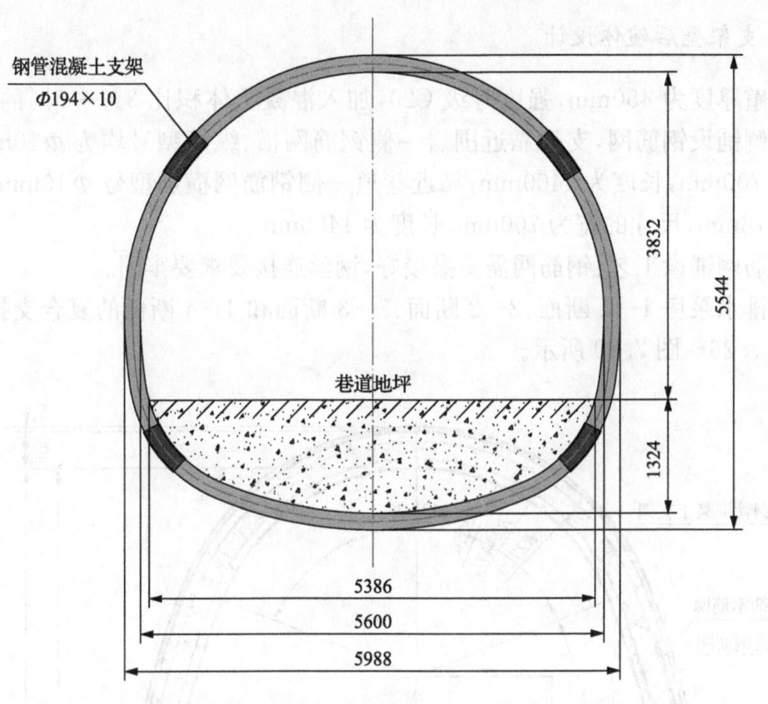

图 7.24　主排水泵房 3—3 断面支架结构图(单位:mm)

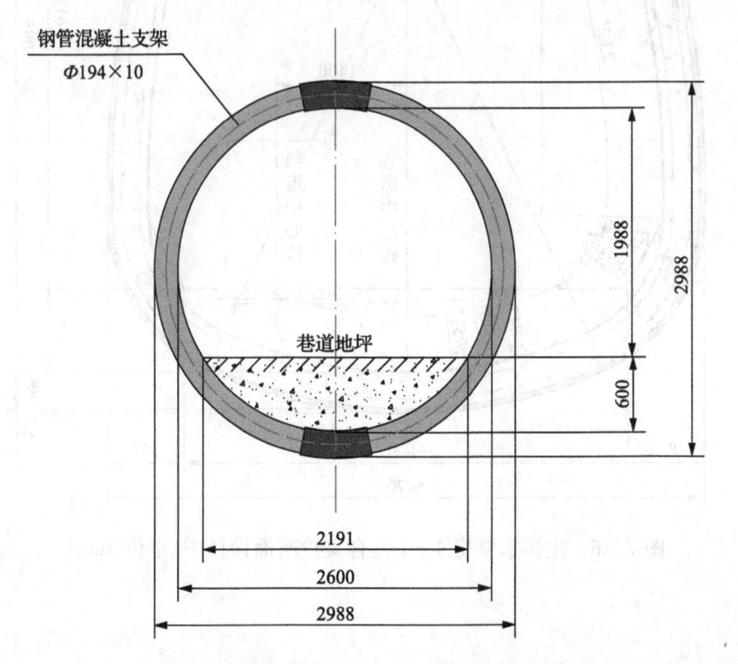

图 7.25　主排水泵房 4—4 支护断面图(单位:mm)

2. 支架壁后碹体设计

砌碹厚度为 450mm，强度等级 C20，加入混凝土体积比 3%～5%的钢纤维。支架两侧铺设钢筋网，支架靠近围岩一侧钢筋网横、纵筋型号均为 Φ10mm，尺寸的宽为 700mm，长度为 1400mm；靠近巷道一侧钢筋网横筋型号 Φ10mm，纵筋型号为 Φ18mm，尺寸的宽为 700mm，长度为 1400mm。

钢筋网铺设工艺：钢筋网需要搭接好，钢丝连接要求要牢固。

主排水泵房 1—1 断面、2—2 断面、3—3 断面和 4—4 断面的复合支护整体设计如图 7.26～图 7.29 所示。

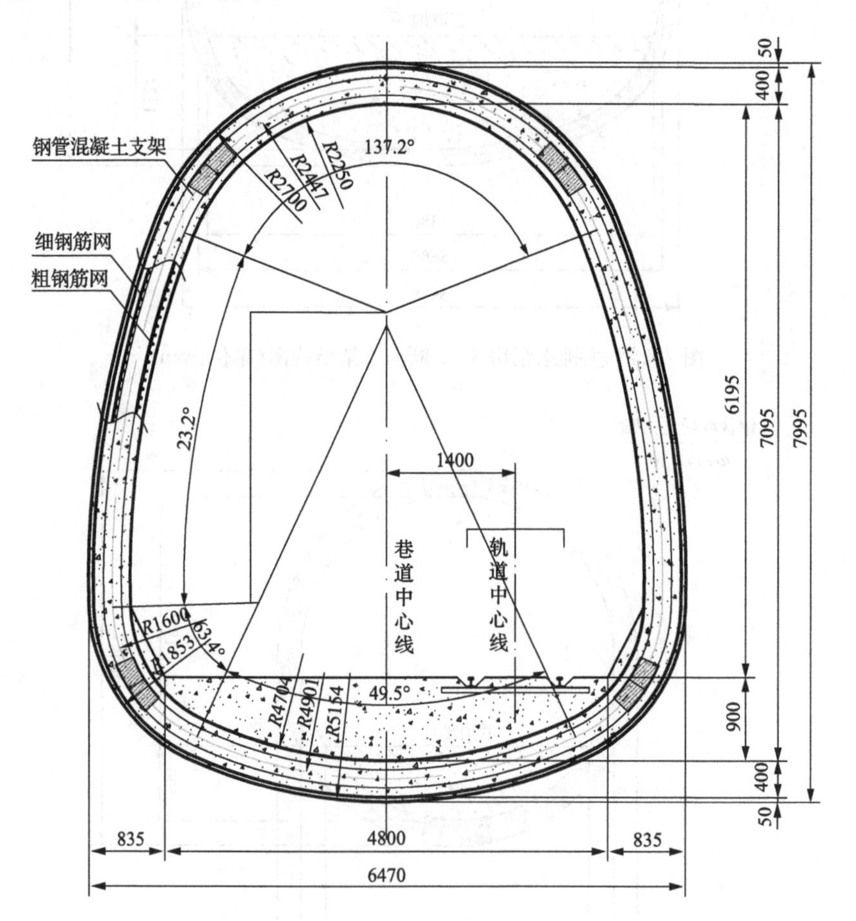

图 7.26　主排水泵房 1—1 复合支护断面设计图(单位:mm)

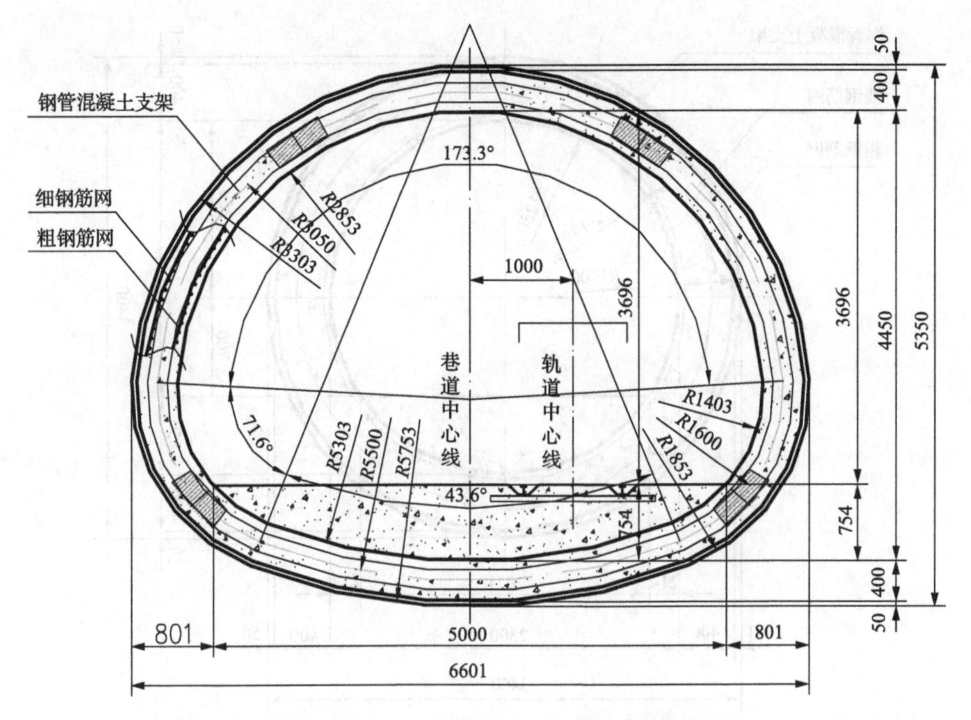

图7.27 主排水泵房2—2复合支护断面设计图(单位:mm)

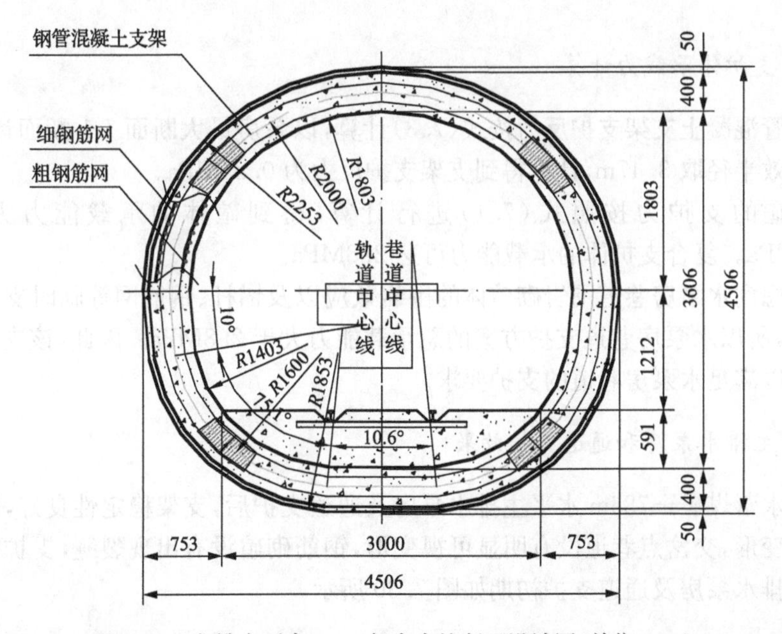

图7.28 主排水泵房3—3复合支护断面设计图(单位:mm)

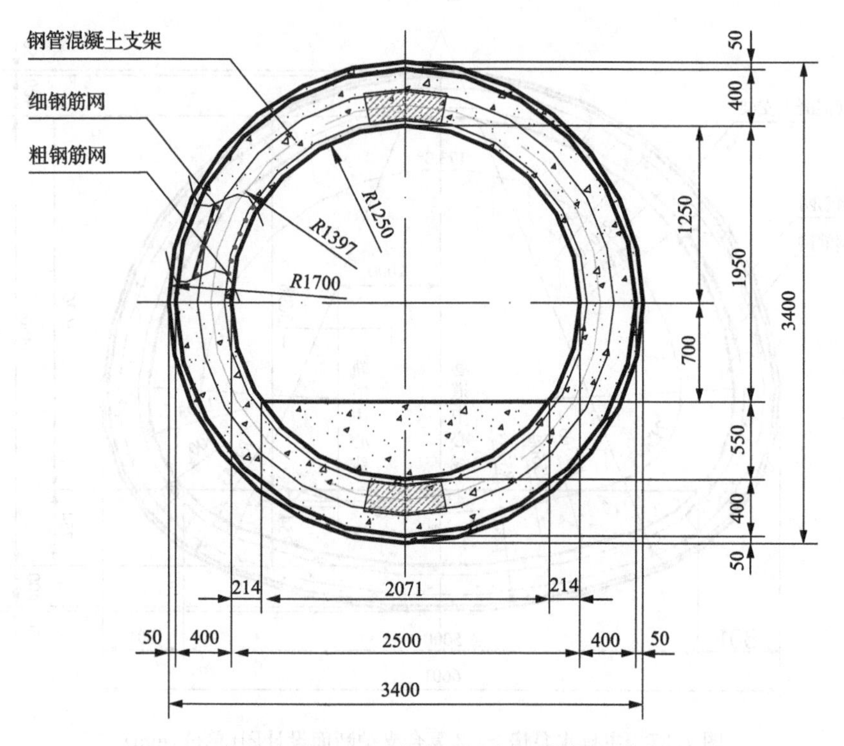

图 7.29　主排水泵房 4—4 复合支护断面设计图(单位:mm)

3. 支护体承载力计算

钢管混凝土支架支护反力按式(7.3)计算,以泵房最大断面 1-1 断面计算,断面的等效半径取 3.47m,计算得到支架支护反力为 0.85MPa。

砌碹的支护力按照式(7.4)进行计算,得到碹体的承载能力为 $q_b=$ 1.948MPa。复合支护体的承载能力可达 2.8MPa。

考虑到水泵房巷道围岩砌碹体的围岩效应以及锚杆、钢筋网等临时支护的作用影响,所以水泵房巷道支护方案的总承载能力大于 2.8MPa。因此,该支护设计方案可以满足水泵房巷道的支护要求。

4. 主排水泵房和通道支护效果

清水营煤矿+786m 水平主排水泵房及通道支护后,支架稳定性良好,没有出现可视变形,交岔点巷道没有明显可视变形,钢筋砌碹没有出现裂缝,支护效果良好。主排水泵房及通道支护初期如图 7.30 所示。

图 7.30　主排水泵房及通道支护初期照片

7.2.4　2号主副水仓

1. 支架结构设计

2号主副水仓平面位置如图 7.31 所示，支护方式采用锚网喷＋钢管混凝土支架＋砌碹复合支护。钢管混凝土支架断面采用圆形和马蹄形，根据巷道使用要求，确定支架断面尺寸如表 7.6 所示。共设计 3 种断面架型，如图 7.32～图 7.34 所示。

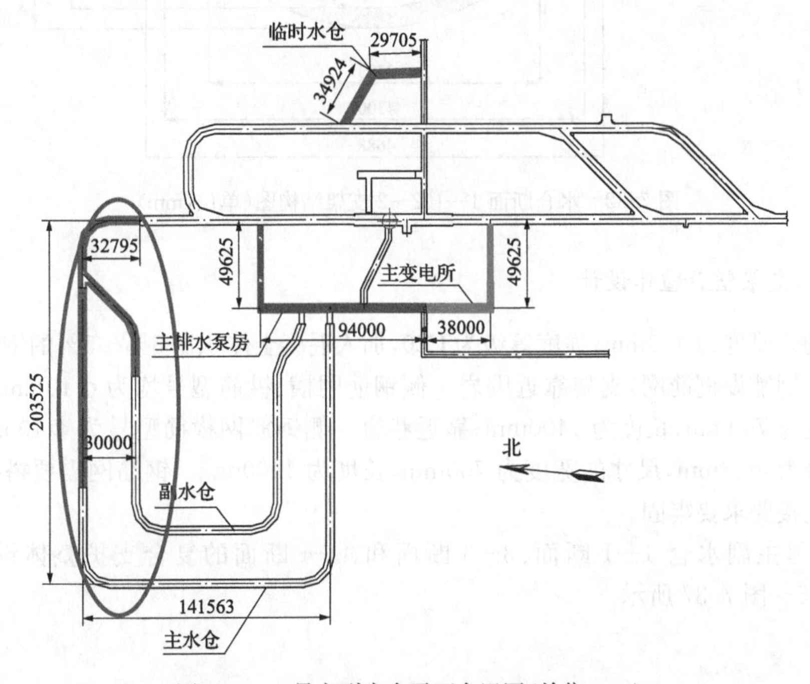

图 7.31　2号主副水仓平面布置图(单位:mm)

表 7.6　2 号主副水仓支架断面尺寸表

施工断面位置	断面名称	支架尺寸/mm
水仓	1—1,2—2	3450×3393
	3—3	4650×5575
	4—4	2050×2069

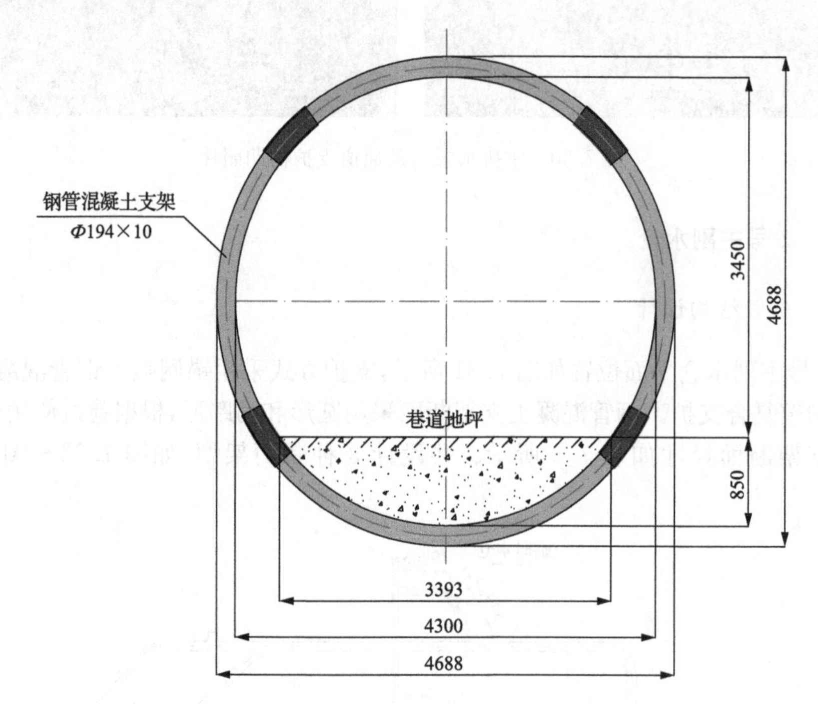

图 7.32　水仓断面 1—1、2—2 支架结构图(单位:mm)

2. 支架壁后碹体设计

砌碹厚度为 450mm,强度等级为 C20,加入混凝土体积比 3%～5%的钢纤维。支架两侧铺设钢筋网,支架靠近围岩一侧钢筋网横、纵筋型号均为 Φ10mm,尺寸的宽度为 700mm,长度为 1400mm;靠近巷道一侧钢筋网横筋型号为 Φ10mm,纵筋型号为 Φ18mm,尺寸的宽度为 700mm,长度为 1400mm。钢筋网需要搭接好,钢丝连接要求要牢固。

2 号主副水仓 1—1 断面、3—3 断面和 4—4 断面的复合支护整体设计如图 7.35～图 7.37 所示。

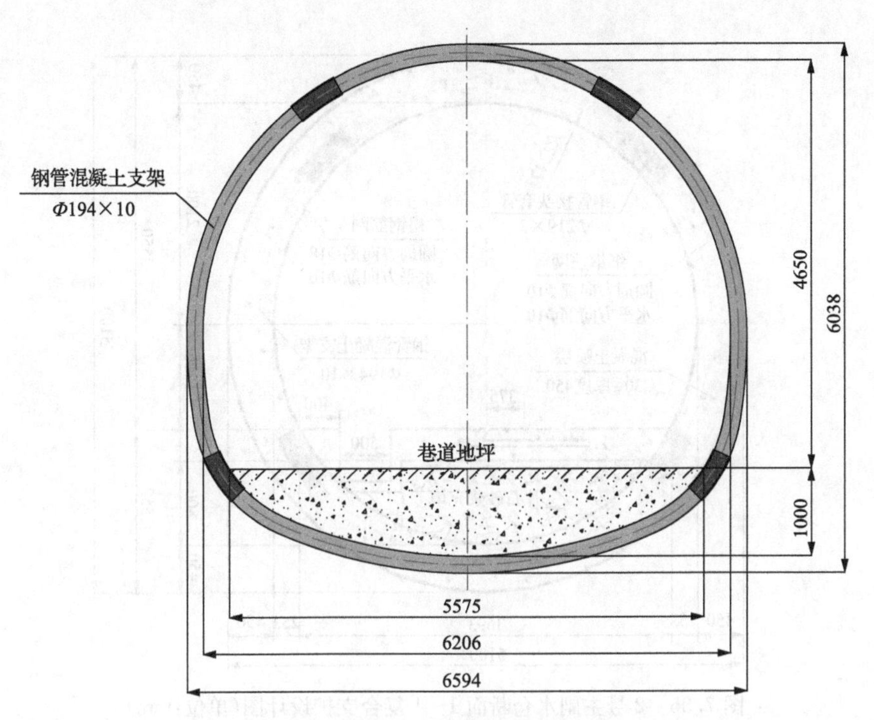

图 7.33　水仓断面 3—3 支架结构图(单位:mm)

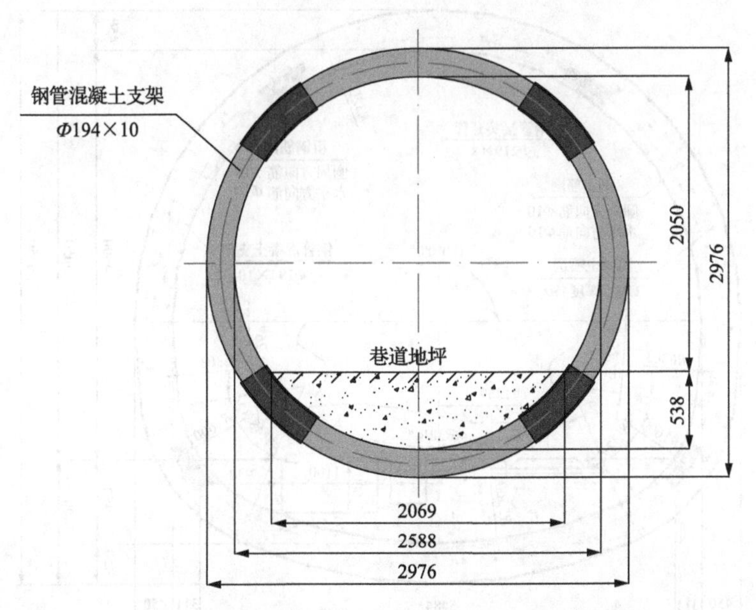

图 7.34　水仓断面 4—4 支架结构图(单位:mm)

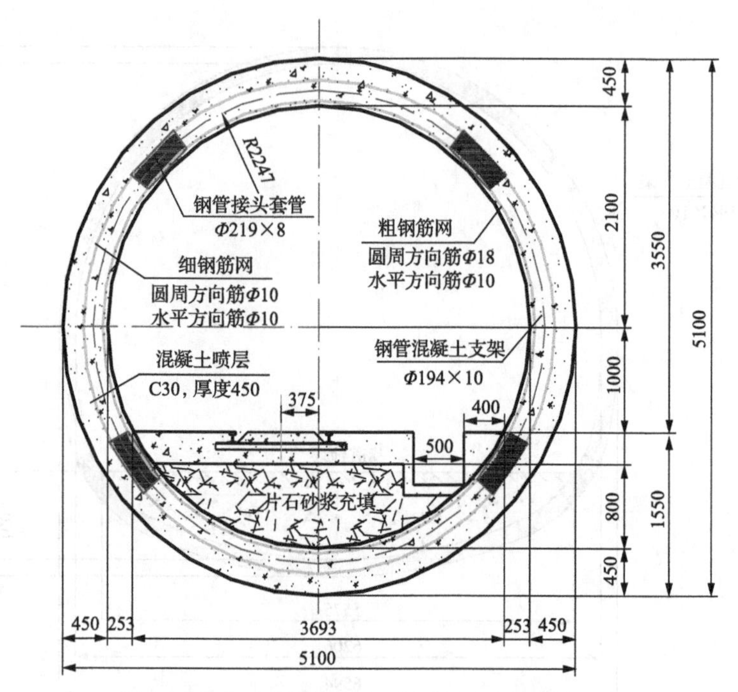

图 7.35　2 号主副水仓断面 1—1 复合支护设计图(单位:mm)

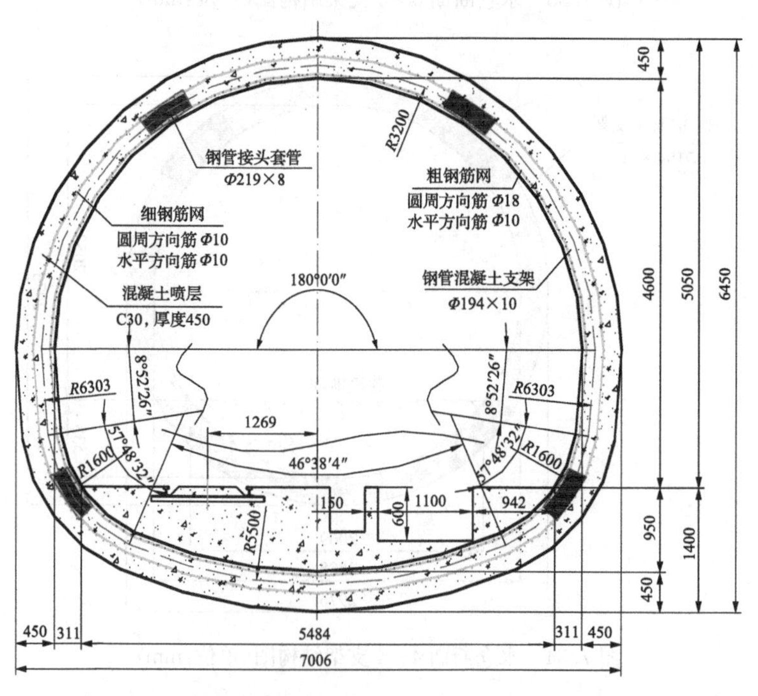

图 7.36　2 号主副水仓断面 3—3 复合支护设计图(单位:mm)

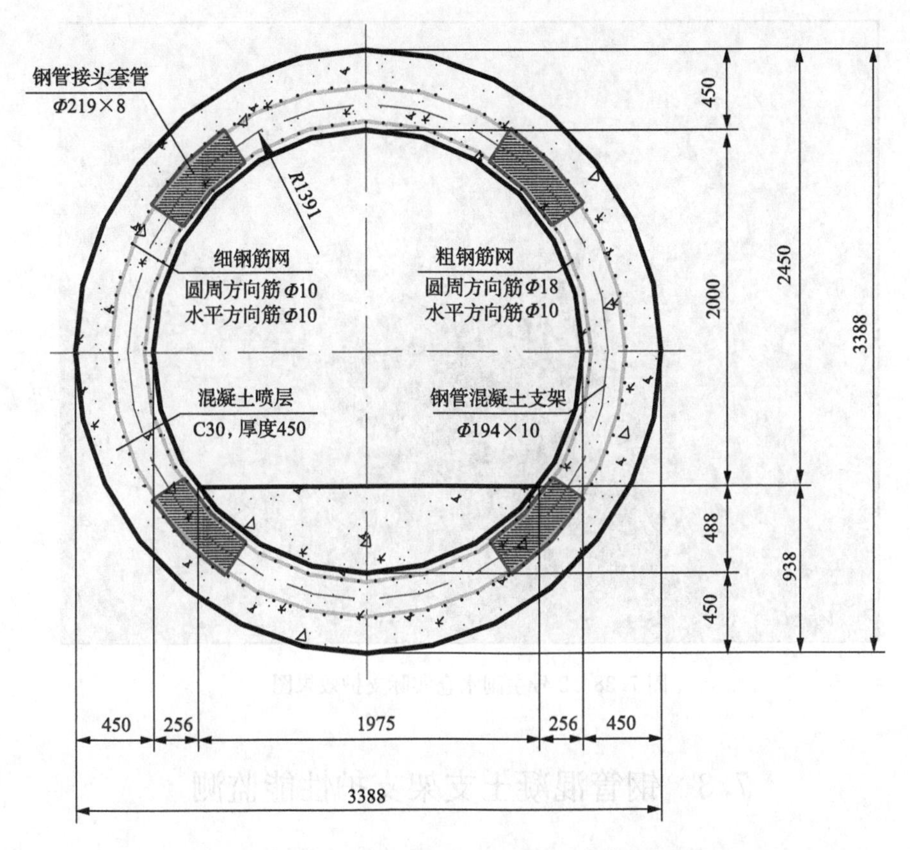

图 7.37　2 号主副水仓断面 4—4 复合支护设计图(单位:mm)

3. 支护体支护力计算

钢管混凝土支架支护反力按式(7.1)计算,以水仓最大断面 3—3 断面计算,断面的等效半径取 3.21m,计算得到支架支护反力为 0.92MPa。

砌碹的支护力按式(7.2)进行计算,得到碹体的承载能力为 1.92MPa。复合支护体的支护反力可达 2.84MPa 以上。

4. 水仓支护效果

清水营煤矿 2 号主副水仓支护后,支架稳定性良好,没有出现可视变形,支护效果良好。具体支护情况如图 7.38 所示。

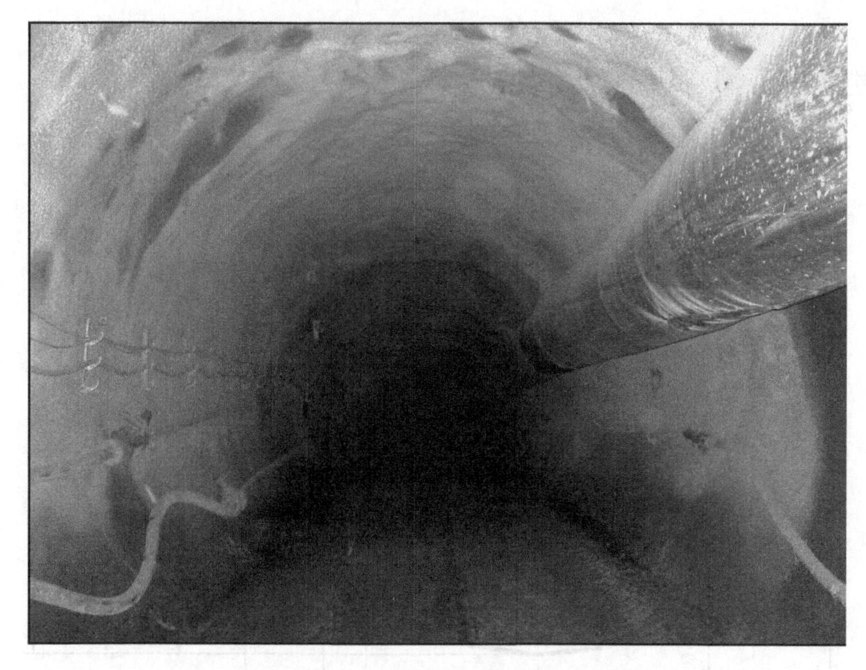

图 7.38　2 号主副水仓实际支护效果图

7.3　钢管混凝土支架支护性能监测

为验证钢管混凝土支架在清水营软岩巷道的支护效果，设计了钢管混凝土支架变形、巷道表面变形和钢管混凝土支架支护反力监测方案，通过监测掌握钢管混凝土支架支护信息。

7.3.1　巷道与钢管混凝土支架变形观测

1. *巷道变形观测主要内容及目的*

软岩巷道支护监测主要包括三项内容：钢管混凝土支架变形观测、巷道表面变形观测和钢管混凝土支架支护反力观测。钢管混凝土支架变形观测包括支架左右两帮段相对移近量和顶弧段下沉量；巷道表面变形观测包括顶底板相对移近量、顶板下沉量、两帮相对位移量及底鼓变形量；钢管混凝土支架承载力观测是指通过测量支架上 1m 钢管混凝土柱的微量变形来推算支架承载力。

完整的观测资料是软岩巷道支护成功的基础数据，同时也为软岩巷道支护工程的发展提供了重要保障。巷道变形观测有以下几个主要目的。

(1) 掌握钢管混凝土支架及巷道围岩的变形规律，为巷道支护提供科学依据。

(2) 检测钢管混凝土支架的设计方案中的参数真实性，支架的支护结构形式和支架施工工艺的合理性，从而为钢管混凝土支架支护结构参数优化提供更为准确的科学依据。

(3) 依据监测到的钢管混凝土支架承载力大小，确定巷道围岩注浆条件及围岩注浆的合理时间。

(4) 监控支护结构的施工进度、质量，对支护进度、质量进行实时跟踪和分析，采取一定的保护措施，确保施工安全和稳定软岩巷道结构，进而减少工程安全隐患。

2. 巷道表面变形观测

采用十字布点法对巷道表面变形进行观测，测点布置方式如图 7.39 所示。测点布置位置及方法如下：在预测点处钻孔，孔直径为 42mm，孔深为 380mm，钻孔垂直围岩表面。用木桩打入钻孔内，木桩直径为 42mm、长度约 400mm。在木桩端部安设测量铁钉，并用红漆标记，以此作为测量基点。

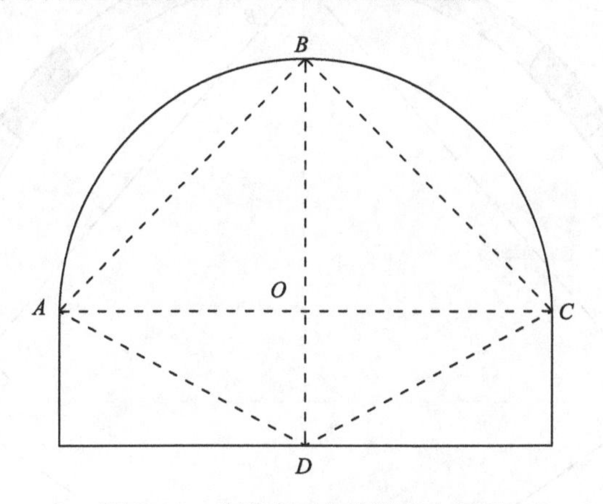

图 7.39　巷道表面位移测点布置图

测量仪器选用巷道收敛仪，每 3 天观测一次。所用收敛仪观测精度为 0.1mm，仪器精度为 0.01mm，收敛仪如图 7.40 所示。

3. 钢管混凝土支架变形观测

1) 采用十字布点法观测钢管混凝土支架变形

支架观测基点位置布设如图 7.41 所示。其中 B 测点为支架上圆弧段顶点，A 测点、C 测点为支架两侧弧段较低处，D 测点为支架中心点在地面上的投影点。其中 A 点、B 点、C 点用红色油漆进行标记，D 测点选用加工过的锚杆，用铁锤打入底板当中。

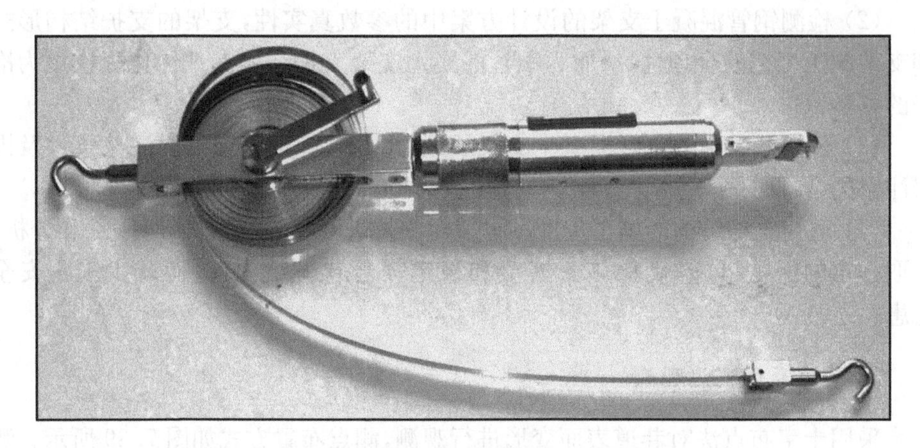

图 7.40 收敛仪

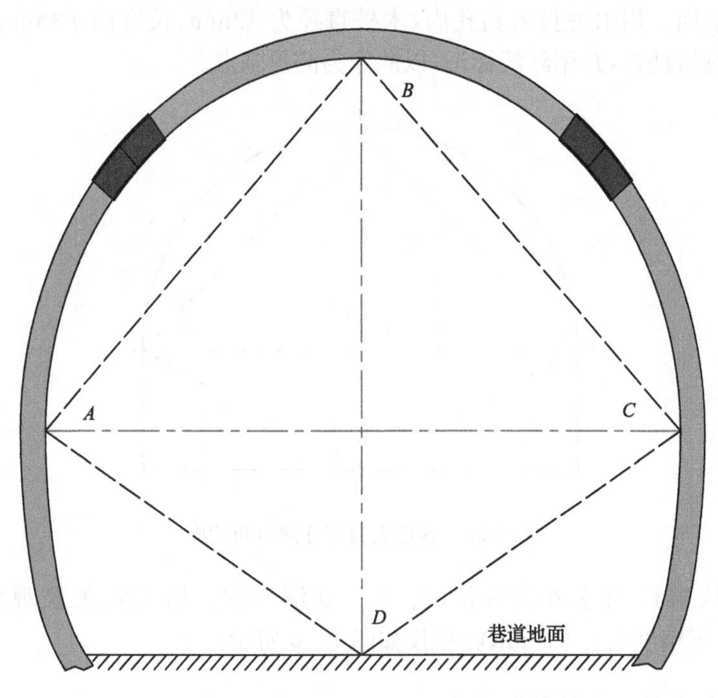

图 7.41 支架变形量基点布置图

采用卷尺测量的方法，每隔 3 天现场实际观测一次，并将观测到的数据记入表 7.7。

表 7.7　支架变形观测记录表

编号	位置/m	初始值				现状值				测量变化值				测量员	测量日期
		OA	OB	OC	OD	OA	OB	OC	OD						
1-1	10	2185	2015	1906	1510	2184	2013	1906	1510	1	2	0	0	王丹	2月7日
1-2	35	2107	2074	1900	1590	2107	2074	1898	1590	0	0	2	0	王丹	2月7日
2-1	10	2185	2015	1906	1510	2184	2013	1906	1510	1	2	0	0	王丹	2月14日
2-2	35	2107	2074	1900	1590	2107	2074	1898	1590	0	0	2	0	王丹	2月14日
3-1	10	2185	2015	1906	1510	2184	2013	1906	1509	1	2	0	1	王丹	2月21日
3-2	35	2107	2074	1900	1590	2107	2073	1898	1590	0	1	2	0	王丹	2月21日
4-1	10	2185	2015	1906	1510	2184	2013	1905	1509	1	2	1	1	王丹	2月28日
4-2	35	2107	2074	1900	1590	2107	2072	1898	1589	0	2	2	1	王丹	2月28日
5-1	10	2185	2015	1906	1510	2184	2013	1904	1509	1	2	2	1	王丹	3月7日
5-2	35	2107	2074	1900	1590	2106	2072	1898	1589	1	2	2	1	王丹	3月7日
6-1	10	2185	2015	1906	1510	2184	2013	1904	1508	1	2	2	2	王丹	3月14日
6-2	35	2107	2074	1900	1590	2106	2072	1898	1589	1	2	2	1	王丹	3月14日
7-2	35	2107	2074	1900	1590	2106	2072	1898	1588	1	2	2	2	王丹	3月21日
8-1	10	2185	2015	1906	1510	2184	2013	1904	1508	1	2	2	2	王丹	3月28日
8-2	35	2107	2074	1900	1590	2106	2072	1898	1588	1	2	2	2	王丹	3月28日
9-1	10	2185	2015	1906	1510	2184	2013	1904	1508	1	2	2	2	王丹	4月4日
9-2	35	2107	2074	1900	1590	2106	2072	1898	1588	1	2	2	2	王丹	4月4日
10-1	10	2185	2015	1906	1510	2184	2013	1904	1508	1	2	2	2	王丹	4月11日
10-2	35	2107	2074	1900	1590	2106	2072	1898	1588	1	2	2	2	王丹	4月11日

注：巷道名称为＋786m 水平 2 号主变电所及通道(断面 1—1、1′—1′、2—2)。

2）2 号主变电所变形监测分析

由表 7.7 的实际测量数据可得，2 号主变电所及通道的支架变形在 10mm 左右，满足允许变形范围。整理变形量与观测时间曲线如图 7.42 所示。

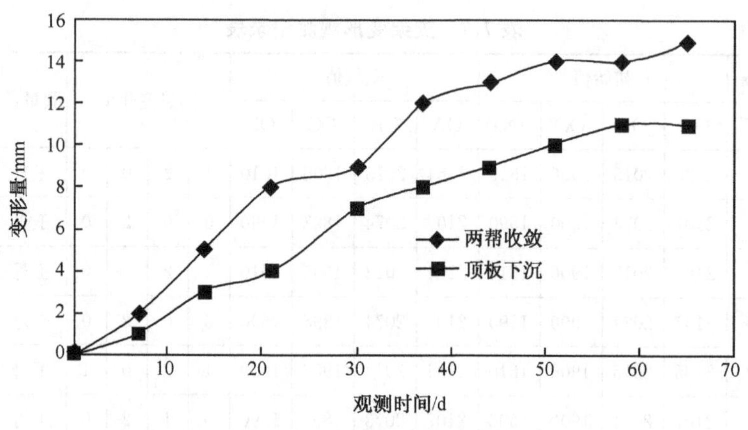

图 7.42　主变电所变形曲线

7.3.2　钢管混凝土支架荷载监测

为了对临时水仓钢管混凝土支架支护范围的巷道围岩变形情况、钢管混凝土支架承载情况进行分析,并检验支护结构、设计参数及施工工艺的合理性,监控巷道支护的施工质量,对支护状况进行跟踪反馈和预测,对钢管混凝土支架支护范围的巷道进行了系统的矿压监测。

采用 6.3.1 节提到的钢弦式压力盒,压力盒布置如图 7.43 所示,钢弦式土压

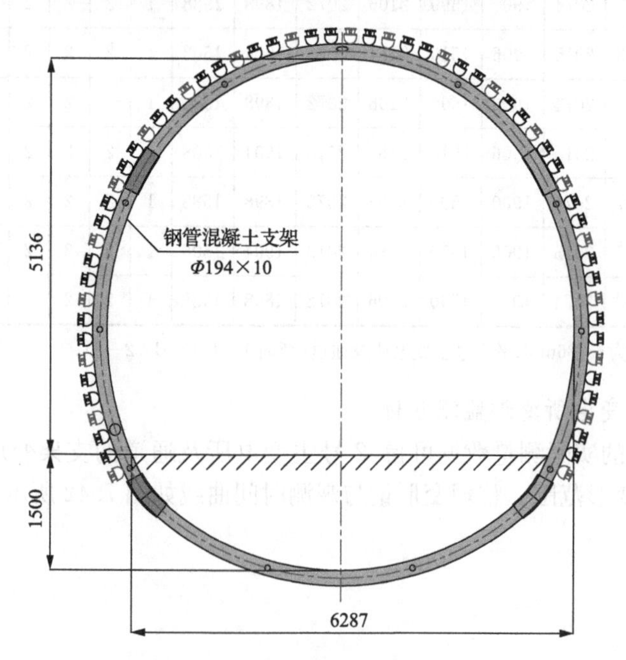

图 7.43　压力盒布置方式(单位:mm)

力盒安装在钢管混凝土支架背后。共设 60 个压力盒，其中真压力盒有 20 个，每两个真压力盒之间埋设 2 个虚拟压力盒，真压力盒用来测量支架受力，虚拟压力盒用来支撑真压力盒之间的围岩压力，以保证所有压力盒受力均匀。

巷道围岩宏观监测主要查看巷道围岩片帮冒顶等宏观变形破坏现象；支架宏观变形破坏监测主要查看支架是否发生明显的变形破坏，如附件破坏、焊接处开裂等现象，并记录好巷道围岩和支架变形破坏的时间、位置，对变性破坏情况进行描述。

第8章 钢管混凝土支架在其他深井软岩巷道中的应用

钢管混凝土支架已经成功地应用到了黑龙江、吉林、辽宁、山东、山西、河南、河北、安徽、江苏、甘肃、宁夏、内蒙古12个省份中的主要产煤地区的24个矿井中，主要解决深井软岩、动压巷道、极软弱岩层巷道等难支护问题，并且达到了预期的支护效果，本节选取典型工程进行介绍。

8.1 华丰煤矿软岩巷道

钢管混凝土支架支护技术已应用于华丰煤矿−1100m中央泵房、−1100m水平大巷和−1100m风井联络巷支护，三条巷道均处于−1100m水平，埋深为1230～1250m。

华丰煤矿−1100m水平为矿井的第五生产水平，五水平共有四、六层煤两层可采煤层，煤层间距为39m，由于四层煤具有强烈冲击倾向性，五水平采用先采六层煤后采四层煤的解放层开采顺序。−1100m水平大巷等巷道布置在六层煤底板岩石中，与六层煤水平距离为50m。因此，−1100m水平大巷等巷道将受到四、六层煤工作面两次采动影响，巷道稳定性受到更大挑战。

8.1.1 华丰煤矿−1100m中央泵房钢管混凝土支架支护

1. 华丰煤矿−1100m中央泵房地质概况

−1100m中央泵房埋深达1250m，为五水平主排水系统，服务年限长，南起−1100m配电所联络巷道，北至泵房管子通道，上为−1010m岩石集中巷。−1100m中央泵房为穿层掘进，揭露的主要标志层依次为煤8(2)、煤8(1)、煤7(3)和煤7(2)。根据五水平−1100m大巷实际揭露，该区地质构造相对简单，煤层走向为80°～85°，煤岩层倾角为30°～33°，平均32°。岩石单轴抗压强度为30～40MPa，垂向地应力为32MPa，还存在着较高的水平构造应力，在35～47MPa。−1100m中央泵房平面位置如图8.1所示，煤岩层综合柱状图如图8.2所示。

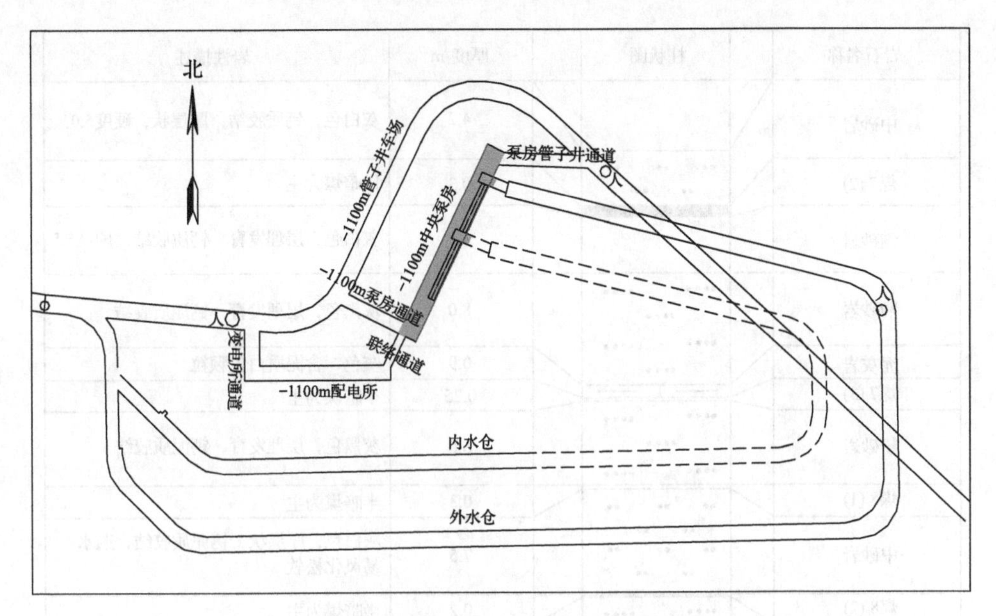

图 8.1　华丰煤矿－1100m 中央泵房平面布置图

2. 华丰煤矿－1100m 中央泵房基于钢管混凝土支架的复合支护方案设计

所用钢管的材质为 20# 无缝钢管，其中主体钢管规格为 Φ219mm×8mm，单位重量为 41.6kg/m。经计算 Φ219mm×8mm 型钢管混凝土支架极限承载能力约为 260 吨，支架能够提供的支护反力约为 1.22MPa。依据工程类比法，认为 Φ219mm×8mm 的钢管混凝土支架承载能力满足－1100m 中央泵房支护要求。

－1100m 中央泵房修复使用斜墙半圆拱形钢管混凝土支架，净断面尺寸的下宽为 7200mm，高为 6300mm。主体结构包括三段支架管和接头套管，三段支架管分别为：顶拱段、左帮段和右帮段；钢管混凝土支架主体参数见表 8.1，支架参数见表 8.2，钢管混凝土支架结构如图 8.3 所示。

表 8.1　斜墙半圆拱形支架主体结构参数表

名称	钢管型号 /mm	单位重量 /(kg/m)	每段长度 /m	每段钢管重量 /kg	单个支架重量 /kg
顶拱段	Φ219×8	41.6	5.194	216.1	
两帮段	Φ219×8	41.6	5.945	247.3	760.7
接头套管	Φ245×8	46.7	0.6	25.0	

岩石名称	柱状图	厚度/m	岩性描述
中砂岩		4.2	灰白色，钙质胶结，厚层状，硬度5.0
煤7 (2)		0.3	以暗煤为主
细砂岩		4.1	灰白色，层理发育，钙质胶结，硬度5.5
粉砂岩		8.0	灰黑色，层理发育，钙泥质胶结
泥灰岩		0.9	灰色，含泥质白色颗粒
煤7 (3)		0.25	半暗煤为主
粉砂岩		6.0	灰黑色，层理发育，钙泥质胶结
煤8 (1)		0.3	半暗煤为主
中砂岩		7.5	灰白色，厚层状，钙泥质胶结，遇水易风化松软
煤8 (2)		0.2	半暗煤为主
粉砂岩		6.0	灰黑色，层理发育，钙泥质胶结
二灰		1.5	灰色，厚层状，含泥质，质硬，贝壳状断口
煤 9		0.3	半暗煤为主
粉砂岩		2.2	灰黑色，层理发育，钙泥质胶结
中砂岩		4.0	灰白色，厚层状，层理发育
泥灰岩		0.5	厚层状，含泥质，质硬，贝壳状断口
煤 10		0.3	半暗煤为主
中砂岩		10.0	灰白色，厚层状，层理不发育，泥质胶结
粉砂岩		8.7	灰黑色，性脆，较好管理，局部夹细砂岩薄层或泥质透镜体
煤 11		0.6~0.8	半亮煤为主，夹暗煤及丝碳条带，夹矸为棕褐色铝矾土
泥灰岩		1.4	深灰色，快状，质不纯，不发育
粉沙岩		5.6	灰黑色，均质，中厚层状

图 8.2　煤岩层综合柱状图

表 8.2　斜墙半圆拱形支架参数表

项目名称	具体参数
支架外周长	17m
支架净断面积	37.9m²
支架核心混凝土体积	0.43m³

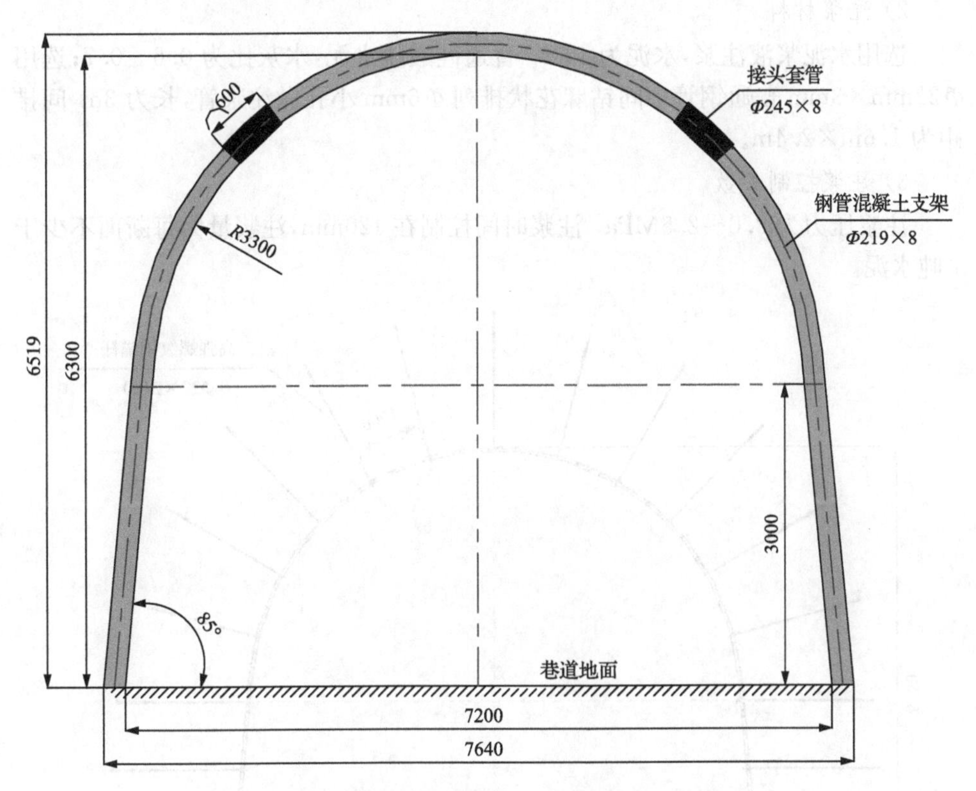

图 8.3　斜墙半圆拱形钢管混凝土支架结构图(单位:mm)

锚网喷支护设计:锚杆选用 Φ22mm×2400mm 高强螺纹钢树脂药卷锚杆,上部间距为 1000mm,底角部间距为 800mm,排距为 800mm,锚杆布置如图 8.4 所示。锚喷网+钢管混凝土支架支护断面如图 8.5 所示。

围岩注浆加固设计:−1100m 中央泵房支护中钢管混凝土支架安装完毕后进行围岩注浆加固,围岩注浆加固可以填充围岩内的裂隙,使围岩重新胶结并强化承压环内岩体的承载能力。使用全断面多孔同时注浆技术,一次完成一个或多个断面注浆,实现快速高效注浆效果。

−1100m 中央泵房围岩注浆加固的各个参数如下所示。

1) 注浆时机

合理的注浆时机一般是围岩最大的适量变形结束，外部支护体全面发挥承载作用时，对围岩进行注浆加固。−1100m 水平大巷的注浆时机：监测 Φ219mm×8 钢管混凝土支架承载力达到设计承载力 80%时，约 228 吨左右，对围岩进行注浆加固。

2) 注浆材料

选用水泥浆液注浆，水泥为 42.5# 普通硅酸盐水泥，水灰比为 0.6～0.7；选用 Φ22mm×3mm 普通钢管中间钻麻花状排列 Φ6mm 小孔做注浆管，长为 3m，间排距为 1.6m×2.4m。

3) 注浆控制参数

注浆压力为 2.0～2.5MPa，注浆时间控制在 120min，注浆量为每断面不少于 1 吨水泥。

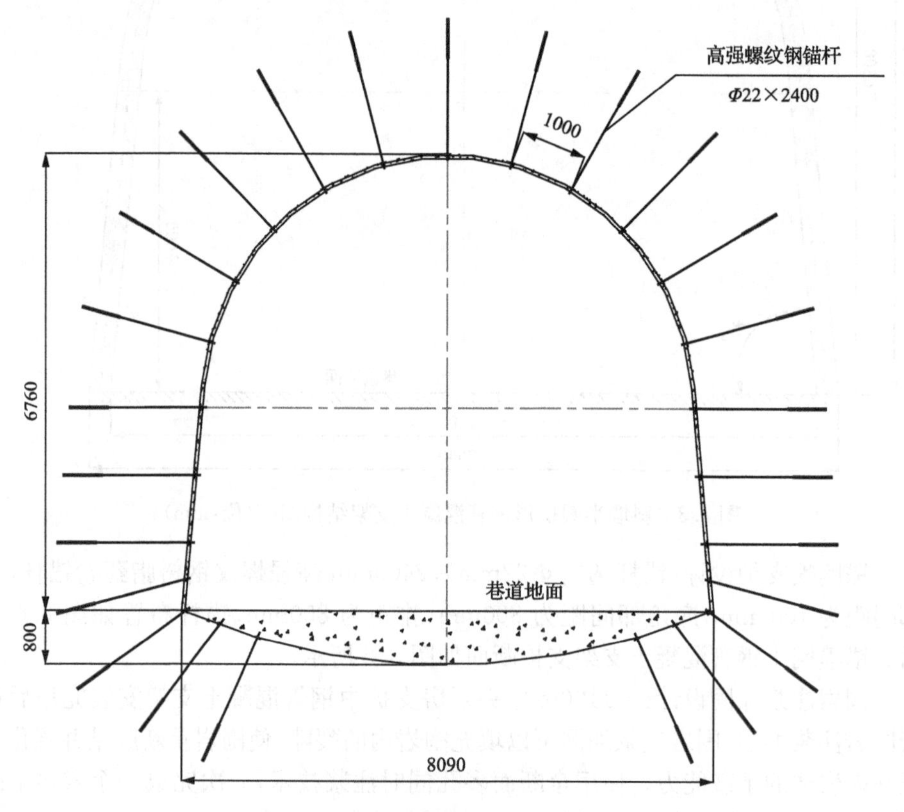

图 8.4　锚杆支护设计图(单位：mm)

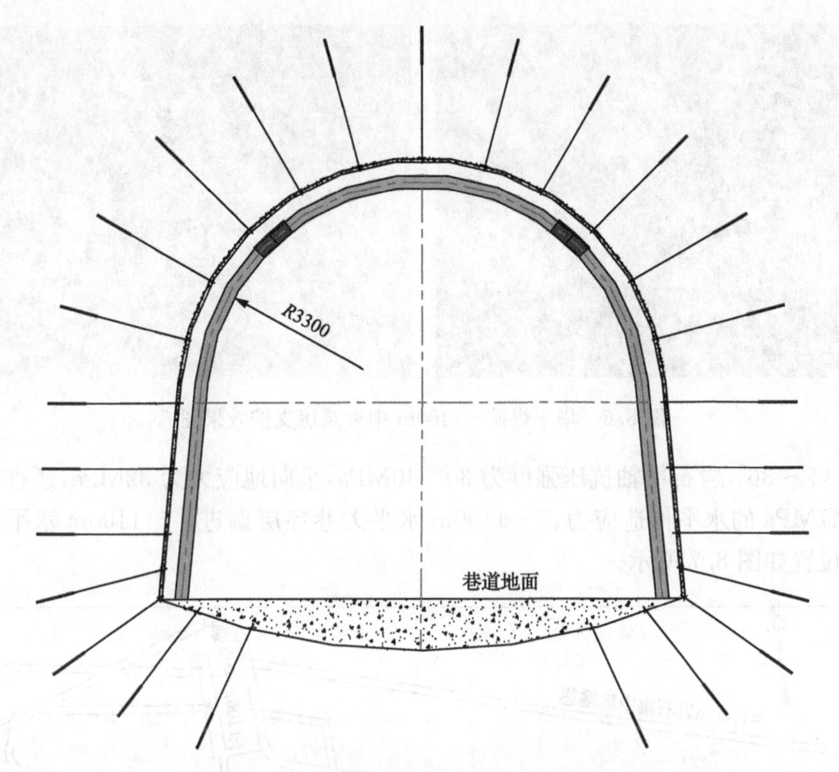

图 8.5　锚喷网+钢管混凝土支架支护断面图(单位:mm)

3. 华丰煤矿−1100m 中央泵房支护效果

巷道表面变形及支架变形观测采用十字布点法,测点布置方式与巷道变形测点布置方式相同。测点在钢管上用红漆进行标注。巷道轴线方向共布置 3 个断面的测站,每个测站相隔 8～10m。

通过 3 个月的连续监测发现,巷道变形微小,并且钢管混凝土支架整体结构完好,没有明显受损。这充分证明钢管混凝土支架复合支护技术能够有效控制深井巷道围岩的收敛变形,促使巷道围岩变形稳定,支护效果良好。华丰煤矿−1100m 中央泵房支护效果如图 8.6 所示。

8.1.2　华丰煤矿−1100m 水平大巷钢管混凝土支架支护

1. −1100m 水平大巷地质概况

−1100m 水平大巷埋深 1230m,该区煤岩层赋存稳定,结构比较简单,煤岩层走向为 85°～120°,倾角为 31°～33°。所穿过岩石大部分为粉砂岩、中砂岩,岩石倾

图 8.6　华丰煤矿－1100m 中央泵房支护效果图

角为 33°～36°,岩石单轴抗压强度为 30～40MPa,垂向地应力为 32MPa,还存在着 35～47MPa 的水平构造应力。－1100m 水平大巷穿层掘进。－1100m 水平大巷平面位置如图 8.7 所示。

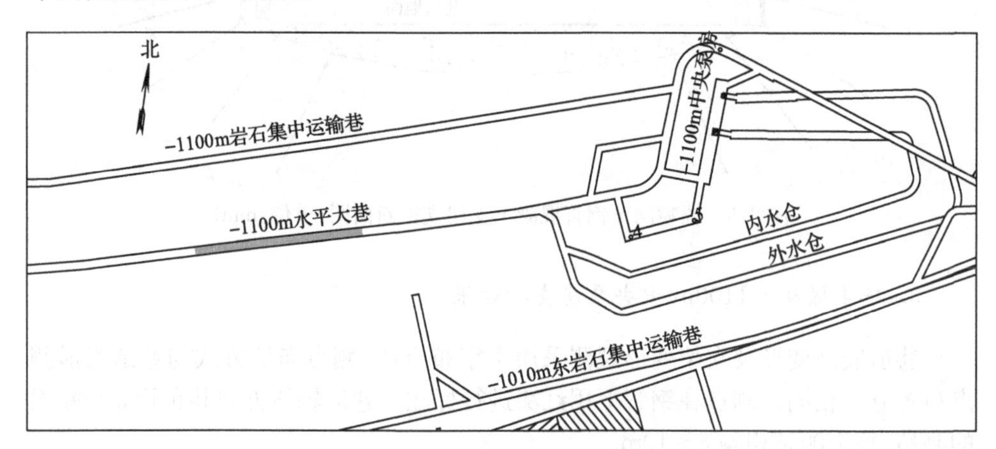

图 8.7　－1100m 水平大巷平面位置图

2. －1100m 水平大巷钢管混凝土支架支护方案

支架钢管选型:所用钢管的材质为 20# 无缝钢管,其中主体钢管规格为 Φ194mm×8mm,单位重量为 36.7kg/m。经计算 Φ194mm×8mm 型钢管混凝土支架的极限承载力约为 202 吨,能够提供的支护反力约为 1.01MPa。

支架结构参数确定:－1100m 水平大巷变形具有非对称性,为研究钢管混凝土支架直墙段与弧墙段的支护性能区别,钢管混凝土支架的断面分两种:弧墙半圆拱形支架和直墙半圆拱形支架。

弧墙半圆拱形支架的钢管混凝土支架主体结构参数见表 8.3,支架参数见

表 8.4。钢管混凝土支架结构如图 8.8 所示。

表 8.3　弧墙半圆拱形支架主体结构参数表

名称	钢管型号 /mm	单位重量 /(kg/m)	每段长度 /m	每段钢管重量 /kg	单个支架重量 /kg
顶拱段	Φ194×8	36.7	4.232	155.3	681.7
两帮段	Φ194×8	36.7	4.084	149.9	
反底拱	Φ194×8	36.7	3.679	135.0	
接头套管	Φ219×8	41.6	0.6/0.5	25.0/20.8	

表 8.4　弧墙半圆拱形支架参数表

项目名称	具体参数
支架外周长	16.1m
支架净断面积	17.3m^2
支架核心混凝土体积	0.4m^3

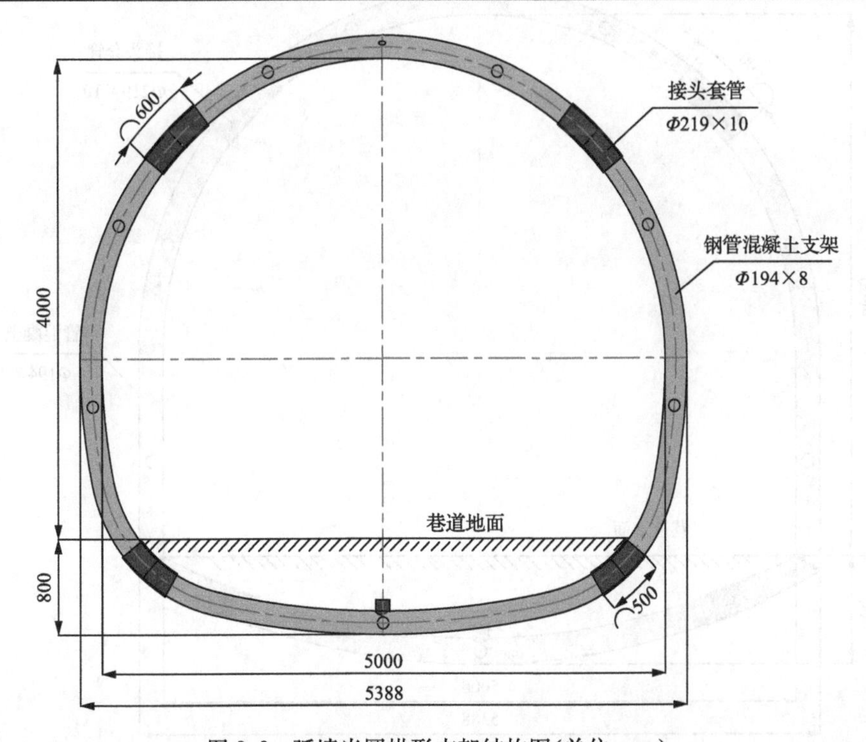

图 8.8　弧墙半圆拱形支架结构图(单位:mm)

直墙半圆拱形支架的钢管混凝土支架主体结构参数见表 8.5,支架参数见表 8.6。钢管混凝土支架结构如图 8.9 所示。

表 8.5　直墙半圆拱形支架主体结构参数表

名称	钢管型号 /mm	单位重量 /(kg/m)	每段长度 /m	每段钢管重量 /kg	单个支架重量 /kg
顶拱段	Φ194×8	36.7	4.232	155.3	728.6
两帮段	Φ194×8	36.7	4.446	163.2	
反底拱	Φ194×8	36.7	4.177	153.3	
接头套管	Φ219×8	41.6	0.6/0.5	25.0/20.8	

表 8.6　直墙半圆拱形支架参数表

项目名称	具体参数
支架外周长	17.3m
支架净断面积	19.4m²
支架核心混凝土用量	0.4m³

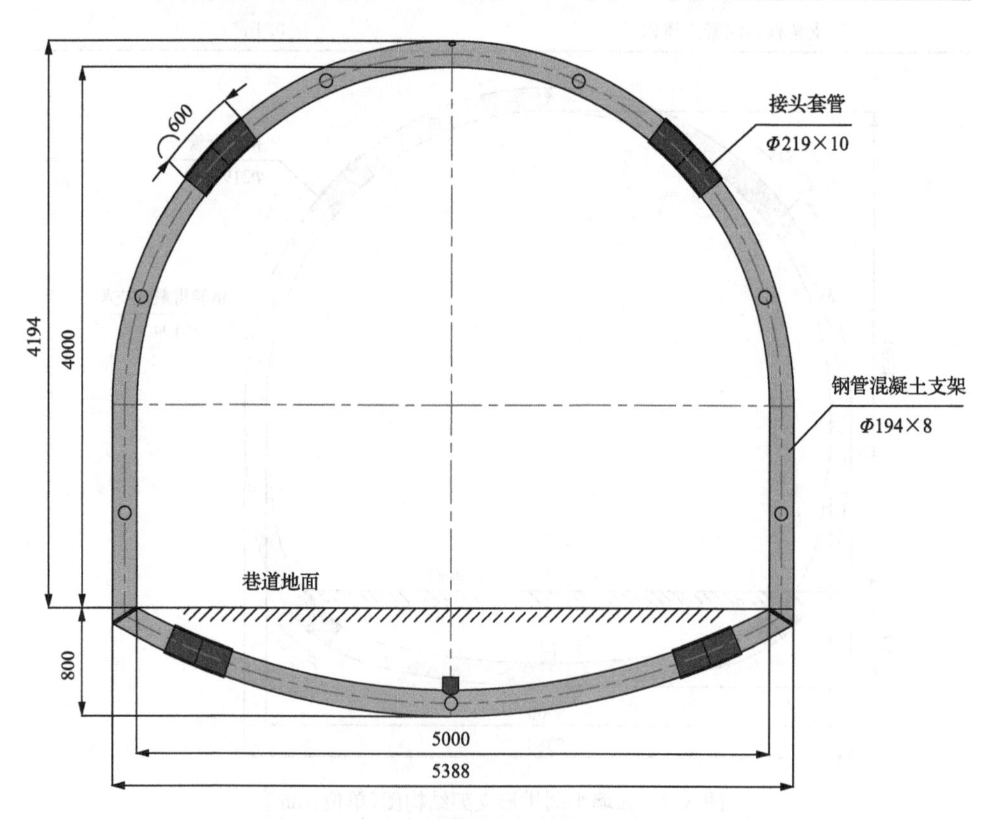

图 8.9　直墙半圆拱形支架结构图(单位:mm)

锚网喷支护设计如下。

(1) 巷道扩修后立即对围岩喷射厚度为 30～50mm 的混凝土，以封闭围岩，防止岩块风化和掉落，并隔绝围岩与空气间水分交换。

(2) 挂普通金属网打锚杆，如图 8.10 所示，也可以按照巷道原支护的锚网设计执行。采用 Φ22mm×2400mm 高强螺纹钢树脂锚杆，锚杆间排距为 800mm×800mm；金属网采用 Φ 5mm 钢筋焊接而成的钢筋网，网孔间排距为 100mm×100mm；混凝土强度等级为 C20。

(3) 最后复喷厚度为 150mm 的混凝土，此步措施可以暂时滞后，先架设钢管混凝土支架，在支架后铺设强力抗拉网，强力抗拉网和锚网间插花式排列水泥背板或木背板做柔性变形层，当柔性变形层达到变形极限后复喷混凝土。“锚网喷＋钢管混凝土支架”支护设计如图 8.11 所示。

围岩注浆加固设计：围岩注浆加固可以填充围岩内的裂隙，使围岩重新胶结并强化承压环内岩体的承载能力。使用全断面多孔同时注浆技术，一次完成一个或多个断面注浆，实现快速高效注浆效果。－1100m 水平大巷围岩注浆加固参数同 8.1.2 节，围岩注浆加固设计如图 8.12 所示。

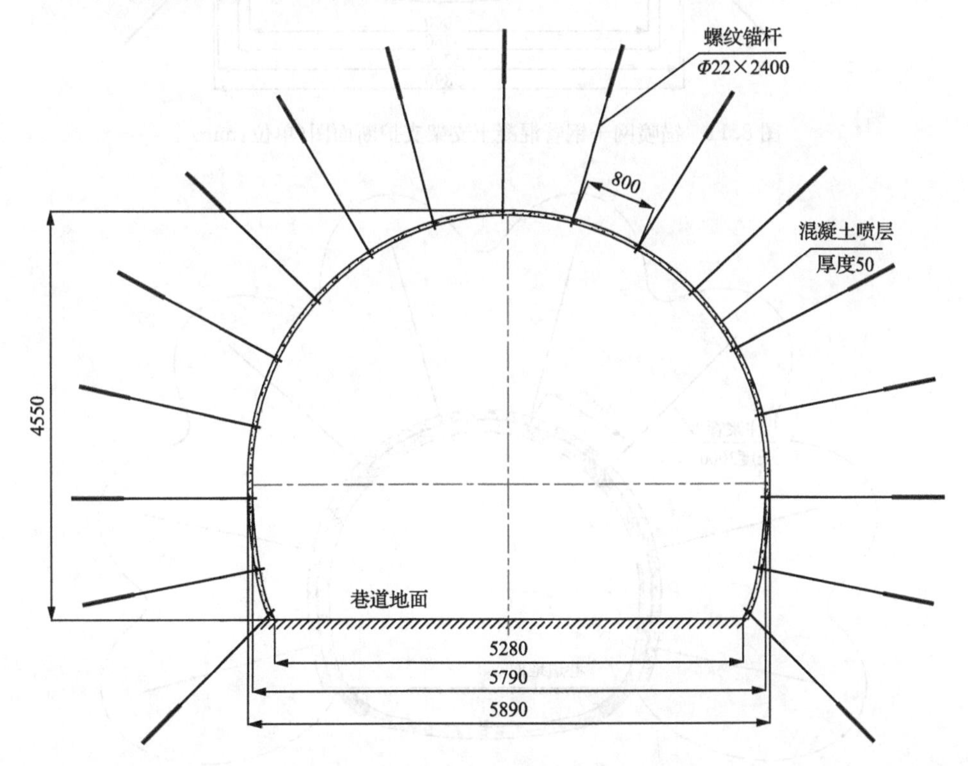

图 8.10　锚杆支护设计图(单位:mm)

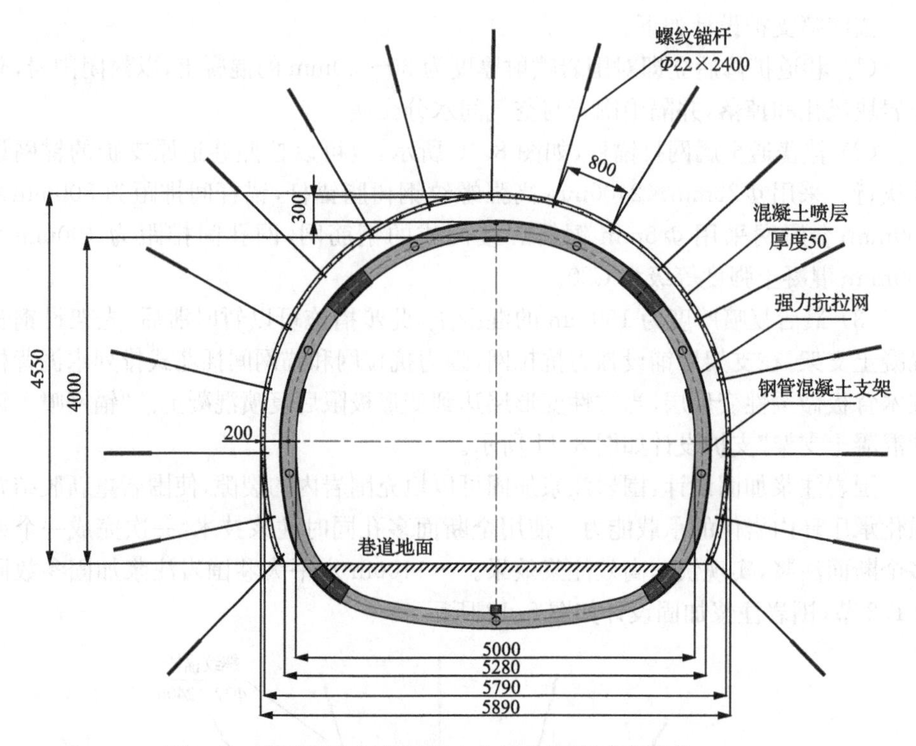

图 8.11　锚喷网＋钢管混凝土支架支护断面图(单位:mm)

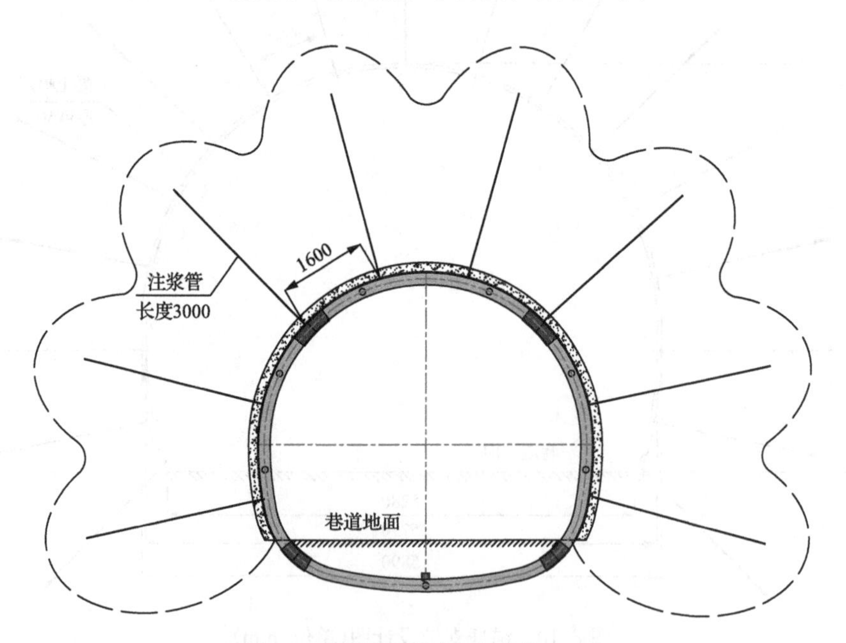

图 8.12　围岩注浆加固(单位:mm)

3. 华丰煤矿－1100m 水平大巷支护效果

巷道表面变形及支架变形观测采用十字布点法，测点布置方式与巷道变形测点布置方式相同。测点在钢管上用红漆进行标注。巷道轴线方向共布置3个断面的测站，每个测站相隔8～10m。

通过150天的连续监测发现，巷道变形微小，并且钢管混凝土支架整体结构完好，没有明显受损。这充分证明钢管混凝土支架复合支护技术能够有效控制深井巷道围岩的收敛变形，促使巷道围岩变形稳定，支护效果良好。华丰煤矿－1100m 水平大巷支护效果如图8.13所示。

图8.13　华丰煤矿－1100m 水平大巷支护效果

8.1.3　华丰煤矿－1100m 风井联络巷钢管混凝土支架支护

1. 华丰煤矿－1100m 风井联络巷地质概况

华丰煤矿－1100m 水平风井联络巷埋深1230～1250m，穿层掘进所穿岩石大部分为粉砂岩、中砂岩、细砂岩，岩石倾角平均为30°。岩石单轴抗压强度为30～40MPa，垂向地应力为32MPa，水平构造应力为35～47MPa。该联络巷断层及煤层附近顶板较为破碎，巷道掘进过程中受到六层煤采动影响，巷道变形量大，破坏严重，后期又受到四层煤采动影响，巷道围岩强烈变形，巷道断面难以满足使用要求。－1100m 风井联络巷平面位置如图8.14所示，煤岩层综合柱状图如图8.2所示。

2. 钢管混凝土支架支护方案

支架钢管选型：钢管选用20# 无缝钢管，其中主体钢管规格为 Φ219mm×8mm，单位重量为41.6kg/m。经计算 Φ219mm×8mm 型钢管混凝土支架的极限承载能力约为260吨，钢管混凝土支架能够提供的支护反力约为1.37MPa。

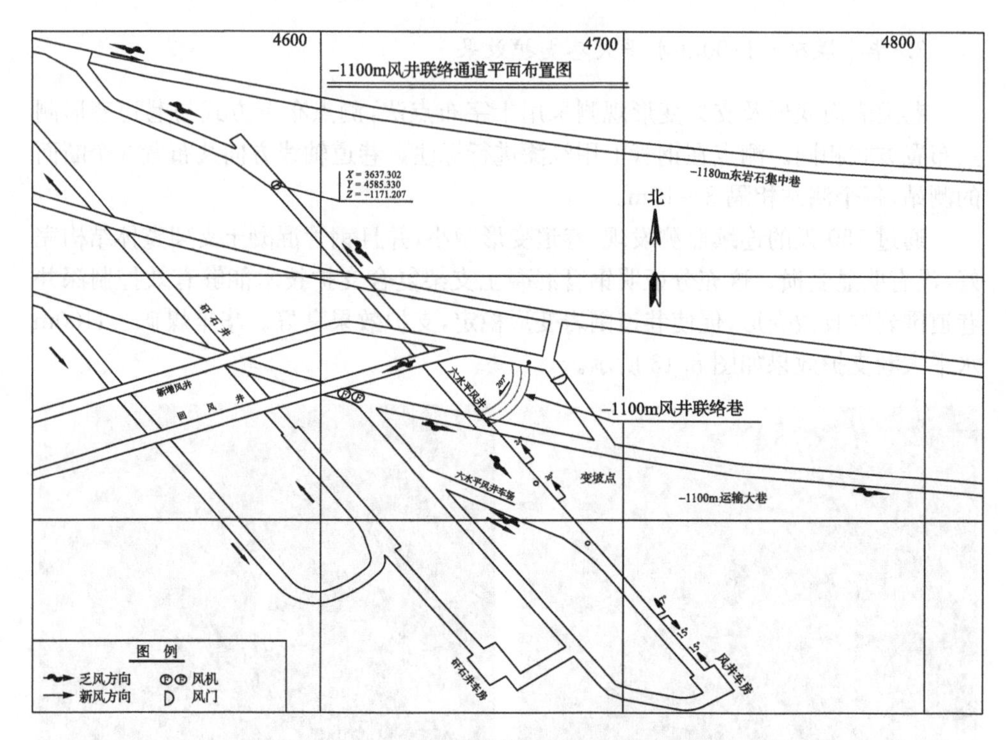

图 8.14　－1100m 风井联络行平面布置图(单位:mm)

支架结构参数确定:－1100m 风井联络巷修复使用圆形钢管混凝土支架,净断面直径为 4800mm。主体结构包括四段支架管和接头套管,四段支架管分别为顶拱段、左帮段、右帮段和反底拱段。钢管混凝土支架主体结构参数见表 8.7,支架参数见表 8.8。钢管混凝土支架结构如图 8.15 所示。

表 8.7　圆形钢管混凝土支架主体结构参数表

名称	钢管型号/mm	单位重量/(kg/m)	每段长度/m	每段钢管重量/kg	单个支架重量/kg
主体段	Φ219×8	41.6	4.112	171.1	796.2
接头套管	Φ245×8	46.7	0.6	28.0	

表 8.8　圆形钢管混凝土支架参数表

项目名称	具体参数
支架外周长	16.45m
支架净断面积	18.09m^2
支架核心混凝土体积	0.62m^3

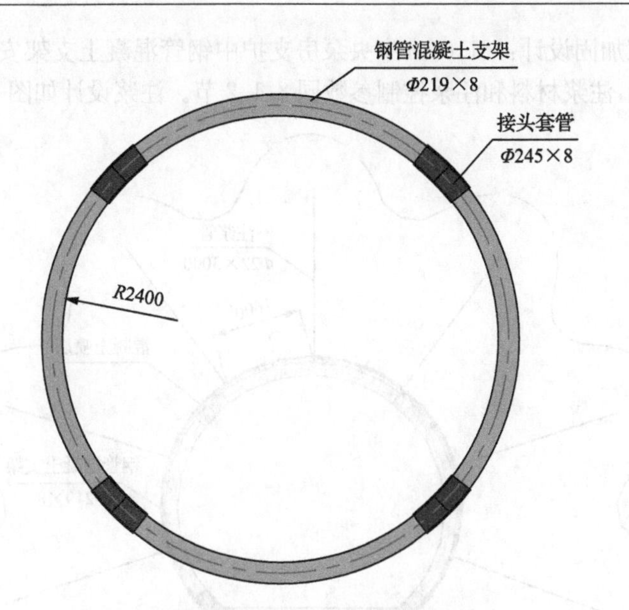

图 8.15　圆形钢管混凝土支架结构图(单位:mm)

锚网喷支护设计:锚网喷支护与 8.1.2 节中所述类似。锚杆选用 Φ22mm×2400mm 高强螺纹钢树脂药卷锚杆,间排距为 800mm×800mm,锚杆布置如图 8.16 所示。

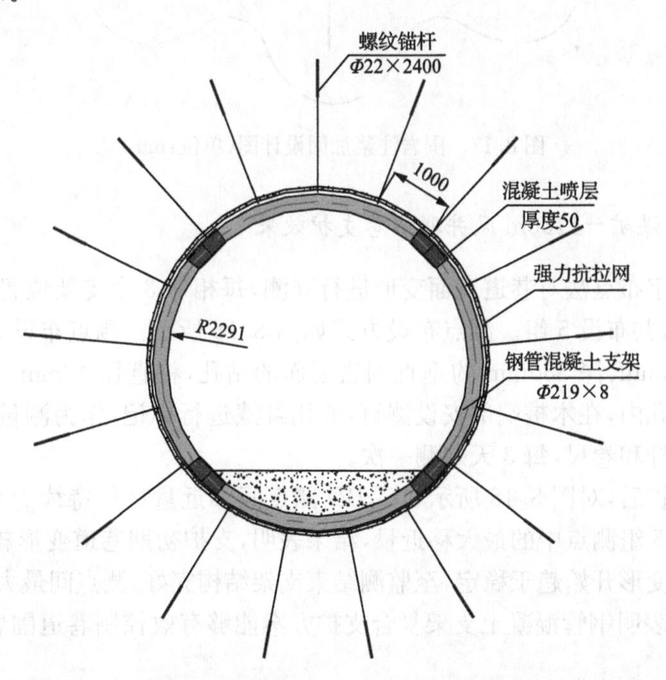

图 8.16　锚喷网＋钢管混凝土支架支护断面图(单位:mm)

围岩注浆加固设计：－1100m 中央泵房支护中钢管混凝土支架安装完毕后进行围岩注浆加固，注浆材料和注浆控制参数同 8.1.2 节。注浆设计如图 8.17 所示。

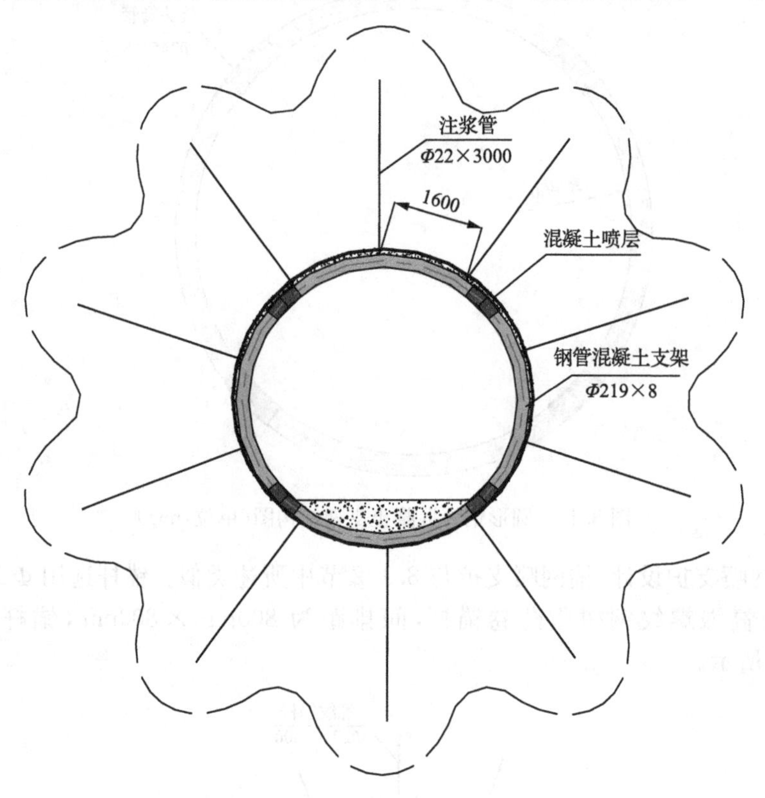

图 8.17　围岩注浆加固设计图(单位:mm)

3. 华丰煤矿－1100m 风井联络巷支护效果

采用十字布点法对巷道表面变形进行观测，每相邻 3 个支架位置处布设一组“十”字测点，共布设 5 组。测点布设方式如图 8.18 所示。测点布设方法：在测点处钻直径 42mm、深 380mm 的垂直围岩表面的钻孔，将直径 42mm、长约 400mm 的木桩打入孔内，在木桩端部安设测钉，并用红漆进行标记，作为测量基点。测量仪器选用测杆和卷尺，每 3 天观测一次。

巷道支护后，对图 8.18 所示 AC、BD 测点间移近量进行持续 150 天的监测，监测数据取 5 组测点中的最大移近量，结果表明，支护初期巷道变形较快，40 天以后巷道围岩变形开始趋于稳定，至监测结束支架结构完好，测点间最大移近量小于 80mm，充分表明钢管混凝土支架复合支护方案能够有效控制巷道围岩变形，维持巷道稳定。

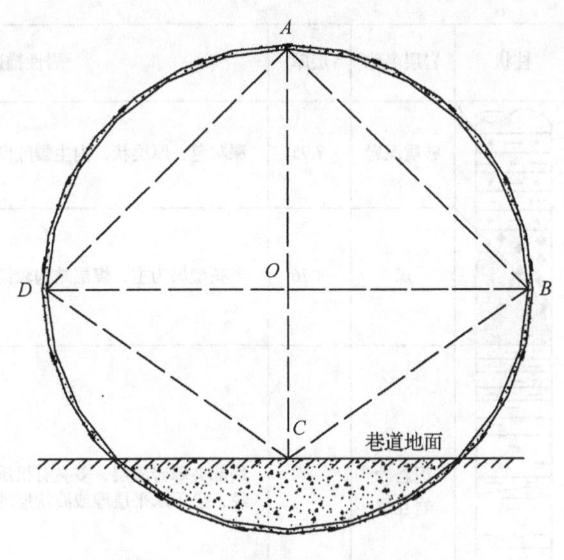

图 8.18　巷道表面位移测点布置图

8.2　平朔井工三矿东翼大巷

平朔井工三矿东翼大巷包括东翼主运大巷、辅运大巷和回风大巷，巷道靠近冲刷带地层，围岩自承载能力较差，普通支护实施后变形大，巷道不稳定。对辅运大巷和辅运顺槽实施钢管混凝土支架支护技术，取得了较好的支护效果。

8.2.1　平朔井工三矿东翼大巷地质概况

井工三矿东翼大巷均布置于 9 号煤层中，即东翼主运大巷、辅运大巷沿煤层底板施工，回风大巷沿煤层顶板超前运输巷掘进施工以探明煤层变化情况，为运输巷的掘进提供更可靠的地质报告。该区域 9 号煤层结构较为复杂，厚度在 7～11m，煤层顶底板以泥岩、砂岩为主，见表 8.9。巷道初始设计为锚网喷、锚索及 W 钢带联合支护，巷道综合柱状图如图 8.19 所示。

表 8.9　煤层顶底板情况

岩层名称	老顶	直接顶	煤层	直接底	老底
岩性	粗砂岩	泥岩、砂质泥岩	—	中砂岩	泥岩
厚度/m	10.6	1.48	7～11	2.3	2.7

地层			柱状	岩层名称	层厚	岩性描述
系	统	组				
石炭系 C	上统 C3	太原组 C3	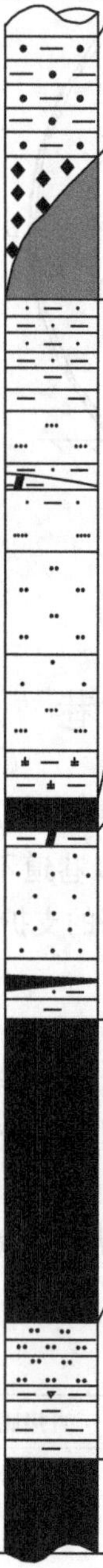	砂质泥岩	7.95	深灰色，厚层状，内生裂隙发育
				煤	4.76	半亮型煤为主，煤层结构较简单
				泥岩砂岩互层	30.00	局部夹砾岩薄层，多夹有机质或粉砂质条纹，显示水平层理或波状层理
				煤层		结构简单
				泥岩砂岩互层		节理裂隙发育
				煤	9.60	半亮型煤为主，厚度变化趋势不明显。结构复杂，夹石岩性多为泥质岩、高岭岩，局部夹粉砂岩层
				中砂岩	2.30	质密坚硬，灰分较高
				泥岩砂岩互层	2.70	顶部局部夹有薄层高岭岩，局部间夹细砾岩，底部普遍发育一层泥灰岩
				煤	–	以亮煤为主，结构较为简单

图 8.19　东翼辅运大巷柱状图

8.2.2　平朔井工三矿东翼大巷巷道钢管混凝土支架支护方案设计

1. 东翼辅运大巷支护方案

针对东翼辅运大巷现有状况，采用钢管混凝土支架支护，辅助支护采用锚网喷支护，冒顶地段采用自进式中空注浆锚杆替代普通锚杆，支架壁后加强力抗拉网。

支护断面形状为直墙半圆拱形，巷道支护形式为“钢管混凝土支架＋锚网喷”支护形式，壁后处理方式为强力抗拉网。支护设计图如图8.20所示，钢管混凝土支架结构如图8.21所示。

2. 辅运顺槽支护方案设计

辅运顺槽在煤层中掘进，断面形状为矩形，采用钢管混凝土支架＋锚网喷支护形式。如果顶板冒落严重，支架壁后添加强力抗拉网进行进一步的辅助支护。

支护断面形状为直墙、平顶、肩部圆弧形，辅运顺槽支护形式为钢管混凝土支架＋锚网喷支护形式，壁后处理方式为强力抗拉网。支护设计图如图8.22所示，钢管混凝土支架结构如图8.23所示。

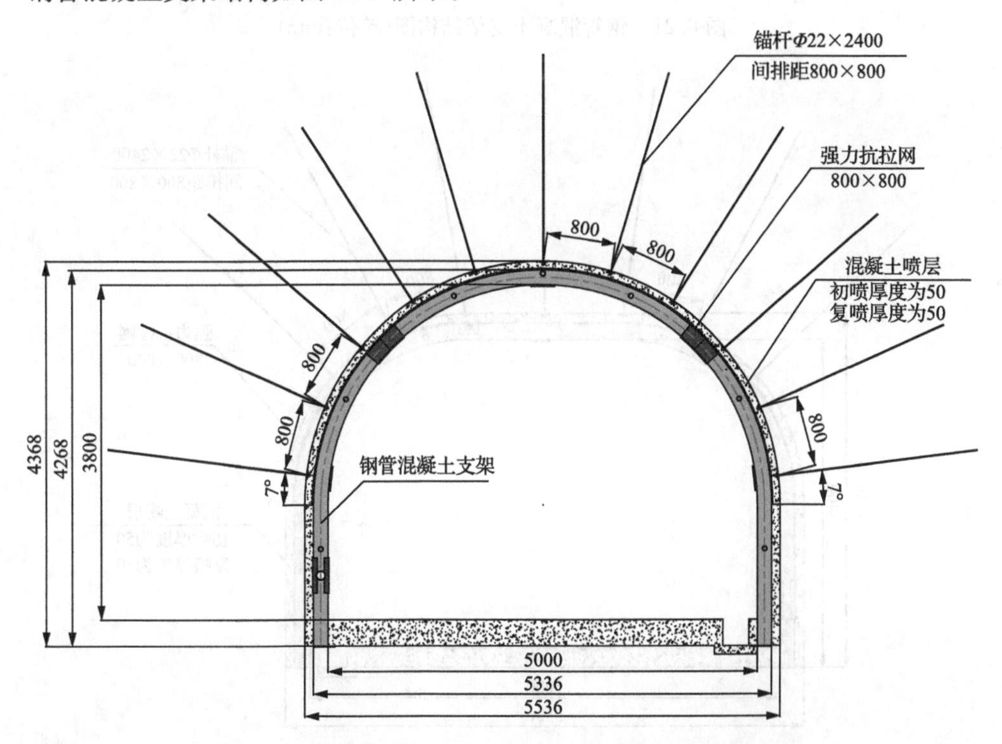

图8.20　钢管混凝土支架＋锚网喷支护设计图(单位:mm)

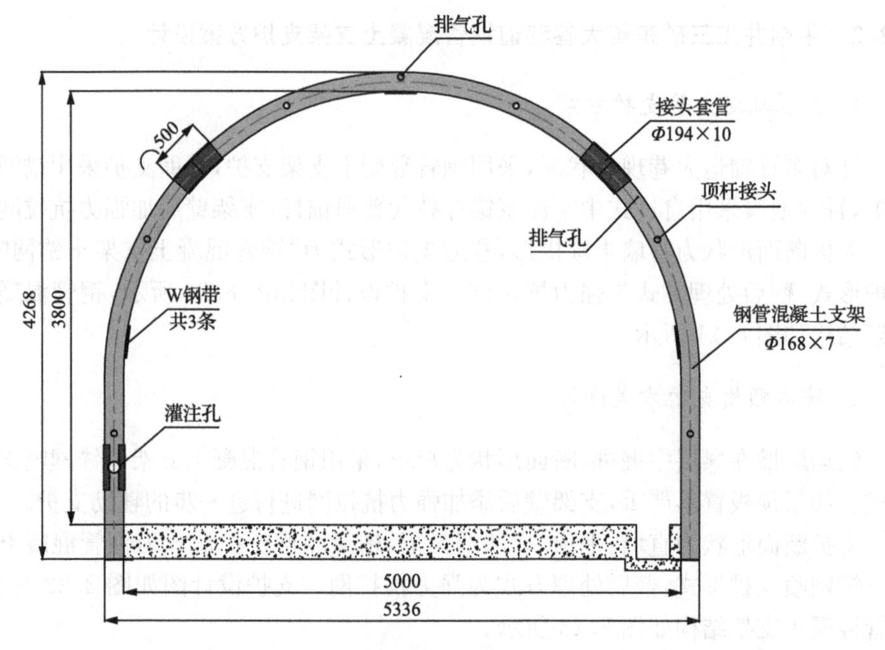

图 8.21　钢管混凝土支架结构图(单位:mm)

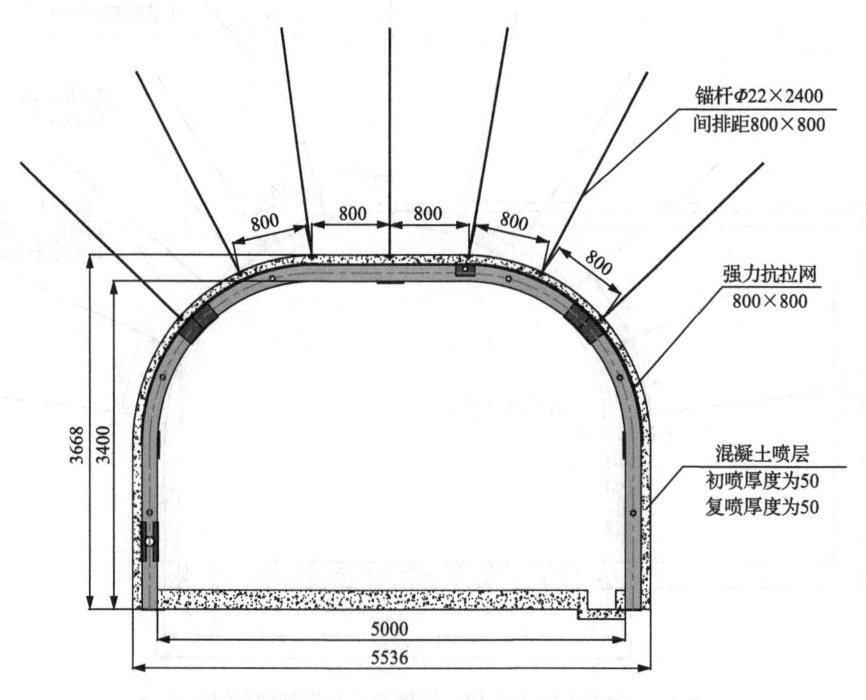

图 8.22　钢管混凝土支架＋锚网喷支护设计图(单位:mm)

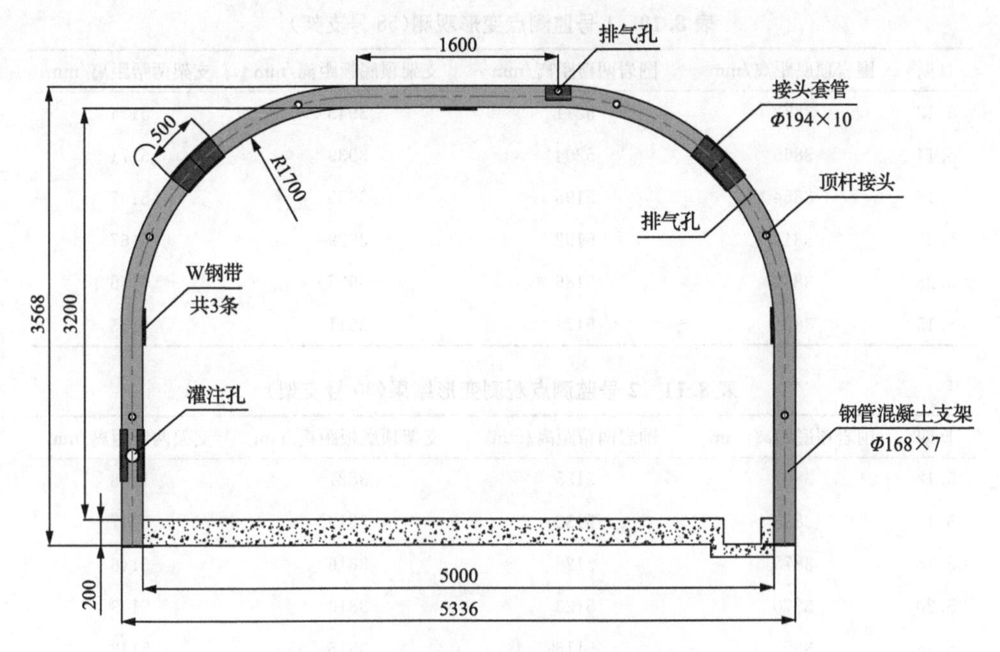

图 8.23　钢管混凝土支架结构图(单位:mm)

8.2.3　平朔井工三矿东翼大巷巷道变形现场监测与支护效果

2011 年 5 月 12 日开始对钢管混凝土支架及井工三矿东翼附运大巷进行变形观测与矿压观测,在 64m 钢管混凝土支架支护段内选择 3 个观测点,采用十字布点法监测支架变形观测和巷道变形观测,监测点布置如图 8.24 所示。监测点变形观测如表 8.10~表 8.12 所示。

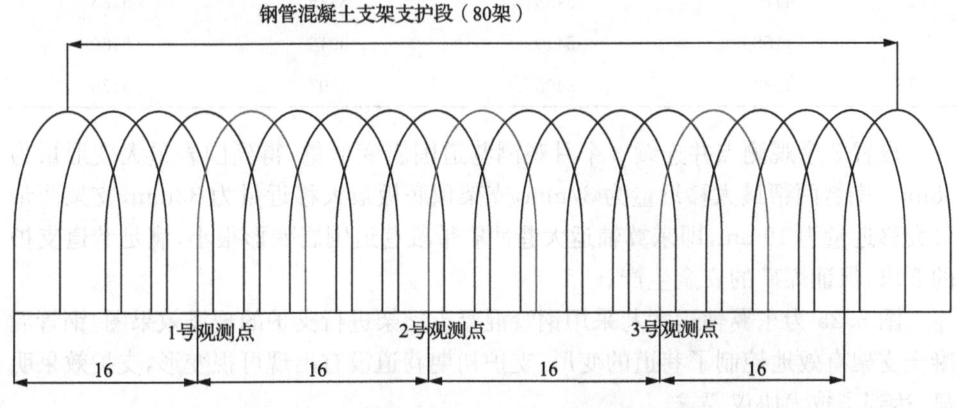

图 8.24　钢管混凝土支架支护段监测点布置

表 8.10　1 号监测点变形观测(58 号支架)

日期	围岩顶底距离/mm	围岩两帮距离/mm	支架顶底板距离/mm	支架两帮距离/mm
5.12	3873	5211	3943	5174
5.14	3865	5204	3939	5171
5.18	3854	5195	3935	5167
5.20	3847	5192	3929	5167
5.28	3839	5186	3925	5165
8.15	3821	5174	3911	5155

表 8.11　2 号监测点观测变形结果(30 号支架)

日期	围岩顶底距离/mm	围岩两帮距离/mm	支架顶底板距离/mm	支架两帮距离/mm
5.12	3887	5135	3821	5148
5.14	3883	5132	3819	5147
5.18	3875	5126	3816	5146
5.20	3870	5123	3816	5143
5.28	3855	5116	3815	5142
8.15	3835	5104	3795	5134

表 8.12　3 号监测点观测变形结果(30 号支架)

日期	围岩顶底距离/mm	围岩两帮距离/mm	支架顶底板距离/mm	支架两帮距离/mm
5.12	4187	5439	3935	5192
5.14	4180	5436	3933	5190
5.18	4175	5432	3929	5187
5.20	4170	5428	3925	5185
5.28	4158	5419	3916	5180
8.15	4132	5405	3907	5176

设置 3 个观测点并连续 3 个月观测巷道围岩变形量,得到围岩最大变形量为 58mm,围岩两帮最大移近量为 37mm,支架顶底板最大移近量为 32mm,支架两帮最大移近量为 19mm,即东翼辅运大巷冲刷带段巷道围岩变形很小,满足巷道支护的要求,保证煤矿的安全生产。

图 8.25 为东翼辅运大巷采用钢管混凝土支架进行支护的现场效果图,钢管混凝土支架有效地控制了巷道的变形,支护初期巷道没有出现可视变形,支护效果明显,达到了技术协议要求。

(a) 东翼辅运大巷冲刷带段钢管混凝土支架支护图

(b) 辅运顺槽钢管混凝土支支架支护图

图 8.25　东翼辅运大巷钢管混凝土支架支护现场

8.3　北皂煤矿极软岩巷道

2012 年至 2014 年在龙口北皂煤矿二采回风联络巷、H2304 运输联络巷两条极软弱围岩巷道内采用钢管混凝土支架支护技术进行巷道支护，取得了良好的支护效果。

8.3.1　北皂煤矿矿井地质概况与巷道围岩岩石性质

矿井含煤地层为下第三系，可采煤层 3 层，可采油页岩 2 层，煤层总厚度为 13.74m。煤系地层为新生代下第三系，主要由钙质泥岩、泥岩、含油泥岩、油页岩、黏土岩、含砾砂岩及粗砂岩等软弱岩层组成，海域地层自下而上依次为下第三系、上第三系和第四系。

8.3.2　北皂煤矿海域二采区回风联络巷钢管混凝土支架支护

1. 海域二采区回风联络巷工程地质概况

海域二采回风联络巷长 40.4m，处于－350m 水平，位于煤 2 地层顶板中。巷道北侧为 SF-14、HDF-17、SF-7A 断层，南侧为 H2109 工作面，西侧为－350m 回风大巷、轨道大巷、皮带大巷保护煤柱，东侧为采区边界。平面布置图如图 8.26 所示。

二采区回风联络巷地层综合柱状图如图 8.27 所示，由图 8.27 可以看出，二采区回风联络巷涉及的主要地层为煤 2 层、含油泥岩层、油 2 层、煤 1 层等，即煤 2 上部约 57m 岩层，钢管混凝土支架支护段处于含油泥岩层中。

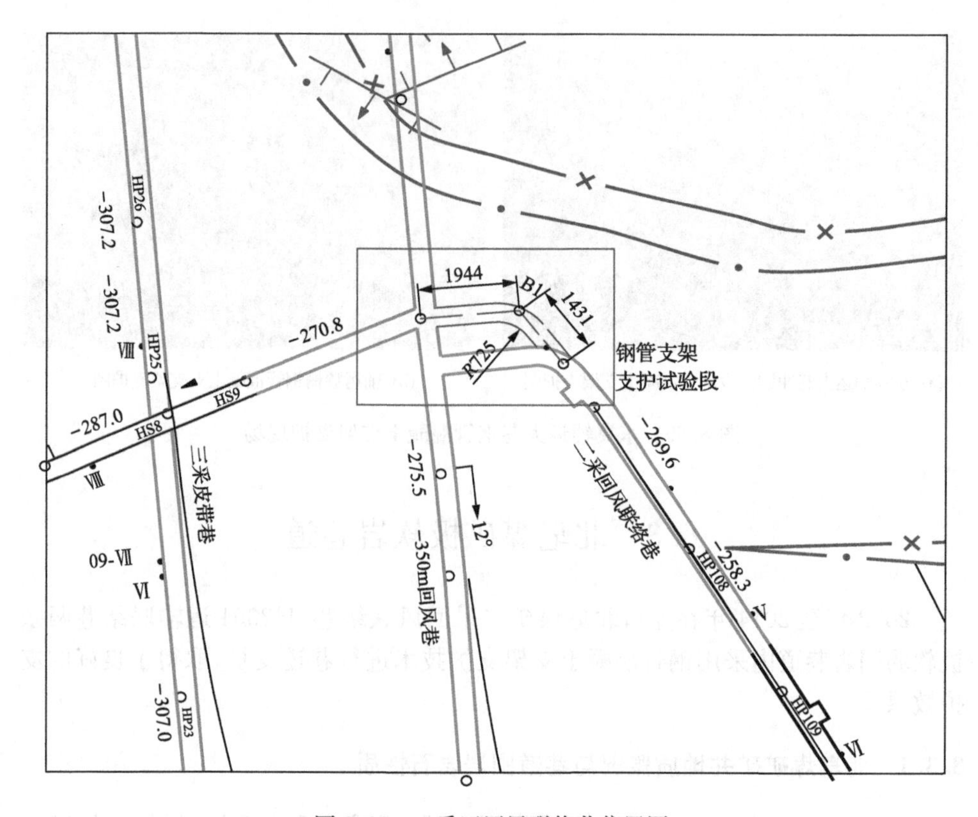

图 8.26　二采区回风联络巷位置图

2. 海域二采区回风联络巷围岩力学参数

1) 岩石单轴抗压强度

二采区回风联络巷所处地层岩石强度一般在 5～15MPa，中间含很薄的坚硬岩层；钢管混凝土支架支护段处于含油泥岩层中，强度为 5.7～12.5MPa，岩石强度低，属于软或极软岩层。

2) 岩石水理性质

二采区回风联络巷所处地层岩石吸水率一般为 20%～60%，膨胀率一般为 10%～20%；钢管混凝土支架支护段所处的含油泥岩层吸水率为 28.7%～42.61%，膨胀率为 12.95%～15.39%，吸水率较大，膨胀性较强。

3) 岩石成分

二采区回风联络巷所处地层岩石矿物成分含量较多的是石英和方解石，黏土矿物总量占 50%左右，其中蒙脱石含量最高；钢管混凝土支架支护段所处的含油泥

岩层名称	厚度/m	累厚/m	柱状	岩性描述
泥岩、泥灰岩互层	7.80	7.80	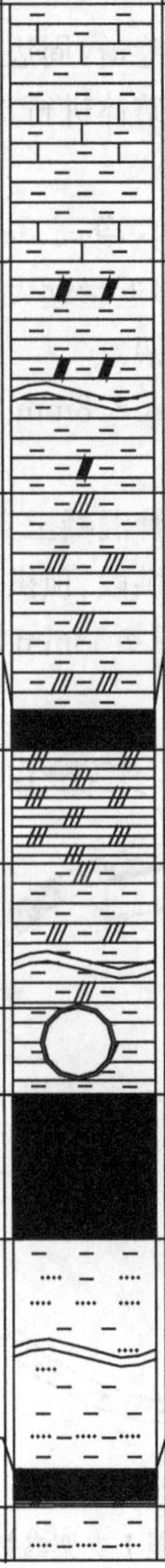	灰-浅灰，致密坚硬
泥岩、炭质泥岩	17.80	25.60		灰-黑色。炭质泥岩性软、污手，不可燃；泥岩灰色，质纯，局部含油
含油泥岩	6.57	32.17		灰色，水平层理，裂隙较发育，下部含油较高
煤 1	0.98	33.15		褐黑色，条带状结构
油 2	3.68	36.83		褐灰色，上部含油较高，含螺类和介形虫化石
含油泥岩	15.87	52.70		褐黑色，具水平层理，贝壳状-平坦状断口，含少量贝类化石
钢管混凝土支架支护段				
煤 2	4.20	56.70		褐黑色，沥青光泽，条带状结构，夹矸为细砂岩或炭质泥岩
泥岩、砂岩	12.40	69.30		浅灰-深灰，含少量炭质及植物根化石，局部为中粗砂岩
煤 3、油 3	0.98	70.28		煤层为条带状结构，沥青光泽；油页岩深灰色，含炭较高
泥岩、砂岩	>20			灰色，块状结构，分选差

图 8.27　二采区回风联络巷地质柱状图

岩层矿物成分主要是石英和黏土矿物，其中石英占 36.2%，黏土矿物 60.1%，黏土矿物中蒙脱石占 66%，高岭石占 26%。

3. 海域二采区回风联络巷钢管混凝土支架支护方案

海域二采区回风联络巷为极软岩巷道，周边巷道围岩变形严重，需采用支护反力较大的钢管混凝土支架配合混凝土碹体进行支护，以控制极软围岩的变形。

1）钢管混凝土支架结构设计

巷道断面尺寸要求为净宽 3.8m，净高 3.45m。由于采区地应力 σ_1/σ_s 为 1.56，且周边巷道围岩变形时顶底板移近量远大于两帮移近量，因此海域二采区回风联络巷采用圆形断面钢管混凝土支架。

支架钢管选型为选用 Φ194mm×8mm 的无缝钢管，单位长度重量为 36.7kg/m。

支架结构参数如图 8.28 所示，钢管混凝土支架直径为 4.5m，支架结构分为五段弧：左帮段、右帮段、左底拱段、右底拱段、顶拱段，用套管连接。为增强钢管混凝土支架抗弯能力，在支架顶端内侧加焊 Φ38mm 圆钢，长度为 1500mm。支架断面参数见表 8.13。

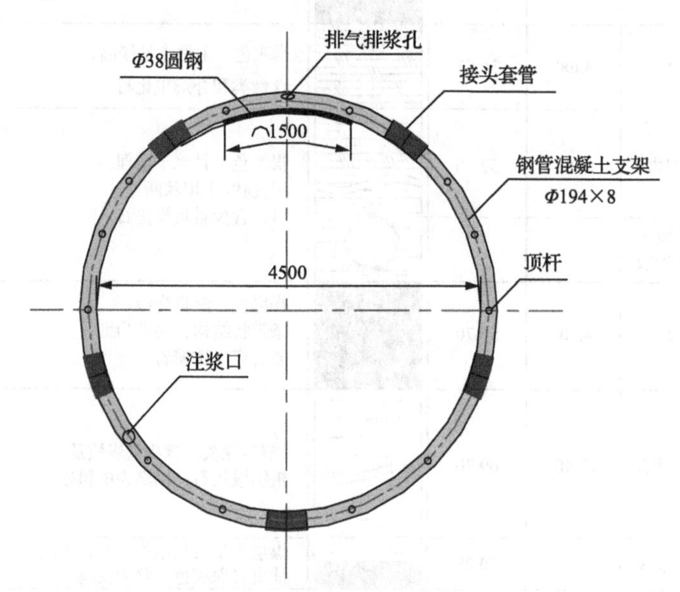

图 8.28　钢管混凝土支架参数(单位:mm)

表 8.13　支架断面参数表

断面形状	支架直径/m	支架周长/m	支架净重/kg	净高×净宽/mm	底拱深度/mm	支架节数
圆形	4.5	14.74	541	3450×3800	1050	5

2）支架壁后碹体支护设计

在巷道地坪以上部分的钢管混凝土支架和巷道围岩中间挂金属网和隔绝水和风化作用的泡沫塑料板。在巷道地坪以下部分的钢管混凝土支架内侧铺设金属网和隔绝水和风化作用的泡沫塑料板。支架安装、钢筋网铺设、泡沫塑料板充填完成后，混凝土喷碹处理，喷碹厚度为 300mm。喷碹混凝土采用标号 42.5 的普通硅酸盐水泥配制，标号 C20，水灰比控制在为 0.4～0.6，速凝剂掺量为水泥重量的 3%～5%。

支架壁后碹体支护与钢管混凝土支架支护共同组成二采回风联络巷支护方案。设计整体如图 8.29 所示。

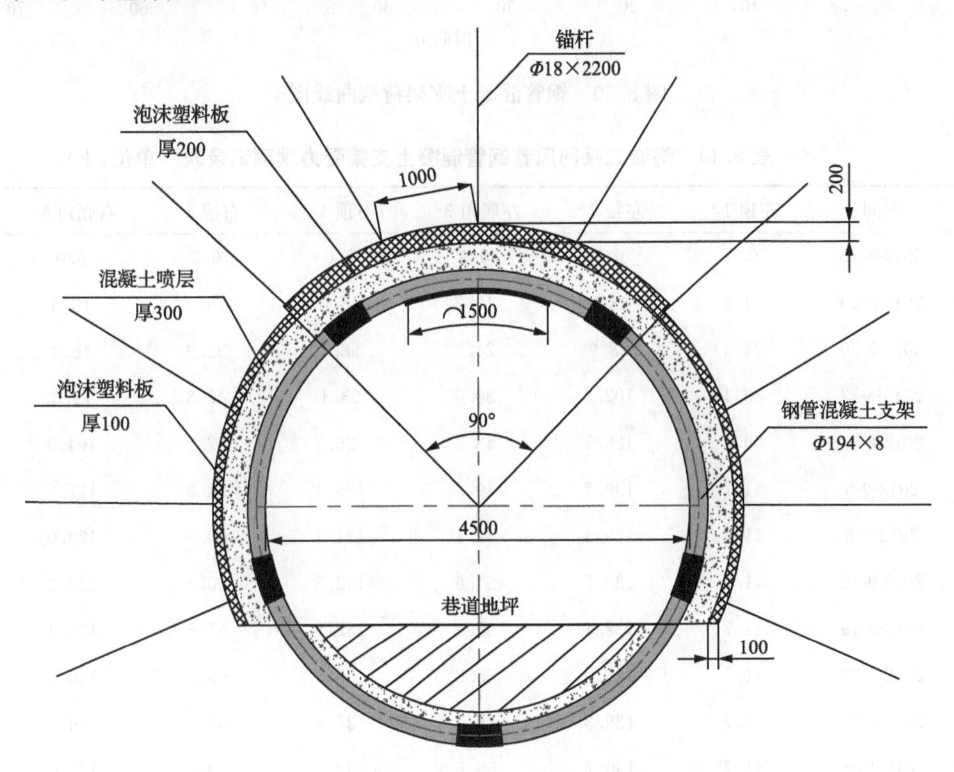

图 8.29　钢管混凝土支架支护断面图(单位：mm)

4. 海域二采区回风联络巷钢管混凝土支架受力和变形监测

1）钢管混凝土支架受力观测

钢管混凝土支架荷载曲线如图 8.30 所示，钢管混凝土支架受力观测记录表如表 8.14 所示。

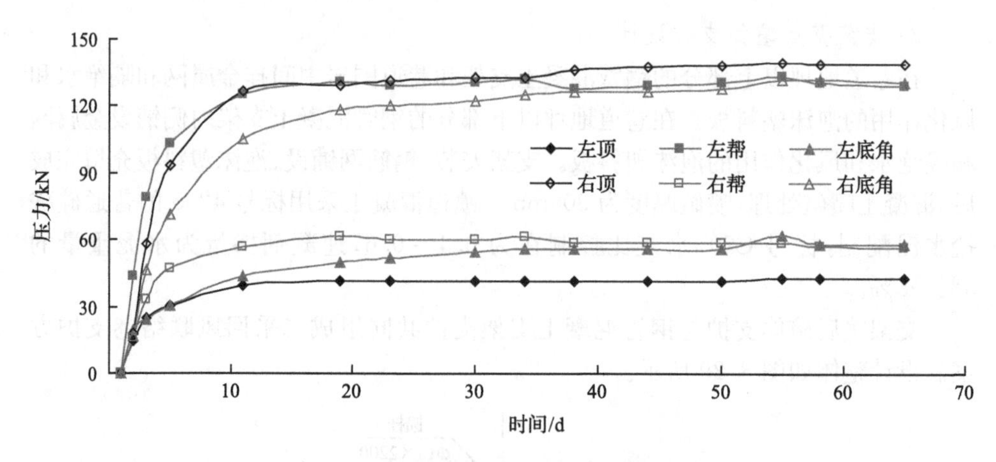

图 8.30 钢管混凝土支架荷载曲线图

表 8.14 海域二采回风巷钢管混凝土支架受力观测记录表 （单位：kN）

时间	左顶 1#	左帮 2#	左底角 3#	右顶 4#	右帮 5#	右底角 6#
2012-8-18	0.0	0.0	0.0	0.0	0.0	0.0
2012-8-19	14.4	43.3	19.2	18.0	15.9	16.5
2012-8-20	24.9	78.9	24.3	58.1	32.9	46.3
2012-8-22	30.1	102.8	30.6	93.1	47.3	71.3
2012-8-28	39.1	125.1	43.3	126.7	57.0	104.9
2012-9-5	41.7	130.7	49.5	129.1	61.6	117.9
2012-9-8	41.7	129.3	52.1	131.1	60.3	120.0
2012-9-15	41.7	130.7	54.6	132.5	60.3	122.2
2012-9-19	41.7	132.1	55.8	132.8	61.6	125.1
2012-9-23	41.7	127.9	55.8	136.5	59.0	126.5
2012-9-29	41.7	129.3	55.8	137.5	59.0	126.5
2012-10-5	41.7	130.7	55.8	138.2	59.0	128.0
2012-10-10	43.0	133.5	62.1	139.5	59.0	132.3
2012-10-13	43.0	130.7	58.3	138.8	57.7	132.3
2012-10-20	43.0	129.3	58.3	138.8	56.4	130.8

通过以上支架观测点的受力表 8.14 和受力曲线图 8.31 可以总结出，该支架左顶、左帮、左底角、右顶、右帮、右底角处 65 天内承受的最大载荷分别为 43.0kN、129.3.0kN、58.3kN、138.8kN、56.4kN 和 130.8kN，远远小于该型号钢管混凝土

支架承载能力，支架稳定。

2）钢管混凝土支架变形观测

整个二采回风联络巷道共有 40 架钢管混凝土支架，支架变形观测主要包括：顶底板移近量、两帮移近量。监测周期为 84 天，支架的最大移近量如图 8.31 所示。

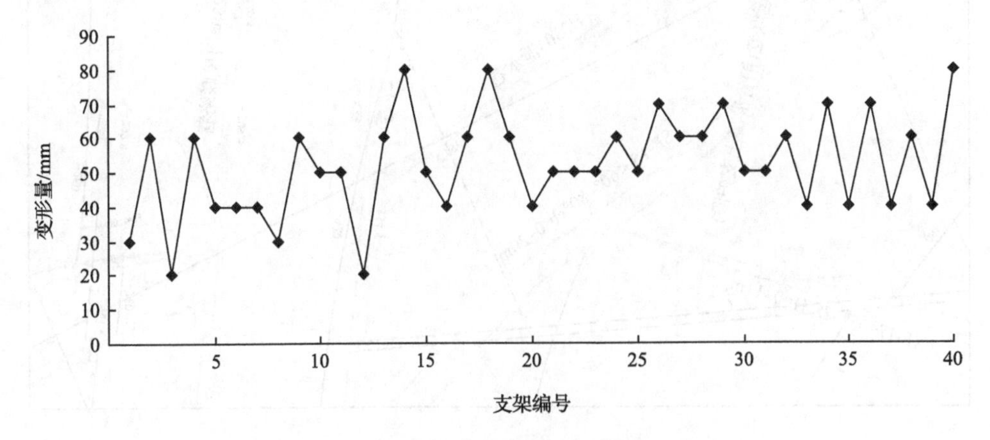

图 8.31　40 架支架两邦弧段的最大移近量

结合工程实际情况分析图 8.31 可知，支架最大变形量约为 80mm，在支架可承受变形范围内，支架稳定。

8.3.3　北皂煤矿海域 H2304 运输联络巷钢管混凝土支架支护

1. 海域 H2304 运输联络巷工程地质概况

H2304 运输联络巷为新掘进巷道，设计长度为 130m，处于－350m 水平上，在煤 2 顶板 7m 处，在含油泥岩岩层内，如图 8.32 所示。钢管混凝土支护段为 *AB* 段和 *BC* 段，长度分别为 50m 和 135m，巷道断面尺寸要求为净宽 3.8m，净高 3.45m。根据地应力测试结果，海域 H2304 运输联络巷采用圆形断面钢管混凝土支架，巷道净断面直径为 4.3m。

2. 海域 H2304 运输联络巷钢管混凝土支架支护方案

受 SF-15 断层影响，巷道压力较大，在架设钢管混凝土支架前，采用 U36 型钢超前导洞，超前导洞掘进 H2304 运输联络巷 20m，给予极软岩 H2304 运输联络巷一定的卸压变形。

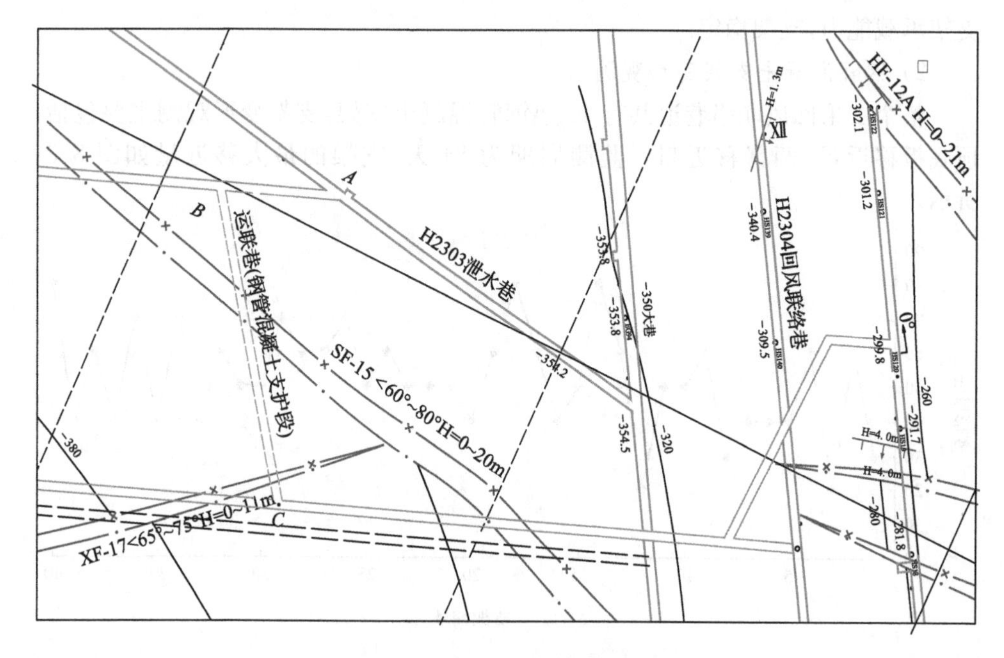

图 8.32　H2304 运输联络巷位置图

抗弯早强型钢管混凝土支架设计：对于抗弯早强型钢管混凝土支架，一方面考虑到钢管混凝土支架横截面弯曲受拉侧易产生拉破坏的特点，对钢管混凝土支架受拉区进行圆钢抗弯强化；另一方面，考虑到巷道收敛变形速度快的问题，采用早强混凝土作为钢管混凝土支架核心混凝土，加快混凝土硬化速度，尽快提高钢管混凝土支架整体承载能力。

1）钢管型号和圆钢抗弯强化

支架选用 Φ194mm×10mm 无缝钢管，单位长度重量为 45.4kg/m。支架间距为 0.6m。

支架抗弯强化：为增强钢管混凝土支架抗弯能力，在支架顶端内侧加焊 Φ40mm 高强圆钢，长度为 1500mm，圆钢抗拉强度为 600MPa，外侧焊接。

支架结构参数：如图 8.33 所示，钢管混凝土支架直径为 4.5m，支架结构分为四段弧：顶拱段、左帮段、右帮段、底拱段，用套管连接。

2）早强型核心混凝土配比

支架核心混凝土采用早强型为 C40 混凝土，早强混凝土采用硫铝酸盐水泥制成，其设计配比及材料用量如表 8.15 所示。

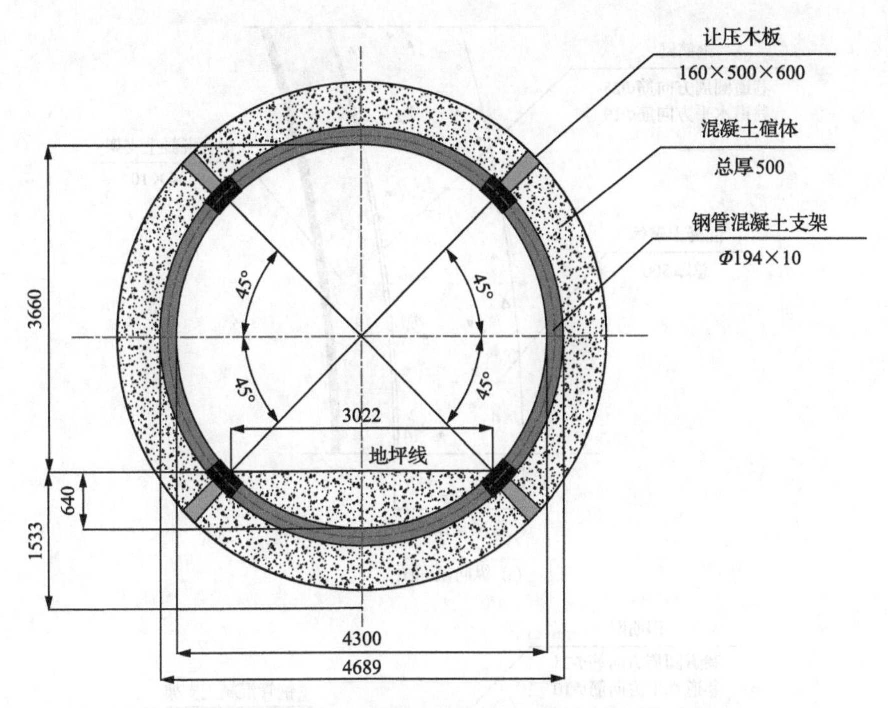

图 8.33　抗弯早强型钢管混凝土支架与碹体支护方案(单位:mm)

表 8.15　早强混凝土设计配比及材料用量

名称	水灰比	砂率/%	减水剂/%	坍落度/mm	早强混凝土材料用量/(kg/m³)			
					水	水泥	砂	石
早强混凝土	0.34	42	0.3	230	170	500	777	1073

抗弯早强型钢筋混凝土碹体设计:抗弯早强型钢筋混凝土碹体设计厚度为500mm。在混凝土外侧巷道圆周方向布置 Φ25mm 抗弯钢筋,如图 8.34 所示。

巷道让压方式为混凝土碹体内设置木块让压。

支架壁后碹体支护与钢管混凝土支架支护共同组成 H2304 运输联络巷支护方案。设计整体如图 8.35 所示。

3. 海域 H2304 运输联络巷钢管混凝土支架受力和变形监测

支架施工完成后,如图 8.36 所示。通过十字布线法,对巷道顶底板和两帮围岩的收敛变形进行监测,监测曲线如图 8.37 所示。

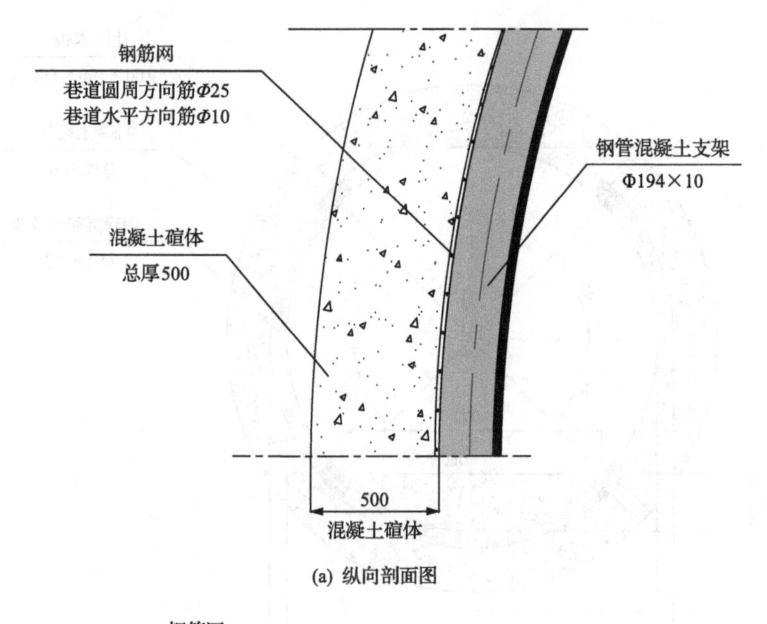

(a) 纵向剖面图

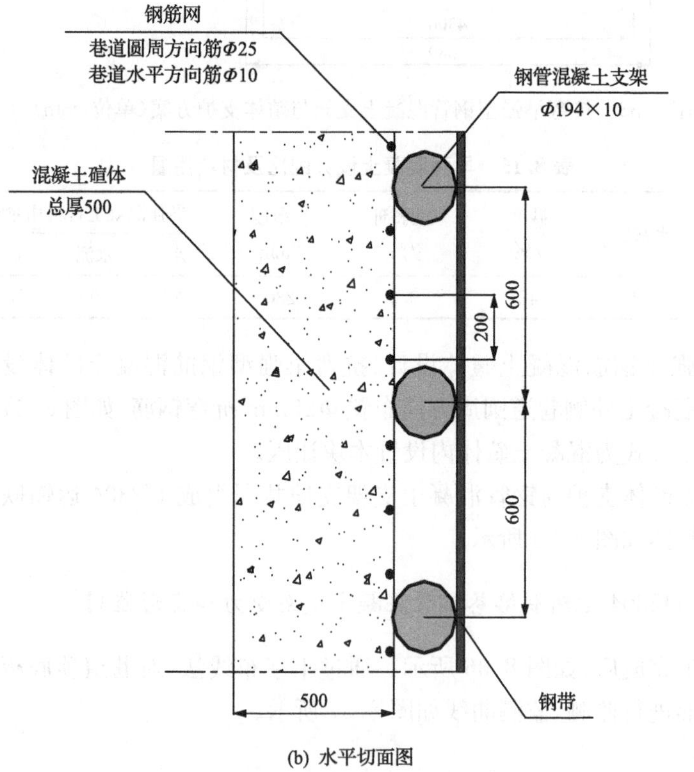

(b) 水平切面图

图 8.34　抗弯碹体纵向剖面与水平切面图(单位:mm)

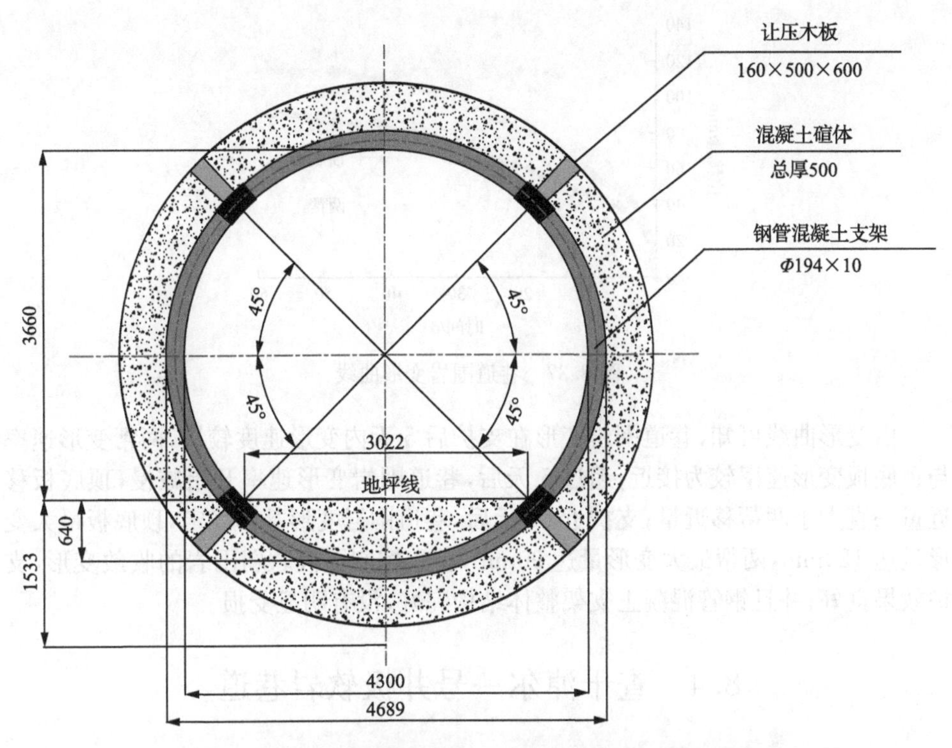

图 8.35　抗弯早强型钢管混凝土支架与碹体支护方案(单位:mm)

图 8.36　支架施工完成后巷道图

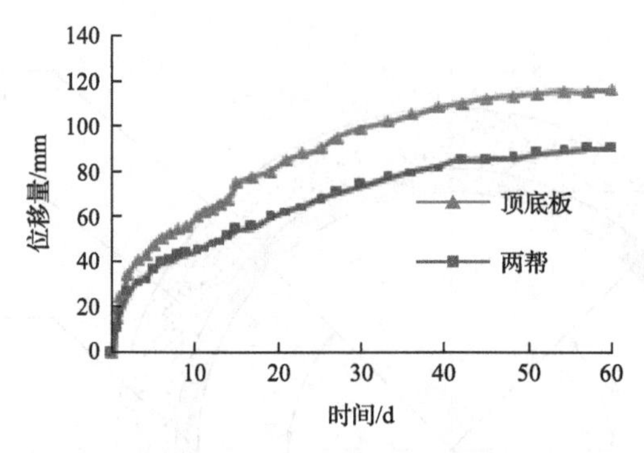

图 8.37　巷道围岩变形曲线

由变形曲线可知，巷道围岩变形在支护后 5 天内变形速度较快，两帮变形速率与顶底板变形速率较为接近；超过 5 天后，巷道围岩变形速率开始减慢，顶底板移近量一直大于两帮移近量；支护近 60 天后，巷道围岩变形基本稳定，顶底板最大变形量达 120mm，两帮最大变形量达 90mm，有效控制了极软弱围岩的收敛变形，支护效果良好；并且钢管混凝土支架整体结构完好，没有明显受损。

8.4　查干淖尔一号井极软岩巷道

查干淖尔一号井风井井底车场位于 2 煤顶底板附近，埋深为 178～202m。目前施工风井分为四段：回风平巷、2 煤回风大巷、回辅联络巷、2 煤辅联大巷，位置关系如图 8.38 所示。回风大巷位于 2 煤下，回辅联络巷穿过 2 煤，辅运大巷位于 2 煤顶板。辅运大巷和回风大巷都采用了钢管混凝土支架，支护效果明显比原支护稳定。

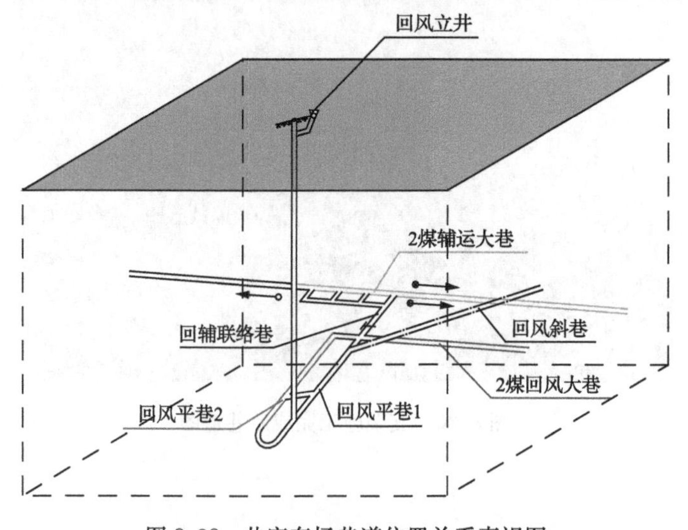

图 8.38　井底车场巷道位置关系真视图

8.4.1 查干淖尔一号井极软岩巷道地质概况

2煤顶底板岩性见表8.16。由表可知,组成煤层顶、底板的岩石主要以泥岩、砂质泥岩为主,其次为各类砂岩。各种岩石的力学强度低,多为软岩类岩石,而泥岩又遇水膨胀、软化、崩解,流变、蠕变现象严重;围岩多为泥质胶结,呈层状结构,块状构造,岩体各向异性。对于主采煤层2煤而言,巷道无论布置在2煤的顶底板还是煤层中,巷道支护难度都很大。

表8.16 煤顶底板岩性

柱状	岩石名称	层厚/m	累深/m	岩性描述
— —	泥岩	5.7	185.7	呈灰黑色,局部夹粉砂岩薄层,具层状结构,为白垩系下统主要沉积地层;岩性较致密,易崩解、膨胀、软化
△.△.△	2煤	20.2	189.4	变质程度较低,局部含炭屑及夹薄层炭质泥岩,块状结构,风干后易碎
— —	泥岩	1.3	209.6	呈灰黑色,局部夹粉砂岩薄层,具层状结构,为白垩系下统主要沉积地层;岩性较致密,易崩解、膨胀、软化。厚层状,属软岩类
…	粉砂岩	4.4	210.9	灰绿色,局部夹有粉砂岩薄层,无层理,岩性松散易碎

8.4.2 巷道原支护参数和破坏情况分析

1. 钢管混凝土支架支护修复巷道的原有巷道支护方式

井底车场部分巷道在2011年5月至2011年10月短短五个月内即进行了多次返修,卧底重新铺底更是频繁。巷道无法正常使用,前路开挖,后路变形剧烈,有发生冒顶事故的风险,可能将施工人员和施工机械埋于地下,造成灾害事故。巷道返修情况如表8.17所示。

表8.17 井底车场巷道返修情况表

巷道名称	返修时间	支架形式	锚网喷情况	备注
回风平巷1(距风井56~70m)	2011.5.2~2011.5.10	29U间距500mm	无锚杆,铺设Φ6.5mm钢筋网全断面喷射270mm混凝土,底板浇筑650mm混凝土	首次开挖
回风平巷1(距风井70~132m)	2011.5.10~2011.7.23	29U间距500mm	锚杆间排距700mm×700mm,铺设Φ6.5mm钢筋网全断面喷射270mm混凝土,底板浇筑650mm混凝土	首次返修

续表

巷道名称	返修时间	支架形式	锚网喷情况	备注
2 煤辅运大巷（0～62.4m）	2011.6	29U 间距 500mm	锚杆间排距 700mm×700mm，铺设 Φ6.5mm 钢筋网全断面喷射 270mm 混凝土，底板浇筑 650mm 混凝土	首次返修
2 煤辅运大巷（0～62.4m）	2011.10	36U 间距 500mm	锚杆间排距 700mm×700mm，铺设 Φ6.5mm 钢筋网全断面喷射 270mm 混凝土，底板浇筑 650mm 混凝土	二次返修
2 煤回风大巷	2011.6	29U 间距 500mm	锚杆间排距 700mm×700mm，铺设 Φ6.5mm 钢筋网全断面喷射 270mm 混凝土，底板浇筑 650mm 混凝土	首次开挖
2 煤回风大巷	2011.11	16# 对工钢棚间距 500mm	锚杆间排距 700mm×700mm，铺设 Φ6.5mm 钢筋网全断面喷射 270mm 混凝土，底板浇筑 650mm 混凝土	一次返修
2 煤回风大巷	2012.8	36U 间距 500mm	锚杆间排距 700mm×700m，铺设 Φ6.5mm 钢筋网全断面喷射 270mm 混凝土，底板浇筑 650mm 混凝土	二次返修

由巷道返修情况表（表 8.17）可知，井底车场回风平巷与辅运大巷在 2011 年下半年期间已经全部经过返修，有些巷道经历了两次返修，两次返修时间间隔不足 5 个月，巷道变形速度快，进尺少，返修率高。回风平巷 1、2 煤辅运大巷和 2 煤回风大巷原支护巷道断面如图 8.39、图 8.40 所示。

2. 原巷道破坏原因分析

原有巷道支护方式为锚网喷＋刚性支架＋钢筋混凝土碹体联合支护，虽然刚性支架先后使用了 29U 型钢支架、16# 工字钢对棚和 36U 型钢支架，但是都没能达到巷道围岩稳定的效果。鉴于原有巷道支护方式为联合支护，下面从刚性支架、锚网喷和碹体对巷道稳定的作用方面对支护体破坏原因做具体分析。

1）锚网喷支护

锚网喷支护的作用主要在于锚杆，锚杆对围岩的作用主要有悬吊作用、组合梁作用和组合拱作用，锚杆的作用主要是提高围岩的自承能力，井底车场巷道围岩软弱，自承能力极差，锚杆加强支护对围岩自承能力的加强极为有限。锚杆安装后，即使有较大的预紧力，锚杆的压实范围也很小，围岩发生变形时，托盘处围岩直接挤出散落，托盘上的力不能有效施加到围岩上，当围岩发生较大变形时，锚杆失效。

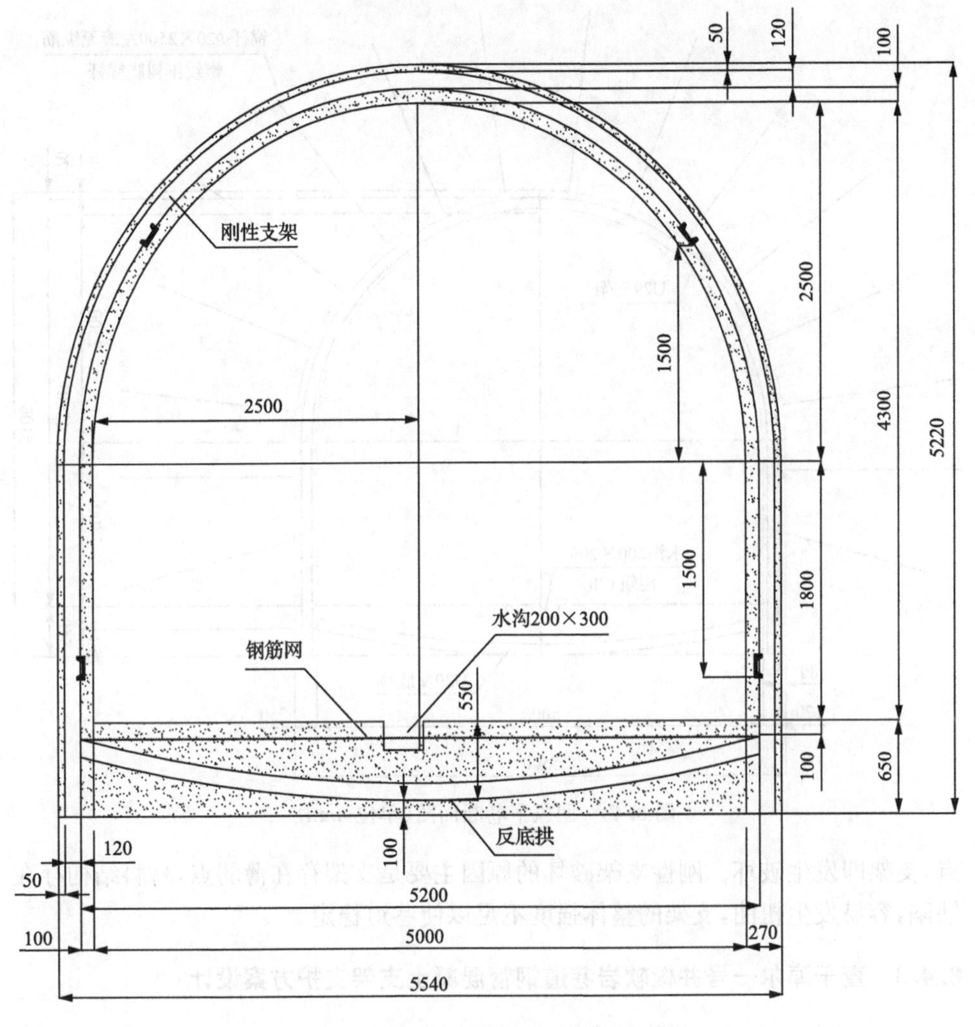

图 8.39 回风大巷U型钢支护断面图(单位:mm)

2) 钢筋混凝土碹体

钢筋混凝土碹体的混凝土达到养护龄期后,其抗压强度是较高的,正常固化完成后,钢筋混凝土碹体能提供的支护作用远大于锚杆和刚性支架所能提供的支护作用。但是钢筋混凝土碹体强度完全成长的周期为28天,井底车场围岩变形极快,在钢筋混凝土碹体强度完全成长起来之前已有较大的力作用于碹体,造成碹体破坏。

3) 刚性支架

工字钢对棚支架容易在顶弧段与两帮段连接的连接板处发生弯折破坏,主要原因是连接板与工字钢为焊接连接,焊接强度有限,一旦有较大的力作用于已焊接

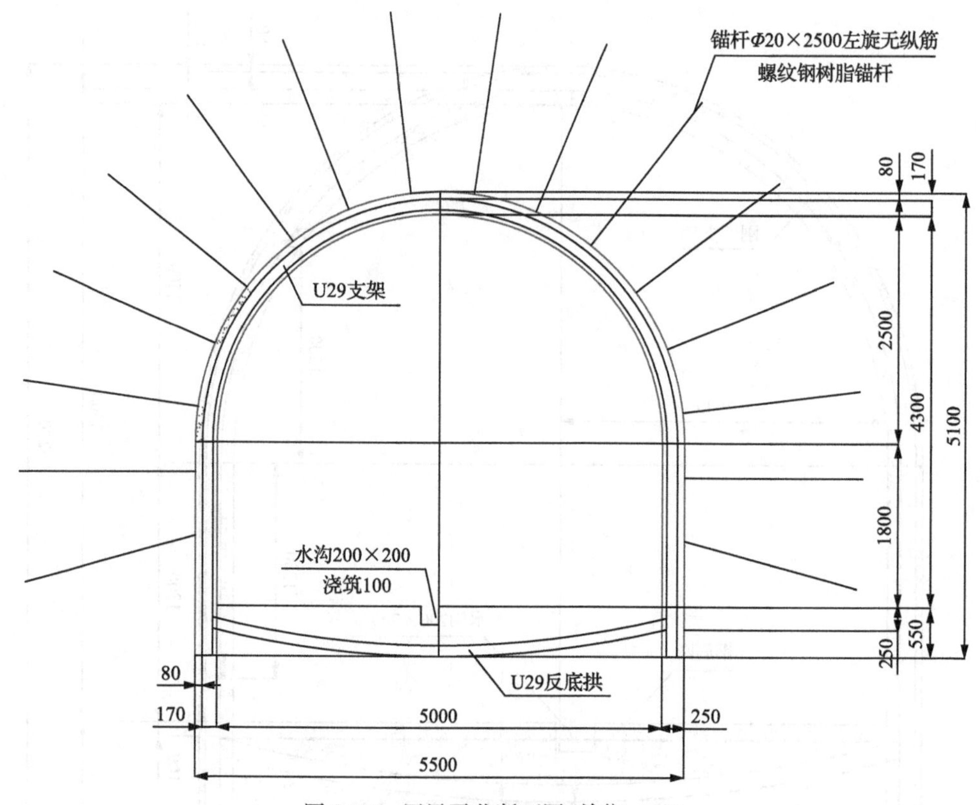

图 8.40　回风平巷断面图(单位:mm)

点,支架即发生破坏。刚性支架破坏的原因主要是支架存在薄弱点,材料结构存在缺陷,容易发生扭曲,支架的整体强度不足以使巷道稳定。

8.4.3　查干淖尔一号井极软岩巷道钢管混凝土支架支护方案设计

查干淖尔一号井 2 煤辅运大巷、2 煤回风大巷和回风平巷 1 为整个矿井服务,服务年限长,而岩石强度低,周边巷道围岩变形严重,需采用支护反力较大的钢管混凝土支架配合混凝土碹体进行支护。根据对井底车场巷道支护困难程度的评估,结合以往经验,Φ194mm×10mm 型号钢材的钢管混凝土支架可满足巷道支护要求。

2 煤辅运大巷净断面要求为宽为 5.4m,高为 4.2m。由于井底车场变形特点是各方向压力基本相同,所以推荐采用圆形断面支架。但是圆形支架巷道卧底量大,而且重量较大,考虑到现场施工方便和工程经济性,决定采用浅底拱圆形支架。2 煤辅运大巷钢管混凝土支架结构如图 8.41 所示。2 煤回风大巷净断面要求为宽为 5.2m,高为 4.2m,考虑到现场施工方便和工程经济性,采用“直墙半圆拱+浅底拱”断面支架。2 煤回风大巷钢管混凝土支架结构参数如图 8.42 所示。

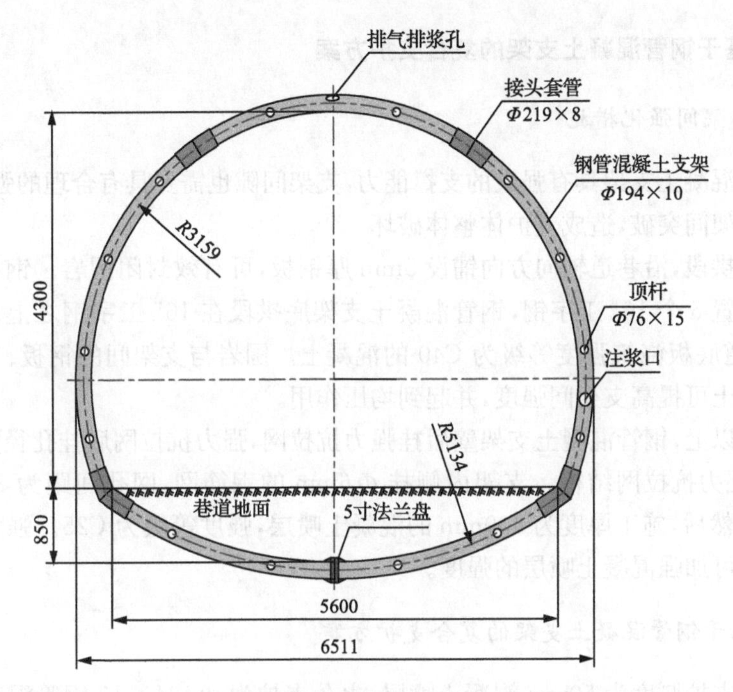

图 8.41　2 煤辅运大巷浅底拱圆形钢管混凝土支架结构(单位:mm)

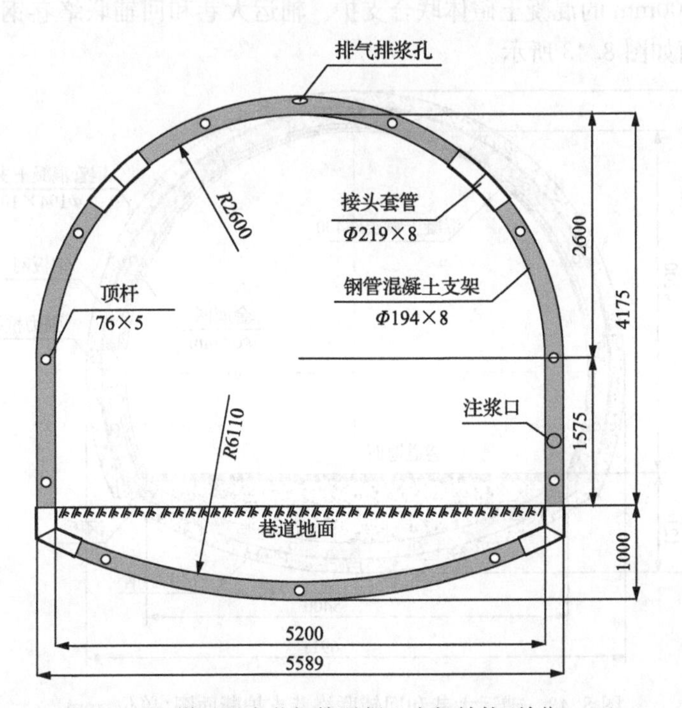

图 8.42　2 煤回风大巷钢管混凝土支架结构(单位:mm)

8.4.4 基于钢管混凝土支架的复合支护方案

1. 支架间强化措施

钢管混凝土支架具有强大的支撑能力,支架间隙也需要具有合理的强度,避免围岩从支架间突破,造成支护体整体破坏。

反底拱段,沿巷道轴向方向铺设 5mm 厚钢板,可有效封闭围岩。钢板上沿巷道轴向设置 5 个 16# 工字钢,钢管混凝土支架底拱段在 16# 工字钢之上。支架安装后,巷道底板浇筑强度等级为 C40 的混凝土。围岩与支架间的钢板、工字钢和浇筑混凝土可提高支架间强度,并起到均压作用。

地坪以上,钢管混凝土支架壁后挂强力抗拉网,强力抗拉网后挂孔径更小的钢板网,为强力抗拉网结构。支架内侧挂 Φ6mm 的钢筋网,网孔间距为 200mm×200mm。然后,施工厚度为 400mm 的混凝土喷层,强度等级为 C25。强力抗拉网与钢筋网可加强混凝土喷层的强度。

2. 基于钢管混凝土支架的复合支护方案

临时支护厚度为 50mm 混凝土喷层;永久支护为 Φ194×10 钢管混凝土支架与厚度为 400mm 的混凝土碹体联合支护。辅运大巷和回辅联络巷钢管混凝土支架支护断面如图 8.43 所示。

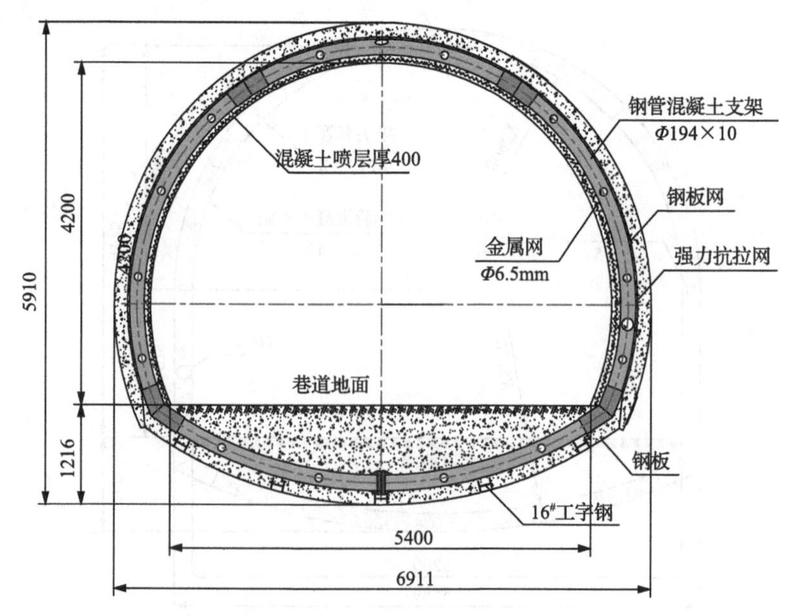

图 8.43 辅运大巷和回辅联络巷支护断面图(单位:mm)

8.4.5　查干淖尔一号井极软岩巷道支护效果

1. 钢管混凝土支架支护巷道变形监测与支护效果

查干淖尔矿的 2 煤辅运大巷、回风大巷、回风平巷 1 等极软弱围岩巷道，都保持了较长时间的稳定性，有效控制了极软弱围岩的收敛变形，支护效果良好，同时也证明了钢管混凝土支架支护复合支护方案不仅在极软岩巷道修复方面表现突出，而且在新掘极软岩巷道支护方面也表现突出，能够首次支护巷道成功，不再返修。图 8.44、图 8.45 为 286m 处两帮宽度观测和激光到顶板高度观测，从观测数据可以看出，支护后巷道两帮移近量小于 80mm，顶底板移近量小于 20mm。图 8.46 为钢管混凝土支架支护后的巷道。

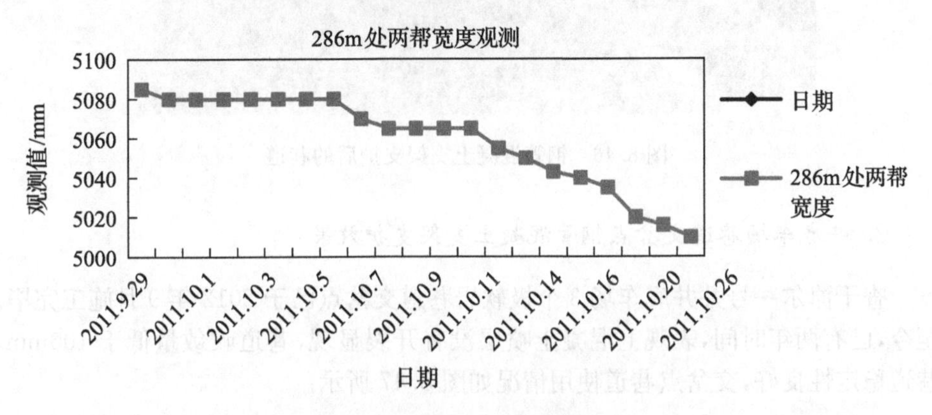

图 8.44　286m 处两帮宽度观测

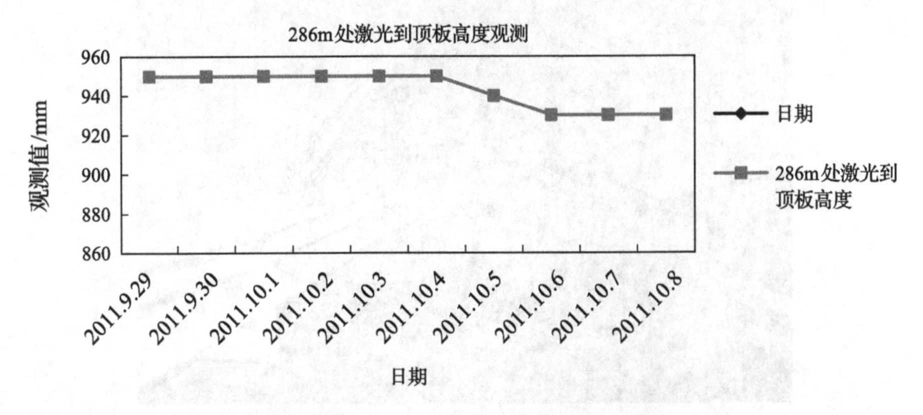

图 8.45　286 米处激光到顶板高度的观测

图 8.46　钢管混凝土支架支护后的巷道

2. 井底车场巷道交岔点钢管混凝土支架支护效果

查干淖尔一号井井底车场 3 个极软岩巷道交岔点已于 2012 年 9 月施工完毕。至今,已有两年时间,表观上混凝土喷层没有开裂显现,巷道收敛量低于 100mm,巷道稳定性良好,交岔点巷道使用情况如图 8.47 所示。

(a) 辅运大巷—车场绕道交岔点

(b) 辅运大巷—回辅联络巷交岔点

(c) 回辅联络巷—回风大巷交岔点

图 8.47　交岔点支护情况

3. 钢管混凝土支架在查干淖尔一号井井底车场巷道应用情况

查干淖尔一号井井底车场巷道累计采用钢管混凝土支架支护巷道约 1500m，具体应用位置如图 8.48 所示，灰色填充巷道为钢管混凝土支架支护段。

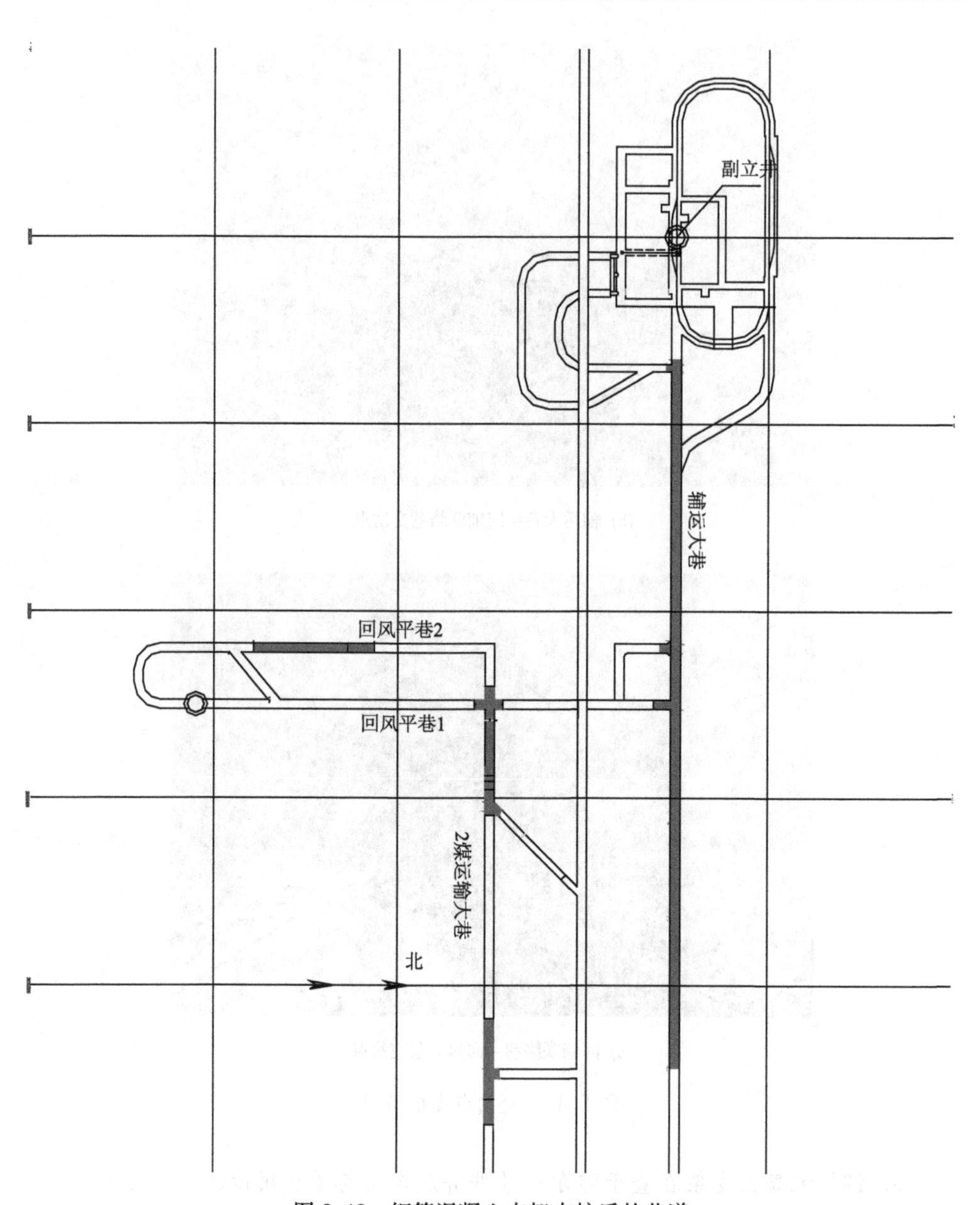

图 8.48 钢管混凝土支架支护后的巷道

第 9 章　钢管混凝土支架经济效益与社会效益

钢管混凝土支架有高支撑力和高性价比的优势，主要用于深井软岩巷道支护，目前已在全国 15 个集团公司中的 21 个煤矿支护中推广应用，支护巷道长度近 50000m，巷道类型包括深井巷道、极软岩巷道、动压巷道、断层破碎带巷道。在新掘巷道中基本上实现了一次支护不再返修，在返修巷道中全部实现了不再返修，有力保证了巷道安全稳定，加快了掘进整体进度，实现了煤炭资源早采出，提高了煤炭资源可采区域。钢管混凝土支架支护技术在全国实施 7 年多来，获得了良好的经济效益和显著的社会效益。

9.1　钢管混凝土支架应用效果

钢管混凝土支架的应用效果有如下四点。

(1) 保证了巷道支护稳定，减少了巷道返修。

目前采用钢管混凝土支架支护的 22 个矿井，包括邢东矿、华丰煤矿和口孜东矿等 13 个深井软岩或深井动压矿井，查干淖尔矿、清水营煤矿和北皂矿等 6 个极软岩矿井，以及南山煤矿、益新煤矿和井工三矿 3 个多断层破碎带或冲刷带矿井。这些矿井均存在巷道支护困难、常规支护失效、返修率高和返修时间间隔短的特点，多数巷道前掘后修，查干淖尔矿泥岩段巷道 U36 型钢支架支护 7 天即完全压垮，清水营煤矿+786m 水平井底车场返修间隔时间不足 4 个月，多数巷道返修间隔时间不超过 1 年，矿企为此伤透脑筋并支出高额的返修费。目前，钢管混凝土支架共在这些矿井的 61 条巷道支护有效长度超过 12000m，支护巷道稳定，使用期内杜绝返修，大大降低支护成本。

(2) 提供了稳定支护技术，缩短了总支护工期。

高返修率和返修时间间隔短，不仅增加了经济支出，更影响了矿井支护工期。例如，邢东矿掘进队与负责返修的动力科人员比例曾一度达到 1∶4，口孜东矿北翼轨道石门更是 1 个掘进队之后紧跟 9 个返修队施工，这严重影响了其他工作的进行。因巷道支护不稳定，延迟了采面装备的搬家时间。邢东矿、口孜东矿、阳城矿、南山矿、益新矿和鲁村矿等，采用钢管混凝土支架支护后，降低了返修率，减少了返修人员数目，缩短了总支护工期，采面的材料运输和机械装备速度加快，达到了采面早投产、早出煤效果。

(3) 实现了巷道支护安全,促进了矿井良性发展。

钢管混凝土支架的承载力是同等单位重量U型钢或工字钢支架的2～3倍,实验研究表明,钢管混凝土支架在变形增大的同时,承载力不会降低反而继续增长,支架变形能力远大于U型钢或工字钢支架,这极大地增加了巷道的稳定性,有效杜绝了顶板事故的发生,减少了巷道后期维护费用,促进了矿井良性发展。

(4) 解决了部分有色金属矿井难支护的问题。

钢管混凝土支架不但用于解决煤矿深井软岩巷道难支护问题,而且在中国最大的镍钴铂族金属生产企业——金川集团有限公司的龙首矿和山东黄金三山岛金矿,使用钢管混凝土支架解决断层破碎带难支护的问题。

9.2 钢管混凝土支架经济效益

钢管混凝土支架的经济效益主要有两点。

(1) 减少返修,节支降耗。

冀中能源股份公司邢东矿在二水平皮带下山、二水平轨道下山、主暗斜井、副暗斜井、−980m集中巷、进风运输斜井、内外水仓等11条巷道中使用钢管混凝土支架支护,总支护长度超过2500m。这些巷道埋深均超过1000m,围岩应力大,常规支护条件下巷道顶板下沉、两帮收敛与底鼓严重,返修率高,返修间隔时间一般不超过1年;采用钢管混凝土支架支护后,巷道稳定,多数巷道支护时间已超过两年,根据现有情况保守估计至少6年不用返修。

按照使用钢管混凝土支架支护后减少返修的原则,分别统计22个矿井中采用钢管混凝土支架支护的61条巷道,支护总长度超过12000m,节省支护返修成本合计29343.8万元。22个矿井支护巷道数量、支护巷道长度,节省返修成本统计如表9.1所示。

表9.1 采用钢管混凝土支架支护后节约的返修支护成本表

序号	矿井名称	使用巷道特征	节省返修成本/万元
1	冀中能源邢东矿	千米深井	3000
2	冀中能源查干淖尔矿	极软岩	14000
3	神华宁煤清水营煤矿	极软岩	2675
4	鹤岗南山煤矿	断层破碎带、动压	848
5	山东能源华丰煤矿	千米深井	793
6	鹤岗益新煤矿	断层破碎带、高应力	1200
7	济矿阳城煤矿	深井高应力	815
8	龙口北皂矿	极软岩	620

续表

序号	矿井名称	使用巷道特征	节省返修成本/万元
9	平朔井工三矿	冲刷带	302
10	国投新集口孜东矿	千米深井	4058
11	冀中能源大淑村矿	深井高应力	315
12	淮北杨庄煤矿	深井高应力	148.8
13	鲁村煤矿	极软岩	102
14	上海庙矿业公司榆树井矿	极软岩	125
15	徐矿新安煤矿	深井动压	63
16	开滦钱家营矿	深井高应力	61
17	山西三元古韩荆宝矿	重点硐室	60
18	鹤壁三矿	重点硐室	38
19	沈阳清水矿	重点硐室	60
20	曲阜八宝煤矿	动压	60
21	山东三山岛金矿	断层破碎带	—
22	金川龙首镍矿	断层破碎带	—
	总计		29343.8

(2) 缩短巷道返修工期，加快采煤产出。

钢管混凝土支架支护可以保证巷道支护长期稳定，一次支护多年不用返修，这大大减少了难支护巷道返修时间，同时加快了巷道掘进速度，缩短了顺槽支护周期，整体上可到达早出煤、早创收的效果。

9.3　钢管混凝土支架社会效益

钢管混凝土支架的社会效益有如下四点。

(1) 保证了巷道稳定，减少了支护重复投入。

从2012年下半年开始，煤炭价格持续走低，煤炭企业利润急剧下滑，对支护难、高返修率矿井，更是雪上加霜。2012年使用钢管混凝土支架的矿井其巷道返修率下降，保障正常或及早投产出煤，一方面降低了返修支出，另一方面早产出的煤炭在价格下降前就已出售，有效抵御了煤炭市场下行带来的冲击。

(2) 支护力的提高，提高了可采煤炭回采率。

钢管混凝土支架支护力的提高，一方面可以为采煤深度增加带来的支护问题提供技术保障，目前有57对矿井采深超过1000m，未来还将有更多矿井进入千米深井行列，钢管混凝土支架高支护力为千米深井支护稳定提供强有力保障，提高了千米深井的煤炭可采性，如邢东矿、华丰矿等；另一方面围岩强度在 10MPa 以下的矿井，在常规技术下想解决支护问题十分困难，采用基于钢管混凝土支架的再造承压环支护技术有效破解了极软岩难支护问题，提高了极软岩的煤炭可采性，提高了国家资源回收率，如查干淖尔矿、北皂矿等。

(3) 保证了巷道稳定，杜绝了顶板安全事故的发生。

顶板安全事故一直是困扰多数煤矿的难题，顶板垮落的主要原因之一就是支护体支撑力不足。钢管混凝土支架承载力是 U36 型钢支架的 2～4 倍，可以强有力的支撑顶板。同时巷道的整体稳定性增加，相邻巷道的工作人员一遇到可能发生的顶板问题，都可以主动到钢管混凝土支架支护的巷道内临时躲避，如华丰矿、大淑村矿等。

(4) 研究了配套安装措施，降低了工人劳动强度。

邢东矿技术人员结合钢管混凝土支架结构特点，制定了合理的安装规范，工人利用 4 个手动葫芦和顶板锚杆，形成了简易安装工艺；同时钢管混凝土支架各段间用套管连接而不是螺栓连接，简单方便；目前已实现自动化支架安装机，在济矿集团阳城煤矿试用，大大降低了工人劳动强度，并提高了工作效率。人工安装效率 8～10 人每班安装 3～5 架，机械安装效率 3～5 人每班安装 8～10 架。以上措施降低了工人劳动强度，改善了井下工作条件。

参考文献

[1] 贺永年，韩立军，邵鹏，等. 深部巷道稳定的若干岩石力学问题. 中国矿业大学学报，2006，35(3)：288-295.

[2] Sellers E J，Klerck P. Modeling of the effect of discontinuities on the extent of the fracture zone surrounding deep tunnels. Tunneling and Underground Space Technology，2000，15(4)：463-469.

[3] Fairhurst C. Deformation，yield，rupture and stability of excavations at great depth. ISRM International Symposium. International Society for Rock Mechanics，Rotterdam，1989.

[4] 何满潮，谢和平，彭苏萍，等. 深部开采岩体力学研究. 岩石力学与工程学报，2015，24(16)：2803-2813.

[5] 高延法，范庆忠，崔希海，等. 岩石流变及其扰动效应实验研究. 北京：科学出版社，2007.

[6] 何满潮. 煤矿软岩工程技术现状及展望. 中国煤炭，2000，25(8)：12-21.

[7] 李冰冰，陈国忠，方伟. “三高”环境下的深井软岩巷道围岩控制技术. 建井技术，2009，30(5)：16-19.

[8] 高召宁，孟祥瑞. 深井高应力软岩巷道围岩变形破坏及支护对策. 中国煤炭，2007，33(1)：8-11.

[9] 刘刚，靖洪文. 深井软岩巷道变形和加固对策. 矿冶工程，2005，25(3)：5-7.

[10] 李海燕，刘端举，孙庆国，等. 千米深井软岩巷道破坏机理及支护技术研究. 山东大学学报(工学版)，2009，39(4)：112-115.

[11] 沈明荣，陈建峰. 岩体力学. 上海：同济大学出版社，2007.

[12] Aydan O. The stabilization of rock engineering structures by bolts. Japan：Nagoga University，1989.

[13] 亦瑞芳. 新奥法与我国地下工程. 哈尔滨建筑工程学院学报，1987(2)：119-126.

[14] 刘长武. 煤矿软岩巷道的锚喷支护同新奥法的关系. 中国矿业，2000，9(1)：61-64.

[15] Brown E T. Putting the NATM into Perspective. Tunnels and Tunneling International，1981，13(10)：13-17.

[16] 杨新安，陆士良. 软岩巷道锚注支护理论与技术的研究. 煤炭学报，1997，01：34-38.

[17] 杨新安，陆士良，葛家良. 软岩巷道锚注支护技术及其工程实践. 岩石力学与工程学报，1997，02：76-82.

[18] 郑雨天. 中国煤矿软岩巷道支护理论与实践. 徐州：中国矿业大学出版社，1996.

[19] 郑雨天，祝顺义，李庶林. 软岩巷道喷锚网—弧板复合支护试验研究. 岩石力学与工程学报，1993，12(1)：1-10.

[20] 董方庭，宋宏伟，郭志宏，等. 巷道围岩松动圈支护理论. 煤炭学报，1994，19(1)：21-32.

[21] 董方庭. 巷道围岩松动圈支护理论. 锚杆支护，1997(4)：5-9.

[22] 董方庭. 巷道围岩松动圈支护理论及应用技术. 北京：煤炭工业出版社，2001.
[23] 侯朝炯，勾攀峰. 巷道锚杆支护围岩强度强化机理研究. 岩石力学与工程学报，2000，19(3)：342-345.
[24] 康红普，王金华，林健. 高预应力强力支护系统及其在深部巷道中的应用. 煤炭学报，2007，32(12)：1233-1238.
[25] 康红普. 巷道围岩的承载圈分析. 岩土力学，1996(4)：84-89.
[26] 康红普. 深部煤巷锚杆支护技术的研究与实践. 煤矿开采，2008，13(1)：1-5.
[27] 康红普，姜铁明，高富强. 预应力在锚杆支护中的作用. 煤炭学报，2007，32(7)：680-685.
[28] 何满潮，杨军，齐干，等. 深部软岩巷道耦合支护优化设计及应用. 辽宁工程技术大学学报，2007，26(1)：40-42.
[29] 何满潮，齐干，程骋，等. 深部复合顶板煤巷变形破坏机制及耦合支护设计. 岩石力学与工程学报，2007，26(5)：987-993.
[30] 孙晓明，何满潮，杨晓杰. 深部软岩巷道锚网索耦合支护非线性设计方法研究. 岩石力学与工程学报，2006，27(7)：1061-1065.
[31] 王波. 软岩巷道变形机理分析与钢管混凝土支架支护技术研究. 北京：中国矿业大学(北京)博士论文，2009.
[32] 黄万朋. 深井巷道非对称变形机理与围岩流变及扰动变形控制研究. 北京：中国矿业大学(北京)博士论文，2012.
[33] 高延法，李学彬，王军，等. 钢管混凝土支架注浆孔补强技术数值模拟分析. 隧道建设，2011，31(4)：426-430.
[34] 李学彬. 钢管混凝土支架强度与巷道承压环强化支护理论研究. 北京：中国矿业大学(北京)博士论文，2012.
[35] 刘国磊. 钢管混凝土支架性能与软岩巷道承压环强化支护理论研究. 北京：中国矿业大学(北京)博士论文，2013.
[36] 牛学良. 深部软岩巷道稳定性控制理论与技术研究. 青岛：山东科技大学博士论文，2008.
[37] 高延法，王波，曲广龙，等. 钢管混凝土支架力学性能实验及其在巷道支护中的应用. 第八届海峡两岸隧道与地下工程学术与技术研讨会，2009.
[38] 高延法，王波，王军，等. 深井软岩巷道钢管混凝土支护结构性能试验及应用. 岩石力学与工程学报，2010，29(增1)：2604-2609.
[39] 黄莎. 钢管混凝土支架混凝土性能试验研究. 北京：中国矿业大学(北京)博士论文，2012.
[40] 李冰. 深井软岩巷道钢管混凝土支架支护稳定性分析及工程应用. 北京：中国矿业大学(北京)博士论文，2009.
[41] 王军. 华丰煤矿深井巷道钢管混凝土支架支护技术研究. 北京：中国矿业大学(北京)博士论文，2011.
[42] 陆侃. 益新煤矿深井软岩巷道钢管混凝土支架支护方案研究. 北京：中国矿业大学(北京)

博士论文，2011.

[43] 孟德军. 杨庄矿软岩巷道钢管混凝土支架支护理论与技术研究. 北京：中国矿业大学(北京)博士论文，2013.

[44] 曲广龙. 钢管混凝土支架结构抗弯性能研究及应用. 北京：中国矿业大学(北京)博士论文，2013.

[45] 王军. 钢管混凝土圆弧拱的抗弯力学性能实验研究与工程应用. 中国矿业大学(北京)博士论文，2014.

[46] 马鹏鹏. 不同壁厚钢管混凝土短柱实验与支架应用研究. 北京：中国矿业大学(北京)博士论文，2010.

[47] 高延法，牛学良，王波. 可缩式钢管混凝土支架：中国，2006101138014，2010.

[48] 高延法，王军，曲广龙. 动压软岩巷道基于钢管混凝土支架的复合支护装置：中国，2009102418158，2012.

[49] 高延法，王军，何晓升. 煤矿立井井筒钢管混凝土支架与混凝土管片支护装置：中国，201310481625X，2015.

[50] 高延法 何晓升 刘珂铭. 让压式底角套管：中国，2013106466265，2015.

[51] 高延法，王军，何晓升，王正泽. 钢管混凝土支架断面及注浆口和排气孔结构：中国，2013104042329，2016.

[52] 高延法，曲广龙，杨柳. 极软岩巷道底板与两帮卸压窗口支护装置：中国，2013104821510，2016.

[53] Lang T A. Theory and practice of rock bolting. Transactions of the American Institute of Mining，Metallurgical and Petroleum Engineers，1961，220：333-348.

[54] 康红普. 巷道围岩的关键圈理论. 力学与实践，1997，19(1)：35-37.

[55] 余伟健，高谦，朱川曲. 深部软弱围岩叠加拱承载体强度理论及应用研究. 岩石力学与工程学报，2010，29(10)：2134-2142.